实变函数论

樊太和　贺平安　编

清华大学出版社
北京

内 容 简 介

本书首先介绍了集合论和拓扑学的基础知识，然后结合微积分的发展简史与不完善之处，从分析学的角度系统地介绍了实变函数的基本理论框架. 全书所列内容均由作者多年讲义结合国际上最新的《实分析》教材内容整理而成，辅以数学史的注解，对初学者真正学懂这门专业课十分有益.

图书在版编目(CIP)数据

实变函数论/樊太和，贺平安编.—北京：清华大学出版社，2016 (2024.1 重印)
ISBN 978-7-302-46120-3

Ⅰ. ①实…　Ⅱ. ①樊… ②贺…　Ⅲ. ①实变函数论　Ⅳ. ①O174.1

中国版本图书馆 CIP 数据核字(2017)第 006063 号

责任编辑：陈　明
封面设计：傅瑞学
责任校对：刘玉霞
责任印制：刘海龙

出版发行：清华大学出版社
网　　址：https://www.tup.com.cn, https://www.wqxuetang.com
地　　址：北京清华大学学研大厦 A 座　　邮　　编：100084
社 总 机：010-83470000　　邮　　购：010-62786544
投稿与读者服务：010-62776969, c-service@tup.tsinghua.edu.cn
质量反馈：010-62772015, zhiliang@tup.tsinghua.edu.cn
印 装 者：三河市人民印务有限公司
经　　销：全国新华书店
开　　本：170mm×230mm　　**印　张**：12　　**字　数**：208 千字
版　　次：2016 年 12 月第 1 版　　**印　次**：2024 年 1 月第 5 次印刷
定　　价：36.00 元

产品编号：071700-02

序

樊太和教授把他们即将出版的教科书《实变函数论》的预印文档发给我, 让我先睹为快. 我在分析学的研究中浸润数十年, 又开过诸多分析学方面包括实变函数论的课程, 阅读过各类实变函数论的专著和教科书, 对分析学领域的总体概观有一些自己的理解, 因此, 我饶有兴趣地读完了这本书.

在数学的发展过程中, 我个人的理解是: 从有限到无穷是分析数学产生的标志. 极限理论和微积分的建立刻画了无穷趋势, 从而在动态的基础上奠定了现代数学的基石. 但是, 微积分的内容主要还是定义在特殊数集 —— 区间的基础上, 因而存在着诸多不完善性, 包括积分系统的不完善性. 实变函数论首先要解决的是如何定义无穷集合特别是数集的“大小”, 即基数, 进而建立在相应一般数集上定义的分析学.

尽管实变函数论已经出版过很多教科书, 但樊贺两位教授的书还是具有一些独特之处.

这本教科书从分析学的角度给学生讲述了微积分发展的简史以及不完善之处, 从此出发, 开始定义无穷集合的基数. 同时结合拓扑, 讲述了实变函数的诸多概念和原理, 最终给出了 Lebesgue(勒贝格) 积分的定义和主要经典定理. 从学生的角度看, 整本书的讲述是循序渐进的, 对有关的基础和定义进行了严谨的论述和证明, 从而建立了自洽的整体结构.

作者在全书章末的注记中对相关内容的历史和进一步发展作出了严肃的介绍和评论, 这对学生理解和掌握知识提供了有效和有益的工具. 结合教学内容, 本书配备了相当数量的练习题, 有助于学生掌握基本的知识面和解题技巧, 还可提供给非数学专业的读者作为参考书使用.

我与两位作者同事和交往多年, 深知他们具备科研、治学严谨，教学追求完美的态度, 本书内容得到课堂检验和修订后, 相信一定可以给学生及年轻的数学爱好者以启迪与帮助.

“路漫漫其修远兮, 吾将上下而求索.” 可以把几千年前诗人的这句诗, 作为对两位作者的勉励, 磨砺以须, 精益求精, 希冀本书最终能成为实分析方面的一本经典的通用教材.

周颂平

2016 年 10 月

引　言

了解历史的变化是了解这门科学的一个步骤.——陈省身

积分学的历史最早可以追溯到公元前 3 世纪时, Archimedes(阿基米德) 利用圆的内接多边形计算圆的周长和面积. 中国古代魏晋时期 (公元 3 世纪) 刘徽独立于西方创立了割圆术计算圆的周长、面积、圆周率等. 随后南北朝时期 (公元 5 世纪) 祖冲之发展了割圆术, 成功地提高了圆周率的精度. 割圆术的思想其实就是现代分析中的无限分割.

17 世纪 Newton(牛顿) 计算积分的流数法和 Leibniz(莱布尼茨) 的《深奥的几何与不可分量及无限的分析》一书宣告微积分的正式诞生. 18 世纪, 微积分发展迅速, 大部分积分计算方法都是这一时期给出的, 其中对分析学的发展贡献巨大的数学家有 Euler(欧拉)、Bernoulli(伯努利) 兄弟、Taylor(泰勒)、Lagrange(拉格朗日)、Legendre(勒让德) 等. 需要特别指出的是, 18 世纪微积分发展的一个历史性转折是函数被放到了核心位置, 此前数学家是以曲线作为主要研究对象的. Euler 在他的《无限小分析引论》中明确宣布:“数学分析是关于函数的科学”.

需要说明的是, Newton 和 Leibniz 的微积分关于无限小概念的使用比较随意, 容易引起混乱, 当时引起不少人的质疑. 因此数学家们意识到分析需要严格化来消除这些混乱和随意性. 分析的严格化工作的杰出人物有 d'Alambert(达朗贝尔)、Euler、Lagrange 等人, 其中 Euler 和 Lagrange 引入了形式化的观点, 而 d'Alambert 则引入了极限的观点. 到了 19 世纪初, 分析的严格化已经卓有成效, 其中最重要的代表人物是 Cauchy(柯西), 他给出了微积分基本定理的现代形式和级数的收敛性的定义等一系列重要工作. 19 世纪中期, 为了弥补 Cauchy 等人采用的“无限地趋近”这种说法不够严谨的不足, Weierstrass(魏尔斯特拉斯) 引入了现在分析中采用的严谨的 ε-δ 语言, 重新定义了极限、连续函数、导数等分析中的主要概念, 使得分析达到了非常严密的程度, 因此 Weierstrass 被称为现代分析之父.

在分析的严格化过程中, 数学家们遇到了极大的困难. 一些基本概念如极限、实数、级数等的研究涉及无穷多个元素构成的集合, 比如不连续函数的连续点和不连续点构成的集合. 为了克服这些困难, Dirichlet(狄利克雷)、Riemann(黎曼) 等人作了不少工作. 而 Cantor(康托尔) 则走得更远, 他在这一研究过程中系统发展了点集理论, 开拓了一个全新的数学领域 —— 集合论. 集合论已经成为现代数学的基础.

19 世纪末 20 世纪初，分析已经成为数学的基础，其内容已经非常丰富, 体系也相对比较完整. 然而, 在很多地方分析学还存在较大的局限性和不完美之处. 比如：(1) 一个函数 Riemann 可积的充要条件是什么？能否给出类似于连续性的 Riemann 可积的充要条件? (2) 极限与积分次序交换问题. 如果函数列不一致收敛, 是否函数列的极限和积分次序一定不可交换? (3) 微积分基本定理在被积函数不连续时是否成立?

针对上述问题, 在集合论的基础上 Lebesgue 发展了一套完整的积分理论 ——Lebesgue 积分.

和 Riemann 积分相比, Lebesgue 积分具有更好的分析性质. 比如, 可积函数类更广; Lebesgue 积分和极限可以交换次序的条件很弱; 微积分基本定理成立的条件不仅限于连续函数. 此外, 利用 Lebesgue 积分可以给出函数 Riemann 可积的充要条件. Lebesgue 积分理论已成为许多现代数学分支的基础, 如公理概率论、计算数学、分形几何等；也被广泛应用于经济学、计算机科学等应用学科当中.

本书介绍的实变函数论历来对数学专业来说是一门较难的课程. 作者近年来一直从事实变函数论课程的教学工作. 这本《实变函数论》教材以授课讲义为基础, 结合国际上最新的《实分析》教材内容而形成.

本书首先对学习实变函数论需要的集合论和拓扑学基础知识作了系统介绍. 作者在教学过程中深感初学者学习实变函数论的第一个难点就是对无限概念的理解, 因此在集合论部分对相关的无限集知识, 如集合的基数、选择公理、连续统假设等作了较详细的介绍. 为了便于和拓扑学课程衔接, 教材中拓扑学部分的内容是采用拓扑学课程的体系进行讲授. 例如在测度的讲述当中本书尽量采用拓扑学的方式, 结合 Solovay(索洛韦) 关于不可测集存在性的结论对 Lebesgue 测度与积分的非构造性特征作了系统介绍, 力图让读者理解 Lebesgue 测度之所以抽象的根本原因, 这也是实变函数学习的第二个难点. 度过了上述两个难点后相信读者学习后续部分内容就不会有太大困难. 在测度论部分对集合可测性的不同定义方式作了系统介绍, 从而方便读者阅读参考书.

本书对积分的讲述采用和数学分析类似的处理方式, 即先系统讲述有界集上的有界函数积分再过渡到一般函数积分, 这样做的目的是便于读者和数学分析课程进行比较. 微分部分的讲述采用的是较为简洁的极大函数方法.

本书所有内容主要讲述低维情形, 如测度部分主要是讲一维情形. 只要把低维情形学习好了, 再推广到高维不应有太大困难. 本书对相关知识的发展历史作了适当介绍, 我们相信相关知识历史背景的了解对学好实变函数论是必不可少的, 至少可以增强学习的目的性, 了解前人当时是怎么思考的.

本书篇幅虽然简短, 但自成一体. 尤其是学习实变函数论所需要的集合论和拓扑学知识的介绍比较完备. 限于篇幅, 我们只讲述实变函数论最基本的理论框架, 许多深入的内容, 如 L_p 空间、Fourier(傅里叶) 分析等完全未涉及.

本书引用了书后参考文献中的相关内容和习题; 编写过程中函数论专家、浙江理工大学周颂平教授给出了不少建设性建议, 他细致审阅了本书全文并作序; 本书出版得到浙江理工大学教材建设项目和浙江省一流数学学科建设经费资助. 在此一并表示感谢. 本书以讲义形式在浙江理工大学实变函数论课程中多次讲述, 因此同时感谢几届学生提出的宝贵意见. 最后特别感谢清华大学出版社为本书出版所付出的努力.

编　者

2016 年 12 月于浙江理工大学

目　录

第 1 章

集　　合

1.1　集合

1.1.1　集合的概念

集合是数学中最为基本的概念. 在通常讨论问题时, 一般只采用描述性的定义. 通常我们把具有某种特性的对象全体看成一个集合, 该集合中的对象称为元素.

关于集合的最基本的一些概念如子集、包含等读者在数学分析甚至高中数学课程中都已见过, 不再赘述.

实际上, 集合有严格的数学定义, 关于集合的研究是基础数学的一个分支 —— 集合论.

通常用大写字母 $A, B, X, Y, \cdots$ 表示集合, 用小写字母 $a, b, x, y, \cdots$ 表示集合中的元素. $\mathbf{N}$, $\mathbf{Z}$, $\mathbf{Q}$, $\mathbf{R}$ 分别表示全体自然数、全体整数、全体有理数以及全体实数构成的集合. $\mathbf{Z}_+, \mathbf{R}_+$ 分别表示全体正整数和全体正实数构成的集合. 注意, 按照近年来的习惯, 集合 $\mathbf{N}$ 中包含 0.

设 x 为对象, A 为集合. $x \in A$ 表示 x 为 A 中元素, 或称 x 属于 A. 而 $x \notin A$ 表示 x 不是 A 中元素. $x \in A$ 或 $x \notin A$ 二者必居其一.

设 P 为某种性质, 则具有性质 P 的元素全体构成的集合 A 通常表示如下：

$$A = \{x | x具有性质P\},$$

其中 P 可以是任意性质, 如 P 为方程 $x^2 - 1 = 0$, 则 $A = \{x | x^2 - 1 = 0\}$. 如果集合 A 为有限集且可以明确它的所有元素, 也可以列举出 A 的元素. 例如, 上面的集合 $A = \{-1, 1\}$. 有时为了方便, 也把集合 $\{x | x \in E, x有性质P\}$ 简写为

$E(x有性质P)$. 例如, 设 $f(x)$ 是集合 E 上的一个函数, c 是一个实数, 则集合 $\{x|x\in E, f(x)\leqslant c\}$ 可简写为 $E(f(x)\leqslant c)$.

以后, 若无特别声明, 所有函数均为实值函数.

1.1.2 集合运算

1. (任意) 无限交和并运算

设 $\{A_\alpha\}_{\alpha\in\Gamma}$ 为**集族**, 即 Γ 为集合, 对任意 $\alpha\in\Gamma$, A_α 是集合. 集合

$$\bigcup_{\alpha\in\Gamma} A_\alpha = \{x|存在\alpha\in\Gamma使得x\in A_\alpha\}$$

和

$$\bigcap_{\alpha\in\Gamma} A_\alpha = \{x|对任意\alpha\in\Gamma, x\in A_\alpha\}$$

分别称为集族 $\{A_\alpha\}_{\alpha\in\Gamma}$ 的**并**和**交**.

例 1.1.1 设 f, g 为定义于集合 E 上函数. 对任意 $c\in\mathbf{R}$,

$$h(x) = \max\{f(x), g(x)\}, x\in E.$$

则

$$\{x|h(x)>c\} = \{x|f(x)>c\}\bigcup\{x|g(x)>c\}.$$

证明 对任意 $x\in E$,

$$\begin{aligned} x\in\{x|h(x)>c\} \quad & 当且仅当 \quad h(x)=\max\{f(x),g(x)\}>c \\ & 当且仅当 \quad f(x)>c或者g(x)>c \\ & 当且仅当 \quad x\in\{x|f(x)>c\}或者x\in\{x|g(x)>c\} \\ & 当且仅当 \quad x\in\{x|f(x)>c\}\bigcup\{x|g(x)>c\}. \end{aligned}$$

从而结论成立. □

例 1.1.2 $(a,b)=\bigcup\limits_{n=1}^{\infty}\left[a+\dfrac{1}{n}, b-\dfrac{1}{n}\right]$, $[a,b]=\bigcap\limits_{n=1}^{\infty}\left(a-\dfrac{1}{n}, b+\dfrac{1}{n}\right)$. 上面两个等式中如果对某个 n 出现区间的左端点大于右端点的情况, 就将这一“区间”理解为空集.

证明 设 $x \in (a,b)$, 则 $a < x < b$. 从而由

$$a = \inf\left\{a + \frac{1}{n}\middle| n \in \mathbf{Z}_+\right\} < x,$$

知有 $N_1 \in \mathbf{Z}_+$ 使得 $a + \frac{1}{N_1} < x$. 同理, 有 $N_2 \in \mathbf{Z}_+$ 使得 $x < b - \frac{1}{N_2}$. 令 $N = \max\{N_1, N_2\}$, 则 $x \in \left[a + \frac{1}{N}, b - \frac{1}{N}\right]$, 从而 $x \in \bigcup_{n=1}^{\infty}\left[a + \frac{1}{n}, b - \frac{1}{n}\right]$.

反之, 若 $x \in \bigcup_{n=1}^{\infty}\left[a + \frac{1}{n}, b - \frac{1}{n}\right]$, 设 $x \in \left[a + \frac{1}{n}, b - \frac{1}{n}\right]$, 对某个 n 成立, 因为 $\left[a + \frac{1}{n}, b - \frac{1}{n}\right] \subset (a,b)$, 从而 $x \in (a,b)$. 这就证明了第一个等式.

对任意 n, 显然, $[a,b] \subset \left(a - \frac{1}{n}, b + \frac{1}{n}\right)$, 从而

$$[a,b] \subset \bigcap_{n=1}^{\infty}\left(a - \frac{1}{n}, b + \frac{1}{n}\right).$$

反之, 设 $x \in \bigcap_{n=1}^{\infty}\left(a - \frac{1}{n}, b + \frac{1}{n}\right)$, 则对任意 $n \in \mathbf{Z}_+$, 都有

$$a - \frac{1}{n} < x < b + \frac{1}{n},$$

于是, 由

$$a = \sup\left\{a - \frac{1}{n}\middle| n \in \mathbf{Z}_+\right\} \leqslant x \leqslant \inf\left\{b + \frac{1}{n}\middle| n \in \mathbf{Z}_+\right\}$$

即知 $x \in [a,b]$. 这就证明了第二个等式. □

例 1.1.3 $\{x|f(x) > 0\} = \bigcup_{n=1}^{\infty}\left\{x\middle|f(x) > \frac{1}{n}\right\}$.

证明和例 1.1.2 类似, 从略.

2. 差集和补集

设 A, B 为集合, 令 $A \setminus B = \{x \in A且x \notin B\}$, 称为 A 和 B 的**差集**.

设 X 为非空集合, $A \subset X$, 则 $X \setminus A$ 称为 A 在 X 中的**补集**. 当不会引起混淆时, 补集 $X \setminus A$ 简记为 A^c.

由定义易证下述定理:

定理 1.1.1 (De Morgan 公式) 设 $\{A_\alpha|\alpha\in\Gamma\}$ 为 X 中的子集族. 则

(1) $(\bigcup\limits_{\alpha\in\Gamma}A_\alpha)^{\mathrm{c}}=\bigcap\limits_{\alpha\in\Gamma}A_\alpha^{\mathrm{c}}$.

(2) $(\bigcap\limits_{\alpha\in\Gamma}A_\alpha)^{\mathrm{c}}=\bigcup\limits_{\alpha\in\Gamma}A_\alpha^{\mathrm{c}}$.

证明 只证 (1). 对任意 $x\in X$, 设 $x\in(\bigcup\limits_{\alpha\in\Gamma}A_\alpha)^{\mathrm{c}}$, 则 $x\notin(\bigcup\limits_{\alpha\in\Gamma}A_\alpha)$, 因此对任意 $\alpha\in\Gamma$, $x\notin A_\alpha$. 于是 $x\in A_\alpha^{\mathrm{c}}$ 对任意 $\alpha\in\Gamma$ 成立. 从而 $x\in\bigcap\limits_{\alpha\in\Gamma}A_\alpha^{\mathrm{c}}$. 这就证明了 $(\bigcup\limits_{\alpha\in\Gamma}A_\alpha)^{\mathrm{c}}\subset\bigcap\limits_{\alpha\in\Gamma}A_\alpha^{\mathrm{c}}$.

以上证明过程是可逆的. 因此反面的包含也成立. □

下面是几个通过已知集合以及集合运算表示待定集合的例子.

例 1.1.4 设 $\{f_n\}$ 为定义于集合 E 上的函数列, $x\in E$. 则

$\{f_n(x)\}_{n=1}^\infty$ 为有界序列 $\Leftrightarrow$ 存在 $M\in\mathbf{R}_+$ 使得 $|f_n(x)|\leqslant M$ 对任意 n 成立. 从而

$$A=\{x\in E|f_n(x)\text{有界}\}=\bigcup_{M\in\mathbf{R}}\bigcap_{n=1}^{\infty}\{x\in E||f_n(x)|\leqslant M\},$$

$$A^{\mathrm{c}}=\{x\in E|f_n(x)\text{无界}\}.$$

例 1.1.5 设 $\{f_n\}_{n=1}^\infty$ 为定义于集合 E 上的函数列, 同例 1.1.4, 可知 f_n 收敛于 0 的点构成的集合为

$$A=\{x\in E|\lim_{n\to+\infty}f_n(x)=0\}=\bigcap_{\varepsilon\in\mathbf{R}_+}\bigcup_{N=1}^{\infty}\bigcap_{n=N+1}^{\infty}\{x||f_n(x)|<\varepsilon\},$$

$$A^{\mathrm{c}}=\bigcup_{\varepsilon\in\mathbf{R}_+}\bigcap_{N=1}^{\infty}\bigcup_{n=N+1}^{\infty}\{x\in E||f_n(x)|\geqslant\varepsilon\}.$$

例 1.1.6 设 f 为 $\mathbf{R}$ 上的函数. 由连续函数的 ε-δ 语言可知 f 的连续点集合为

$$\begin{aligned}A&=\bigcap_{\varepsilon\in\mathbf{R}_+}\bigcup_{\delta\in\mathbf{R}_+}\{x\in\mathbf{R}|f((x-\delta,x+\delta))\subset(f(x)-\varepsilon,f(x)+\varepsilon)\}\\&=\bigcap_{m=1}^{\infty}\bigcup_{n=1}^{\infty}\left\{x\in\mathbf{R}|f\left(\left(x-\frac{1}{n},x+\frac{1}{n}\right)\right)\subset\left(f(x)-\frac{1}{m},f(x)+\frac{1}{m}\right)\right\}.\end{aligned}$$

例 1.1.4～例 1.1.6 的讨论当中, 使用了由已知集合通过集合运算表示待研究集合的方法, 这一方法是实变函数论中的基本研究方法. 由上面几个例子的讨论可以看出, 集合的“并运算”相当于“存在一个”, “交运算”相当于“对所有的”, 而“补运算”相当于“否定”.

3. 集合的直积

如果 $A_i(i=1,2,\cdots,n)$ 为集合, 定义 $\prod\limits_{i=1}^{n}A_i=A_1\times A_2\times\cdots\times A_n$ 为

$$\{(x_1,x_2\cdots,x_n)|x_i\in A_i,i=1,2,\cdots,n\}.$$

$\prod\limits_{i=1}^{n}A_i$ 称为 $\{A_i\}$ 的有限**直积**(**笛卡儿直积**).

类似地, 可以定义一列集合 $A_i(i=1,2,\cdots)$ 的无限直积为

$$\prod_{i=1}^{\infty}A_i=\{(x_1,x_2,\cdots)|x_i\in A_i,i=1,2,\cdots\}.$$

当所有 A_i 相等时, 令 $A_i=A$, 则上述有限和无限直积可分别简记为 A^n 以及 A^∞.

例如, $\mathbf{R}\times\mathbf{R}=\mathbf{R}^2,\mathbf{R}\times\mathbf{R}\times\mathbf{R}=\mathbf{R}^3$. $\mathbf{R}^\infty$ 为全体实数序列构成的集合.

4. 映射

设 X,Y 为非空集合, $f:X\to Y$ 为一个对应法则, 即 $\forall x\in X$, 有唯一的 $y=f(x)\in Y$ 与之对应, 则称 f 为 X 到 Y 的一个**映射**. X 到 Y 的映射全体用 Y^X 表示.

如果 $A\subset X,B\subset Y$, 则

$$f(A)=\{f(x)|x\in A\}\text{和}f^{-1}(B)=\{x\in X|f(x)\in B\}$$

分别称为 A 在 f 下的**像**和 B 在 f 下的**原像**(**或逆像**). $f(X)$ 称为 f 的**值域**.

如果当 $x_1\neq x_2$ 时, $f(x_1)\neq f(x_2)$, 则称 f 为**单射**; 如果对每个 $y\in Y$, 有 $x\in X$ 使得 $f(x)=y$, 则称 f 为**满射**. 既单又满的映射称为**双射**.

映射的基本性质

命题 1.1.1 (1) $A\subset f^{-1}(f(A)),f(f^{-1}(B))\subset B$.

(2) $f(A_1\bigcup A_2)=f(A_1)\bigcup f(A_2),f^{-1}(B_1\bigcup B_2)=f^{-1}(B_1)\bigcup f^{-1}(B_2)$.

(3) $f(A_1\bigcap A_2)\subset f(A_1)\bigcap f(A_2),f^{-1}(B_1\bigcap B_2)=f^{-1}(B_1)\bigcap f^{-1}(B_2)$.

(4) $f^{-1}(B^{\mathrm{c}})=(f^{-1}(B))^{\mathrm{c}}$.

证明 (1) ~ (3) 由定义易证.

(4) $\forall x\in X, x\in f^{-1}(B^{\mathrm{c}})\Leftrightarrow f(x)\in B^{\mathrm{c}}\Leftrightarrow f(x)\notin B\Leftrightarrow x\notin f^{-1}(B)\Leftrightarrow x\in (f^{-1}(B))^{\mathrm{c}}$.

命题 1.1.1 是实变函数论中经常用到的映射性质, 应当熟练掌握.

设 $f: X\to Y, g: Y\to Z$ 为映射, 则由 $h(x)=g(f(x))$ 定义的映射称为 f 和 g 的复合映射, 记为 $g\circ f$.

命题 1.1.2 对任意 $C\subset Z$, 有 $(g\circ f)^{-1}(C)=f^{-1}(g^{-1}(C))$.

5. 幂集和特征函数

设 X 为集合, $\mathscr{P}(X)=\{A|A\subset X\}$ 称为 X 的**幂集**, 它是由 X 的所有子集构成的集合.

一般地, 当 X 为有限集合时, 设 X 中有 n 个元素, 则 $\mathscr{P}(X)$ 中含有 2^n 个元素. 例如, 若 $X=\{1,2\}$, 则 $\mathscr{P}(X)=\{\varnothing,\{1\},\{2\},X\}$.

设 X 为非空集合, $A\subset X$, 定义映射 χ_A 如下:

$$\chi_A(x)=\begin{cases}1, & x\in A;\\ 0, & x\notin A.\end{cases}$$

称 χ_A 为 A 的**特征函数**.

令 $2=\{0,1\}$, 则 χ_A 可以看成 X 到 2 的映射, 用 2^X 表示 X 到 $2=\{0,1\}$ 的映射全体构成的集合, 即 $\chi_A\in 2^X$, 从而 $\rho(A)=\chi_A$ 定义了一个映射 $\rho:\mathscr{P}(X)\to 2^X$.

命题 1.1.3 对任意集合 X, 上述映射 ρ 为双射.

证明 首先, 对任意 $A,B\subset X$, 若 $A\neq B$, 不妨设有 $x\in A\setminus B$, 则 $x\in A, x\notin B$, 从而 $\chi_A(x)=1\neq 0=\chi_B(x)$, 即 $\chi_A\neq\chi_B$, ρ 为单射.

反之, 任给一个映射 $f: X\to 2$, 易知 f 是 $A=\{x\in X|f(x)=1\}$ 的特征函数, 从而 ρ 为满射. □

6. 集合列的上下极限

设 $\{A_n\}_{n=1}^{\infty}$ 为集合列, 则 $\{A_n\}_{n=1}^{\infty}$ 的**上极限**定义为

$$\limsup_{n\to+\infty} A_n=\{x|x\in A_n\text{对无限个}n\text{成立}\};$$

其**下极限**定义为

$$\liminf_{n\to+\infty} A_n=\{x|x\in A_n\text{当}n\text{充分大时成立}\}.$$

由定义易知 $\liminf\limits_{n\to+\infty} A_n \subset \limsup\limits_{n\to+\infty} A_n$.

当上下极限相等时, 称 $\{A_n\}$ 收敛, 此时上下极限的公共值称为 $\{A_n\}$ 的**极限**, 记为 $\lim\limits_{n\to+\infty} A_n$.

例 1.1.7 设 $A_{2n+1}=\left[0,2-\dfrac{1}{2n+1}\right]$, $A_{2n}=\left[0,1+\dfrac{1}{2n}\right]$, $n=1,2,\cdots$. 求 $\{A_n\}$ 的上下极限.

我们来考察 $\mathbf{R}$ 中哪些点在 $\{A_n\}$ 的上下极限中.

(1) 当 $x\notin[0,2)$ 时, 因为 $x\notin A_n, n=1,2,\cdots$, 因此 $x\notin\limsup\limits_{n\to+\infty} A_n$;

(2) 当 $x\in[0,1]$ 时, $x\in A_n, n=1,2,\cdots$, 故 $x\in\liminf\limits_{n\to+\infty} A_n$;

(3) 当 $x\in(1,2)$ 时, 由 A_n 的表达式可知, $x\in A_{2n+1}=\left[0,2-\dfrac{1}{2n+1}\right]$ 对充分大的 n 成立, 但是当 n 充分大时 $x\notin A_{2n}=\left[0,1+\dfrac{1}{2n}\right]$, 故 $x\in\limsup\limits_{n\to+\infty} A_n$ 而 $x\notin\liminf\limits_{n\to+\infty} A_n$.

综上, $\limsup\limits_{n\to+\infty} A_n=[0,2)$, 而 $\liminf\limits_{n\to+\infty} A_n=[0,1]$.

由上下极限的定义可知以下定理成立:

定理 1.1.2

$$\limsup_{n\to+\infty} A_n=\bigcap_{n=1}^{\infty}\bigcup_{m=n}^{\infty} A_m;$$

$$\liminf_{n\to+\infty} A_n=\bigcup_{n=1}^{\infty}\bigcap_{m=n}^{\infty} A_m.$$

7. 单调集列

设 $\{A_n\}_{n=1}^{\infty}$ 为集合列, 若该集合列满足 $A_n\subset A_{n+1}, n=1,2\cdots$, 则称该集合列为**单调上升集列**. 类似地, 若集合列满足 $A_n\supset A_{n+1}, n=1,2\cdots$, 则称其为**单调下降集列**.

下面用 $A_n\nearrow A$表示集合列 $\{A_n\}$ 单调上升收敛到集合 A; 同理, $A_n\searrow A$表示集合列 $\{A_n\}$ 单调下降收敛到集合 A.

命题 1.1.4 单调集列必收敛.

(1) 对单调上升集列, $A_n\nearrow\bigcup\limits_{n=1}^{\infty} A_n(n\to+\infty)$;

(2) 对单调下降集列, $A_n \searrow \bigcap_{n=1}^{\infty} A_n (n \to +\infty)$.

证明 以第一式为例. 因为 $\{A_n\}$ 递增, 由定理 1.1.2, 有

$$\limsup_{n\to+\infty} A_n = \bigcap_{n=1}^{\infty}\bigcup_{m=n}^{\infty} A_m = \bigcap_{n=1}^{\infty}\left(\bigcup_{m=1}^{\infty} A_m\right) = \left(\bigcup_{m=1}^{\infty} A_m\right);$$

同理

$$\liminf_{n\to+\infty} A_n = \bigcup_{n=1}^{\infty}\bigcap_{m=n}^{\infty} A_m = \bigcup_{n=1}^{\infty} A_n = \limsup_{n\to+\infty} A_n.$$

故结论成立. □

例 1.1.8 设 $f(x)$ 为 E 上的有限函数. 令 $F_n = \left\{x \in E \middle| |f(x)| \geqslant \frac{1}{n}\right\}$, 则 $\{F_n\}$ 单调增加, 且

$$\lim_{n\to+\infty} F_n = \{x \in E \big| f(x) \neq 0\} = \{x \in E \big| |f(x)| > 0\}.$$

若令 $E_n = \{x \in E \big| |f(x)| > n\}$, 则 $\{E_n\}$ 单调递减, 且

$$\lim_{n\to+\infty} E_n = \varnothing.$$

但是当 $f(x)$ 可取 $\pm\infty$ 作为值时, 则有

$$\lim_{n\to+\infty} E_n = \{x \in E \big| f(x) = \pm\infty\}.$$

例 1.1.8 的结论后文多处用到, 请牢记.

1.2 基数的概念

对含有有限个元素的集合而言, 如果想知道该集合的元素个数, 只需要逐个地数集合中的元素即可. 也就是将一个有限集合的元素和某个自然数集合 $\{1, 2, \cdots, n\}$ 对应起来. 从而任意两个有限集合都可以比较元素多少. 从理论来说这一方法是可行的, 尽管当元素个数很大时这一方法很难实现. 比如一卡车沙子的沙粒个数就无法数清. 另一方面, 给定两个有限集合, 从理论上说, 总可以利用配对 (映射) 的方法确定两个集合是包含元素个数相同还是哪个集合包含的元素更多.

当研究无限集合时, 该如何比较两个无限集合的元素个数, 或者说该如何定义无限集合的元素个数, 从而说明两个不同的无限集合是包含的元素个数相

同, 还是其中一个包含的元素更多? 例如, 自然数集 $\mathbf{N}$, 整数集 $\mathbf{Z}$, 有理数集 $\mathbf{Q}$ 还有实数集 $\mathbf{R}$ 都是无限集, 它们的元素个数有无区别?

需要说明的是, 在数学分析等课程中, 并没有考虑不同无限集合的元素个数问题, 当时只是认为无限集合都包含无限个元素而已.

一个很自然的想法是对两个无限集合 A 和 B 而言, 如果 $A \subset B$, 但是 $A \neq B$, 则称 A 比 B 包含的元素个数少, 且 $B \setminus A$ 中有多少元素就称 B 比 A 大多少. 这种思想也就是所谓"整体大于部分". 对有限集合而言这种定义方式毫无问题, 但是对互相不包含的无限集合元素个数问题无法讨论. 因为对无限集合而言, 如果这样定义无限集合元素多少, 就会出现大量因为互不包含而不可比较元素个数的集合.

下面来看一个例子. $A = \mathbf{Z}_+, B = \{n|n = 2k+1, k = 0, 1, \cdots\}, C = \{n|n = 2k, k = 1, 2, \cdots\}$. 按照上面的观点, A 比 B 以及 C 元素多应该毫无疑问, 但是 B 和 C 根本无法比较元素多少, 从集合的表示方式似乎可以认为 B 和 C 包含元素个数相同. 因为直观上, B 是全体奇数而 C 中元素为 B 中元素加 1. 也就是 $f(n) = n + 1$ 可建立 B 和 C 之间的双射! 但是, 按照双射的观点, A 和 B 的元素之间也可以建立起来双射: $f(n) = 2n - 1$. 这样说明 A 和 B 的元素个数相同! 看来上述观点会引起很大困惑, 难以讨论下去.

事实上, 早在 1638 年, 伽利略就注意到了上述现象, 他注意到 $\mathbf{Z}_+$ 与 $S = \{1^2, 2^2, \cdots, n^2, \cdots\}$ 之间存在一有趣现象: 一方面, S 为 $\mathbf{Z}_+$ 的真子集, 另一方面, 二者之间存在双射! 这就是历史上著名的"伽利略困惑".

经过长期摸索, 人们发现通过确定两个集合之间是否存在双射来定义两个集合是否包含元素个数相同最为合理.

定义 1.2.1 如果两个集合 A, B 之间存在一个双射, 则称它们**对等**, 记为 $A \sim B$.

例 1.2.1 从前面的讨论我们可以看出, $\mathbf{Z}_+ \sim B = \{n|n = 2k, k = 1, 2, \cdots\}$.

例 1.2.2 设 A 为有限集, 则 $A = \varnothing$, 或者 A 和某个 $\{1, 2, \cdots, n\}$ 对等.

例 1.2.3 设 $a < b$, 则 $(0,1) \sim (a,b)$, $(0,1) \sim (-\infty, +\infty)$.

证明 只需令 $\varphi_1(x) = a + (b-a)x$, $\varphi_2(x) = \tan\left(\pi x - \dfrac{\pi}{2}\right)$ 即可. □

注 1.2.1 无限集合可以和它的真子集对等. 后面会看到, 这个性质是有限集合和无限集合最本质的差异.

定理 1.2.1 集合间的对等有以下性质:

(1) (自反性) $A \sim A$.

(2) (对称性) 若 $A \sim B$, 则 $B \sim A$.

(3) (传递性) 若 $A \sim B, B \sim C$, 则 $A \sim C$.

证明 证明是显然的, 从略. □

定义 1.2.2 如果两个集合 A 和 B 对等, 则称 A 和 B 有相同的**基数**, 记为 $\overline{\overline{A}}=\overline{\overline{B}}$.

定义 1.2.3 当 $A \not\sim B$, 但是有 $B^* \subset B$ 使得 $A \sim B^*$, 则称 $\overline{\overline{A}}$ 小于 $\overline{\overline{B}}$, 记为 $\overline{\overline{A}}<\overline{\overline{B}}$ 或者 $\overline{\overline{B}}>\overline{\overline{A}}$.

和实数的情形相仿, $\overline{\overline{A}}\leqslant\overline{\overline{B}}$ 表示 $\overline{\overline{A}}=\overline{\overline{B}}$ 或者 $\overline{\overline{A}}<\overline{\overline{B}}$. 同样, $\overline{\overline{A}}\geqslant\overline{\overline{B}}$ 表示 $\overline{\overline{A}}=\overline{\overline{B}}$ 或者 $\overline{\overline{A}}>\overline{\overline{B}}$.

为了更好地理解下面的定理 1.2.2 的证明, 我们给出集合论中的一条基本公理 —— 选择公理.

选择公理(Axiom of Choice) 设 $\{A_\alpha\}_{\alpha\in\Gamma}$ 为以 Γ 为指标集的两两不交的非空集族. 则存在集合 $A \subset \bigcup\limits_{\alpha\in\Gamma} A_\alpha$, 使得对任意 $\alpha \in \Gamma$, $A \bigcap A_\alpha$ 为单点集.

注 1.2.2 选择公理只是说明集合 A 的存在性, 它实际上就是从每个非空集合 A_α 中选出一个元素来构成一个集合, 由于对一般集族而言, 不存在确定的方法在每一个集合中选出一个元素, 因而这一公理被称为**选择公理**.

定理 1.2.2 设 A, B 为集合.

(1) 如果存在单射 $f: A \to B$, 则 $\overline{\overline{A}}\leqslant\overline{\overline{B}}$.

(2) 如果存在满射 $f: A \to B$, 则 $\overline{\overline{A}}\geqslant\overline{\overline{B}}$(此时称 B 为 A 的商集).

证明 (1) 只需令 $B^* = f(A)$ 即可.

(2) 对任意 $y \in B$, 取 $x_y \in A$ 使得 $f(x_y) = y$, 令 $A^* = \{x_y|y \in B\}$, 则 $A^* \subset A$, 且易知 f 导出双射 $f|_{A^*}: A^* \to B$, 其中 $f|_{A^*}$ 表示 f 在子集 A^* 上的限制. 从而 $\overline{\overline{A}}\geqslant\overline{\overline{B}}$. □

注 1.2.3 为了完成定理 1.2.2(2) 的证明, 需要“构造”集合 A^*. 它实际上是在一族两两不交的非空集族 $\{f^{-1}(y)|y \in B\}$ 中的每个集合 $f^{-1}(y)$ 中“选出”一个代表元素来构成一个集合 A^*, 由于找不到一个确定的方法选出代表元素, 因此不可避免的需要用到选择公理.

以后我们不加声明地使用选择公理. 需要注意, 凡是用到选择公理的证明全部是所谓非构造性的证明, 因为这一集合实际上没有明确构造出来.

一个自然的问题是, 对任意集合 A, B, 三个表达式 $\overline{\overline{A}}<\overline{\overline{B}}$, $\overline{\overline{A}}=\overline{\overline{B}}$, $\overline{\overline{A}}>\overline{\overline{B}}$ 是否有且仅有一个成立? 我们有下面结论:

(1) 最多有一个表达式成立. 这就是下面要证明的 Bernstein 定理.

(2) 至少有一个成立. 即任意两个集合的基数可以比较大小. 这一结论的证明要用到选择公理, 证明比较烦琐, 见附录 A.

(3) 由以上两点可以看出, 任意两个集合的基数可以比较大小而不会出现冲突的情形.

(4) 有限集的基数与它包含的元素个数相对应. 即, 若 A 为含有 n 个元素的有限集合, 则可记 $\overline{\overline{A}}= n$.

定理 1.2.3 (Bernstein 定理) 设 A, B 为两个集合, 则

$$\overline{\overline{A}}\leqslant\overline{\overline{B}}, \overline{\overline{B}}\leqslant\overline{\overline{A}}\Rightarrow\overline{\overline{A}}=\overline{\overline{B}}.$$

证明 设 $f: A \to B$, $g: B \to A$ 为单射, 令 $A_0 = A, A_1 = g(B), A_2 = g(f(A))$, 则 $A_2 \subset A_1 \subset A, A_1 \sim B, A_2 \sim A_0 = A$. 因此只需证明 $A_1 \sim A_2$ 即可.

考虑双射 $h = g \circ f : A_0 \to A_2$. 对任意 $n = 0, 1, 2, \cdots$, 令 $A_{n+2} = h(A_n)$. 则由 h 为双射以及 $A_2 \subset A_1 \subset A_0$ 知 $A_{n+1} \subset A_n, n = 0, 1, 2, \cdots$ 且 $h : (A_n \setminus A_{n+1}) \to (A_{n+2} \setminus A_{n+3}), n = 1, 2, \cdots$ 均为双射. 由于

$$A_2 = (A_2 \setminus A_3)\bigcup(A_3 \setminus A_4)\bigcup(A_4 \setminus A_5)\bigcup\cdots\bigcup D,$$

$$A_1 = (A_1 \setminus A_2)\bigcup(A_2 \setminus A_3)\bigcup(A_3 \setminus A_4)\bigcup\cdots\bigcup D,$$

其中 $D = \bigcap\limits_{n=1}^{\infty} A_n$. 故可以建立 A_1 到 A_2 的双射 H 如下 (图 1-1):

$$H(x) = \begin{cases} x, & x \in D \bigcup \bigcup\limits_{n=1}^{\infty} (A_{2n} \setminus A_{2n+1}); \\ h(x), & x \in \bigcup\limits_{n=1}^{\infty} (A_{2n-1} \setminus A_{2n}). \end{cases}$$

□

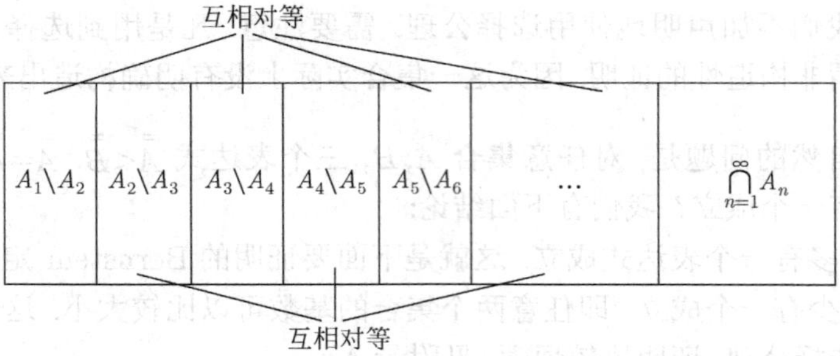

图 1-1 $A_1 \sim A_2$

定理 1.2.4 (Cantor 定理) 设 A 为集合, $\mathscr{P}(A)$ 为 A 的幂集, 则 $\overline{\overline{A}}<\overline{\overline{\mathscr{P}(A)}}$.

证明 首先, $\varphi(x)=\{x\}$ 为 A 到 $\mathscr{P}(A)$ 的单射, 因此 $\overline{\overline{A}}\leqslant\overline{\overline{\mathscr{P}(A)}}$.

其次, 对任意 $\psi: A\to\mathscr{P}(A)$, 令 $B=\{c\in A|c\notin\psi(c)\}$. 如果有 $b\in A$ 使得 $\psi(b)=B$. 那么, 若 $b\in B$, 则 $b\in\psi(b)$, 从而由 B 中元素的定义可知 $b\notin\psi(b)=B$; 若 $b\notin B$, 则 $b\notin\psi(b)$, 同样由 B 中元素的定义可知 $b\in B$, 矛盾! 这就证明了 B 在 ψ 下无原像, 因而 A 和 $\mathscr{P}(A)$ 不对等, 即 $\overline{\overline{A}}<\overline{\overline{\mathscr{P}(A)}}$. □

通常一个集合 X 的幂集的基数用 $2^{\overline{\overline{X}}}$ 表示.

注 1.2.4 由定理 1.2.4 立即可知, 集合的基数没有最大的, 因为任何一个集合的基数都比它的幂集的基数小.

例 1.2.4 (Cantor 悖论) 所有集合是否可以构成一个集合?

Cantor 作了如下推导: 假如一切集合可以构成一个集合 A. 考虑幂集 $\mathscr{P}(A)$. 由定理 1.2.4 知

$$\overline{\overline{A}}<\overline{\overline{\mathscr{P}(A)}}\ .$$

另一方面, 由于 $\mathscr{P}(A)$ 中元素全部为集合, 因此都在 A 中, 故

$$\overline{\overline{A}}\geqslant\overline{\overline{\mathscr{P}(A)}}.$$

以上两式与 Bernstein 定理矛盾, 从而说明所有集合构不成一个集合.

注 1.2.5 19 世纪以前, 人们对集合的用法比较随意, 没有严格的集合定义, 认为随便一些元素就可以构成一个集合. 比如不排除所有集合可以构成一个集合. Cantor 在 19 世纪末注意到集合需要认真研究, 1899 年他提出了著名的 Cantor 悖论: 一切集合构成的集合会导致矛盾. 这是著名的第三次数学危机

的起源. 它提醒人们集合的概念不能乱用, 数学家需要对集合作认真的研究. 事实上, Cantor 是数学史上第一个意识到并且对集合论进行系统研究的数学家, 因此他被称为集合论的奠基人.

1.3 可数集和不可数集

本节研究最简单也是对实变函数最重要的无限集 —— 可数集.

习惯上, 正自然数集合 $\mathbf{Z}_+$ 的基数用 a 或者 $\aleph_0$表示, 而实数集 $\mathbf{R}$ 的基数用 c 或者 $\aleph$ 来表示. 这里 $\aleph$ 是希伯来语字母, 读作"阿列夫".

定义 1.3.1 (1) 设 A 为集合, 如果 $\overline{\overline{A}}=\aleph_0$, 则称 A 为**可数集**或**可列集**.

(2) 如果 A 为有限集或者可数集, 则称 A 为**至多可数集**.

注 1.3.1 (1) 由定义可知, 集合 A 为可数集等价于 A 对等于 $\mathbf{Z}_+$. 或者等价的, A 中元素可以排成一列:

$$A=\{a_1,a_2,\cdots,a_n,\cdots\}.$$

(2) 至多可数的无限集即为可数集.

例 1.3.1 全体整数构成的集合为可数集. 事实上

$$\mathbf{Z}=\{0,-1,1,\cdots,-n,n,\cdots\},$$

从而令

$$f(n)=\begin{cases}2n+1, & n\geqslant 0;\\ -2n, & n<0.\end{cases}$$

则 $f(n)$ 给出了 $\mathbf{Z}$ 和 $\mathbf{Z}_+$ 之间的一个双射 (对等).

例 1.3.2 $\mathbf{Z}_+\times\mathbf{Z}_+$ 是可数集.

证明 $\mathbf{Z}_+\times\mathbf{Z}_+$ 中元素可以按照以下法则排成一列:

对任意元素 $(m,n)\in\mathbf{Z}_+\times\mathbf{Z}_+$, 令 $|(m,n)|=m+n$, 称为 (m,n) 的模.

(1) 模小的元素优先排列;

(2) 当两个元素模相等时, 第一个坐标小的优先排列.

从而 $\mathbf{Z}_+\times\mathbf{Z}_+$ 为可数集. □

上面证明中元素的排法称为对角线法 (图 1-2), 后面还会给出 $\mathbf{Z}_+\times\mathbf{Z}_+$ 为可数集的另一种证法.

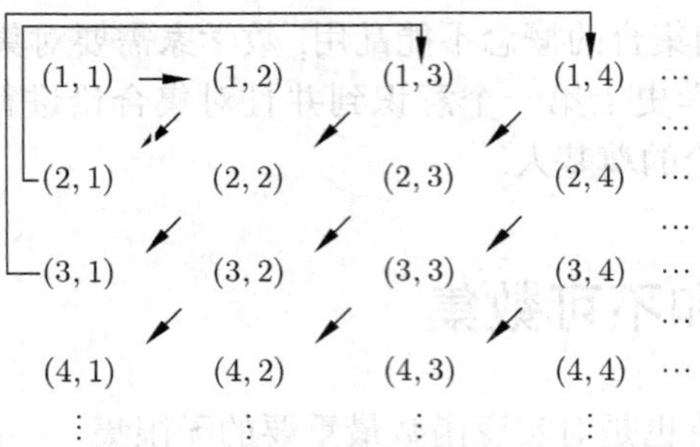

图 1-2 对角线排法

以下定理表明可数集是"最小"的无限集, 也就是 $\aleph_0 \leqslant \overline{\overline{X}}$ 对任意无限集 X 成立. 它的证明中用到选择公理.

定理 1.3.1 任何无限集都包含一个可数集.

证明 设 X 为无限集. 显然, $X \neq \varnothing$. 于是可取 $a_1 \in X$; 因为 $X\backslash\{a_1\} \neq \varnothing$, 可取 $a_2 \in X \setminus \{a_1\} \neq \varnothing$; 一般地, 可取 $a_n \in X \setminus \{a_1, a_2 \cdots, a_{n-1}\} \neq \varnothing$. 于是我们就"归纳"地取出了一列元素 $A = \{a_1, a_2, \cdots, a_n, \cdots\} \subset X$. 从而 $\aleph_0 \leqslant \overline{\overline{X}}$. □

注 1.3.2 上面证明中元素 $a_n \in X \setminus \{a_1, a_2, \cdots, a_{n-1}\}$ 的取法无法确定. 也就是说, 上面的证明不能算归纳法, 因为 a_n 的选取无法由前面的元素 $\{a_1, a_2, \cdots, a_{n-1}\}$ 完全确定. 因此在上面的证明过程中不可避免地要用到选择公理来作无限次选择.

下面是判别一个集合是否至多可数的常用方法.

定理 1.3.2 设 X 是一个非空集, 则下列条件等价:

(1) X 至多可数.

(2) 存在一个满射 $f : \mathbf{Z}_+ \to X$.

(3) 存在一个单射 $g : X \to \mathbf{Z}_+$.

证明 (1)⇒(2). 如果 X 是可数无限的, 则存在双射 $f : \mathbf{Z}_+ \to X$. 如果 X 是有限的, 则对某 $n \geqslant 1$, 存在双射 $h : \{1, 2, \cdots, n\} \to X$(注意 $X \neq \varnothing$). 只需将 h 扩张为满射如下:

$$f(i) = \begin{cases} h(i), & 1 \leqslant i \leqslant n; \\ h(1), & i > n. \end{cases}$$

(2) $\Rightarrow$ (3) 设 $f:\mathbf{Z}_+\to X$ 为满射. 定义 $g:X\to\mathbf{Z}_+$ 如下:

$$g(b)=f^{-1}(b)\text{最小元素}.$$

因为 f 为满射, 因此每个 $\{f^{-1}(b)\}$ 非空, 也就是 g 定义明确. 又因为不同的 $\{f^{-1}(b)\}$ 互不相交, 因此它们的最小元素互不相同.

(3) $\Rightarrow$(1). 设 $g:X\to\mathbf{Z}_+$ 为单射. 则 X 对等于 $\mathbf{Z}_+$ 的子集 $g(X)$, 从而由定理 1.2.1 知 $\overline{\overline{X}}=\overline{\overline{g(X)}}\leqslant\overline{\overline{\mathbf{Z}_+}}=\aleph_0$. □

注 1.3.3 容易证明定理 1.3.2 中的集合 $\mathbf{Z}_+$ 可用任意可数集代替.

推论 1.3.1 $\mathbf{Z}_+$ 的无限子集是可数集.

证明 设 C 为 $\mathbf{Z}_+$ 的无限子集, 则包含映射 $j:C\to\mathbf{Z}_+$, $j(n)=n, n\in C$ 为单射, 由定理 1.3.2 可知 C 至多可数, 又因为 C 不是有限集, 因此 $\overline{\overline{C}}=\aleph_0$. □

注 1.3.4 由推论 1.3.1 立即可知, 任一可数集的无限子集均为可数集.

推论 1.3.2 $\mathbf{Z}_+\times\mathbf{Z}_+$ 是可数集.

例 1.3.2 利用对角线法给出了这一结论的证明, 下面利用定理 1.3.2 给出另一证法.

证明 作映射 $\mathbf{Z}_+\times\mathbf{Z}_+\to\mathbf{Z}_+$ 如下:

$$f(m,n)=2^m3^n.$$

易证 f 为单射. 事实上, 设 $2^m3^n=2^p3^q$, 则 $2^{m-p}=3^{q-n}$. 由奇偶性可知 $m-p=0=q-n$. 因此 $(m,n)=(p,q)$.

又因为 $\mathbf{Z}_+\times\mathbf{Z}_+$ 不是有限集, 从而由定理 1.3.2 知 $\mathbf{Z}_+\times\mathbf{Z}_+$ 是可数集. □

定理 1.3.3 至多可数个可数集合的并还是至多可数集.

证明 设 $\{A_n\}_{n\in J}$ 为至多可数集族, 也就是 J 为至多可数集, 不妨设 $J=\{1,2,\cdots,N\}$ 或者 $J=\mathbf{Z}_+$, 而每一 A_n 为至多可数集. 不失一般性, 设每一 A_n 非空. 于是, 对每一个 $n\in J$, 存在满射 $f_n:\mathbf{Z}_+\to A_n$. 再设 $g:\mathbf{Z}_+\to J$ 也为满射. 定义

$$h:\mathbf{Z}_+\times\mathbf{Z}_+\to\bigcup_{n\in J}A_n$$

如下:

$$h(k,m)=f_{g(k)}(m).$$

易知 h 为满射, 从而 $\bigcup\limits_{n\in J}A_n$ 至多可数. □

定理 1.3.4 至多可数集合的有限乘积是至多可数集.

证明 先看两个集合 A,B 的情形. 首先, 如果 A,B 之一是空集, 则结论显然成立. 否则存在满射 $f:\mathbf{Z}_+\to A$ 和 $g:\mathbf{Z}_+\to B$. 则由公式 $h(m,n)=(f(m),g(n))$ 确定的映射 $h:\mathbf{Z}_+\times\mathbf{Z}_+\to A\times B$ 为满射, 从而 $A\times B$ 至多可数.

一般情形用归纳法证明如下:

假定每一个 A_i 至多可数, 则 $A_1\times\cdots\times A_{n-1}$ 至多可数, 我们来证明 $A_1\times\cdots\times A_n$ 至多可数. 首先, 注意到

$$g(x_1,\cdots,x_n)=((x_1,\cdots,x_{n-1}),x_n)$$

确定一个满射

$$g:A_1\times\cdots\times A_n\to(A_1\times\cdots\times A_{n-1})\times A_n.$$

由归纳法假设知 $A_1\times\cdots\times A_{n-1},A_n$ 均至多可数, 因此由已证结论知 $A_1\times\cdots\times A_n$ 至多可数. □

例 1.3.3 由定理 1.2.4 知 $\overline{\overline{2^{\mathbf{Z}_+}}}=\overline{\overline{\mathscr{P}(\mathbf{Z}_+)}}>\overline{\overline{\mathbf{Z}_+}}=\aleph_0$. 另一方面, $2^{\mathbf{Z}_+}$ 实际上是一般项为 0 或者 1 构成的序列全体, 也就是可数无限个集合 $2=\{0,1\}$ 的乘积 2^∞, 从而 2^∞ 不可数.

注 1.3.5 由例 1.3.3 可以看出, 数学分析中描述序列时用到的 ∞ 实际上是 $\mathbf{Z}_+$.

例 1.3.4 考虑整系数多项式全体构成的集合 $\mathbf{Z}(x)$.

令 $\mathbf{Z}_n(x)=\{p(x)\in\mathbf{Z}(x)|p(x)\text{次数不超过}n\text{或者}p(x)=0\}$. 对每个 n, 作映射 $f_n:\mathbf{Z}^{n+1}\to\mathbf{Z}_n(x)$ 如下:

$$f_n(a_0,\cdots,a_n)=a_0x^n+\cdots+a_{n-1}x+a_n.$$

易知 f_n 为满射, 从而 $\mathbf{Z}_n(x)$ 为可数集. 于是 $\mathbf{Z}(x)=\bigcup\limits_{n\in\mathbf{Z}_+}\mathbf{Z}_n(x)$ 可数.

回忆一下代数数的概念, 所谓代数数即非零整系数多项式的根. 由代数学基本定理知, 每个非零整系数多项式最多只有有限个根, 因此代数数全体构成的集合 A 可以表示为指标集为 $\mathbf{Z}(x)$ 的有限集的可数并. 显然 A 为无限集, 从而 A 是可数集.

例 1.3.5 有理数集 $\mathbf{Q}$ 为可数集.

事实上, $f(m,n)=\dfrac{m}{n}$ 定义了一个映射 $f:\mathbf{Z}\times\mathbf{Z}_+\to\mathbf{Q}$. 显然 f 为满射, 从而 $\mathbf{Q}$ 可数.

由定理 1.3.4 知平面和空间中的坐标全部为有理数的点构成的集合均是可数集.

以下我们研究实数集 $\mathbf{R}$ 的基数 $\aleph$.

定理 1.3.5 $\aleph=2^{\aleph_0}$.

证明 我们知道, $2^{\aleph_0}=\overline{\overline{\mathscr{P}(\mathbf{Z}_+)}}$, $\overline{\overline{[0,1]}}=\aleph$.

$\mathbf{Z}_+$ 的任一子集 A 看成它的特征函数 χ_A 实际上就是一个无限序列 $a_1,a_2,\cdots,a_n,\cdots$, 其中 $a_i=\chi_A(i), i=1,2,\cdots$.

将 [0,1] 中的实数看成二进制实数, 也就是将

$$f(A)=0.a_1a_2\cdots a_n\cdots$$

看成二进制实数, 则 $f:\mathscr{P}(\mathbf{Z}_+)\to[0,1]$ 为满射, 从而 $2^{\aleph_0}\geqslant\aleph$.

另一方面, 将 $f(A)=0.a_1a_2\cdots a_n\cdots$ 看成十进制实数, 则 $f:\mathscr{P}(\mathbf{Z}_+)\to[0,1]$ 为单射. 从而 $2^{\aleph_0}\leqslant\aleph$. 这就证明了 $2^{\aleph_0}=\aleph$. □

由定理 1.3.5 和 Bernstein 定理可知, 任意区间的基数都为 $\aleph$. 特别地, 实数集的基数 $\overline{\overline{\mathbf{R}}}=\aleph$. 基于这一原因, $\aleph$ 也称为**连续基数或连续统**. 显然 $\aleph_0<\aleph$.

例 1.3.6 全体无理数构成集合 $\mathbf{R}\setminus\mathbf{Q}$ 的基数为 $\aleph$.

证明 只需证明 $(\mathbf{R}\setminus\mathbf{Q})\sim\mathbf{R}$. 取 $\mathbf{R}\setminus\mathbf{Q}$ 的一个可数子集, 比如 $B=\{\pi+n|n\in\mathbf{Z}_+\}$. 则 $B\bigcup\mathbf{Q}$ 为可数集. 于是存在双射 $f:B\to B\bigcup\mathbf{Q}$, 构造映射 $g:(\mathbf{R}\setminus\mathbf{Q})\to\mathbf{R}$ 如下:

$$f(x)=\begin{cases} f(x), & x\in B;\\ x, & x\in(\mathbf{R}\setminus\mathbf{Q})\setminus B.\end{cases}$$

易知 g 为双射. □

定理 1.3.6 设有一列集合 $\{A_n|n\in\mathbf{Z}_+\}$, $\overline{\overline{A_n}}=\aleph, n=1,2,\cdots$, 而 $A=\prod\limits_{n=1}^{\infty}A_n$, 则 $\overline{\overline{A}}=\aleph$.

证明 定理所述结论即 $\aleph^{\aleph_0}=\aleph$. 由定理 1.3.5, 只需证明所有 $A_n=2^{\mathbf{Z}_+}$ 情形. 作 $(2^{\mathbf{Z}_+})^{\mathbf{Z}_+}$(基数为 $\aleph^{\aleph_0}$) 到 $2^{\mathbf{Z}_+\times\mathbf{Z}_+}$(基数为 $2^{\aleph_0}$) 的映射 F 如下:

对任意 $f\in(2^{\mathbf{Z}_+})^{\mathbf{Z}_+}$, 即 $f(m)(n)\in\{0,1\},\forall m,n\in\mathbf{Z}_+$. 令 $F(f)(m,n)=f(m)(n),\forall m,n\in\mathbf{Z}_+$. 则 F 为双射. 这就完成了定理的证明. □

由定理 1.3.6 立即可知 $\mathbf{R}^\infty$ 的基数为 $\aleph$.

推论 1.3.3 $\mathbf{R}^n(n>1)$ 的基数为 $\aleph$.

证明 容易构造 $\mathbf{R}$ 到 $\mathbf{R}^n$ 和 $\mathbf{R}^n$ 到 $\mathbf{R}^\infty$ 的单射如下:

$$f(x)=(x,0,\cdots,0);g(x_1,x_2,\cdots,x_n)=(x_1,x_2,\cdots,x_n,0,0,\cdots).$$

从而 $\aleph=\overline{\overline{\mathbf{R}}}\leqslant\overline{\overline{\mathbf{R}^n}}\leqslant\overline{\overline{\mathbf{R}^\infty}}=\aleph$, 由 Bernstein 定理知结论成立. □

本章小结 本章是学习实变函数的集合预备知识. 主要内容为以下几点: (1) 集合的基数, 主要是要搞清楚无限集合基数的层次结构和两个重要的无限基数 $\aleph_0$ 和 $\aleph$. (2) 可数集合的运算性质, 比如可数个可数集的并是可数集, 有理数集是可数集等. (3) 如何利用已知集合通过可数运算表示未定集合是实变函数的基本技巧. 应当通过练习熟练掌握这一技巧.

Cantor 与公理集合论简介

Georg Cantor(格奥尔格·康托尔), 1862 年入苏黎世大学学工, 翌年转入柏林大学攻读数学和神学, 受教于 E. Kummer(库默), K. Weierstrass(魏尔斯特拉斯) 和 L. Kronecker(克罗内克). 1866 年曾去 Gottingen(哥廷根) 学习一学期, 1867 年在 Kummer 指导下从事数论的研究并获博士学位, 毕业后转向分析基础的研究. 1879 年任教授. Cantor 对数学的最大贡献是集合论方面的工作, 因而被称为集合论的奠基人. 1918 年 1 月 6 日在德国 Halle-Wittenberg 大学附属精神病院去世. 1899 年 Cantor 发现了 Cantor 悖论. 其实 1897 年 Burali Forti(布拉利-福尔蒂) 就公开发表了和 Cantor 悖论类似的所谓最大序数悖论. 但是由于这两个悖论涉及复杂的数学理论而没有引起人们的重视, 人们认为它们可能仅仅是由于一些数学环节上的不小心而导致的错误而已, 因而当时对消除这些悖论持乐观态度.

G. Cantor

但是在 1901 年, 英国数学家 Russell(罗素) 发现了著名的 Russell 悖论: 设 A 是所有不是自身元素的集合构成的集合, 即

$$A = \{B|B\text{是集合且}B \notin B\}.$$

现在考虑 $A \in A$ 是否成立? (1) 如果 $A \in A$ 成立, 则由 A 中元素的性质知, $A \notin A$; (2) 如果 $A \notin A$, 则由 A 中元素的定义, 应有 $A \in A$! Russell 悖论的一个通俗版本是著名的理发师困境 (悖论): 一位乡村理发师某日宣布: 他给所有不给自己刮胡子的人刮胡子, 并且只给村里这些人刮胡子. 于是, 问题来了, 他是否应该给自己刮胡子? 和上面推理类似, 该理发师发现他怎么做都不对!

Russell 悖论的发现在数学界引起了前所未有的恐慌, 因为在当时人们已经把集合论看作数学研究的基础, 一直以来人们认为很自然的集合概念竟然有很大漏洞! 这就是数学史上著名的**第三次数学危机**. 为了消除这一危机, Cantor、Zermelo(策梅洛)、Fraenkel(佛伦克尔) 等人作了不懈的努力, 建立起了著名的集合论公理系统 ——**ZF 公理系统**, 从而使得数学度过了第三次危机. 按照公理集合论的观点, 所有集合构不成一个集合, 而是构成一个所谓的**类**. 于是自然的 Russell 悖论就消失了!

连续统假设 (Continuum Hypothesis, CH) 简介

我们知道 $\aleph_0 < \aleph = 2^{\aleph_0}$. 那么, 在这两个无穷基数之间是否还有其他基数? 换句话说, 是否有这样的实数的子集, 它的基数介于自然数集和全体实数的基数之间? Cantor 首先发现了这一问题并相信这样的集合不存在. 这就是著名的连续统假设. 因为连续统假设涉及实数的基础, 因此在 1900 年的世界数学家大会上被数学家 D. Hilbert(希尔伯特) 列为面向 20 世纪的数学家们应该重点研究的 23 个重大问题的第一个问题, 也就是著名的 Hilbert 第一问题.

在 20 世纪初连续统假设是数学界最为关注的问题. 1938 年, K. Gödel(哥德尔) 证明了连续统假设的成立和集合论公理体系 ZF 系统的其他公理不矛盾, 也就是它是和集合论公理协调的. 1963 年 P. J. Cohen(保罗•科恩) 证明了连续统假设独立于 ZFC 公理系统(这里 C 是指选择公理, ZFC 即 ZF 系统加上选择公理作为一条公理构成的公理体系). 也就是在 ZF 公理体系中无法判别连续统假设的正确性, 认为它对或者不对均可, 都不会导致集合论公理体系产生矛盾! 从而完全解决了连续统假设问题. 连续统假设的解决被誉为 20 世纪数学的最大成果.

选择公理简介

选择公理是一条非常特别的集合论公理. 在公理集合论建立之初数学家们认为它可以由其他公理推导出来, 但是随后人们证明了它独立于 ZF 系统的其

他公理. 在数学研究中是否承认选择公理在数学史上曾经有过很大争议, 尤其是在 19 世纪末 20 世纪初. 当时人们发现利用选择公理证明出的结论很多非常不可思议, 难以想象. 最为著名的是所谓的 Hausdorff(豪斯多夫) 分球定理: 一个实心球体可以分为同胚的两部分!

选择公理的特点是利用它所得的结果都是非构造性的, 因此这些结果无法实际应用. 这是很多数学家不承认选择公理的主要原因. 另一方面, 如果不承认选择公理, 很多数学学科根本是寸步难行. 因此在数学研究中是否承认选择公理就成了一个仁者见仁, 智者见智的个人选择了. 根据是否应用选择公理来区分的数学研究分别称为非构造性研究和构造性研究.

习题 1

1. 证明 De Morgan 公式的第二式:

$$\left(\bigcap_{\alpha\in\Gamma} A_\alpha\right)^{\mathrm{c}} = \bigcup_{\alpha\in\Gamma} A_\alpha^{\mathrm{c}}.$$

2. 设 $f: X \to Y$.

(1) 给出 $A = f^{-1}(f(A))$ 对任意 $A \subset X$ 成立的充要条件.

(2) 给出 $B = (f(f^{-1}))(B)$ 对任意 $B \subset Y$ 成立的充要条件.

3. 给出命题 1.1.1(3) 的详细证明.

4. 设 $\{A_n\}_{n=1}^{\infty}$ 为一个集列. 令 $B_1 = A_1$, $B_n = A_n \setminus \left(\bigcup\limits_{i=1}^{n-1} A_i\right)(n \geqslant 2)$. 证明: $\{B_n\}_{n=1}^{\infty}$ 为一列互不相交的集列, 且

$$\bigcup_{i=1}^{n} A_i = \bigcup_{i=1}^{n} B_i, n = 1, 2, \cdots; \bigcup_{i=1}^{\infty} A_i = \bigcup_{i=1}^{\infty} B_i.$$

5. 设 A 和 B 为集合 X 的子集, $A\triangle B = (A \setminus B)\bigcup(B \setminus A)$ 称为 A 和 B 的**对称差**. 证明对称差的以下性质.

(1) $A\triangle\varnothing = A$, $A\triangle A^{\mathrm{c}} = X$, $A\triangle A = \varnothing$, $A\triangle X = A^{\mathrm{c}}$.

(2) (交换律) $A\triangle B = B\triangle A$.

(3) (结合律) $(A\triangle B)\triangle C = A\triangle(B\triangle C)$.

6. 设 $\{A_n\}$ 和 $\{B_n\}$ 为两个集列.

(1) 证明: $\bigcup\limits_{n=1}^{\infty}(A_n\bigcap B_n) \subset \left(\bigcup\limits_{n=1}^{\infty} A_n\right)\bigcap\left(\bigcup\limits_{n=1}^{\infty} B_n\right)$.

(2) $\bigcup\limits_{n=1}^{\infty}(A_n\bigcap B_n)=\left(\bigcup\limits_{n=1}^{\infty}A_n\right)\bigcap\left(\bigcup\limits_{n=1}^{\infty}B_n\right)$ 是否一定成立?

(3) 证明: 如果 $\{A_n\}$ 和 $\{B_n\}$ 都是单调递增集列, 则

$$\bigcup_{n=1}^{\infty}(A_n\bigcap B_n)=\left(\bigcup_{n=1}^{\infty}A_n\right)\bigcap\left(\bigcup_{n=1}^{\infty}B_n\right).$$

7. 设 $f(\boldsymbol{x}),g(\boldsymbol{x})$ 为定义于 $E\subset\mathbf{R}^n$ 上的函数. 证明:

(1) $\{\boldsymbol{x}|f(\boldsymbol{x})>g(\boldsymbol{x})\}=\bigcup\limits_{n=1}^{\infty}\left\{\boldsymbol{x}|f(\boldsymbol{x})>g(\boldsymbol{x})+\dfrac{1}{n}\right\}$.

(2) $\{\boldsymbol{x}|f(\boldsymbol{x})>g(\boldsymbol{x})\}=\bigcup\limits_{r\in\mathbf{Q}}(\{\boldsymbol{x}|f(\boldsymbol{x})>r\}\bigcap\{\boldsymbol{x}|g(\boldsymbol{x})<r\})$.

8. 证明关于特征函数的以下性质:

(1) $\chi_{A\bigcup B}(x)=\chi_A(x)+\chi_B(x)-\chi_{A\bigcap B}(x)$.

(2) $\chi_{A\bigcap B}(x)=\chi_A(x)\cdot\chi_B(x)$.

(3) $\chi_{A\setminus B}(x)=\chi_A(x)[1-\chi_B(x)]$.

9. 证明: (1) $X\setminus\limsup\limits_{k\to+\infty}A_k=\liminf\limits_{k\to+\infty}(X\setminus A_k)$.

(2) $X\setminus\liminf\limits_{k\to+\infty}A_k=\limsup\limits_{k\to+\infty}(X\setminus A_k)$.

10. 设 $A_k\subset\mathbf{R}$ 是一列集合. 则

(1) $\chi_{\left(\bigcup\limits_{k=1}^{\infty}A_k\right)}=\sup\limits_{k\geqslant1}\chi_{A_k},\chi_{\left(\bigcap\limits_{k=1}^{\infty}A_k\right)}=\inf\limits_{k\geqslant1}\chi_{A_k}$.

(2) $\lim\limits_{k\to+\infty}\chi_{A_k}$ 存在当且仅当 $\lim\limits_{k\to+\infty}A_k$ 存在, 此时

$$\chi_{(\lim\limits_{k\to+\infty}A_k)}=\lim_{k\to+\infty}\chi_{A_k}.$$

11. 设 $\{f_n\}$ 为定义于 $[a,b]$ 上的函数序列, $E\subset[a,b]$, 且

$$\lim_{n\to+\infty}f_n(x)=\chi_{[a,b]\setminus E}(x).$$

令

$$E_n=\left\{x\in[a,b]|f_n(x)\geqslant\frac{1}{2}\right\},$$

求 $\lim\limits_{n\to+\infty}E_n$.

12. 设 $E_n=\left\{\dfrac{m}{n}\middle|m\in\mathbf{Z}\right\},n=1,2,\cdots$. 证明

$$\liminf_{n\to+\infty}E_n=\mathbf{Z},\limsup_{n\to+\infty}E_n=\mathbf{Q}.$$

13. 给出下列集合之间的一个双射.

(1) (0,1) 和 [0,1].

(2) 平面上单位开圆盘 $\{(x,y)\in\mathbf{R}^2|x^2+y^2<1\}$ 和单位闭圆盘 $\{(x,y)\in\mathbf{R}^2|x^2+y^2\leqslant 1\}$.

14. 设 $A\subset\mathbf{R}, A+A=\{x+y|x,y\in A\}$. 证明: 如果 A 为可数集或者基数为 $\aleph$, 则 $A+A$ 也具有相同的基数.

15. 证明以下基数关系式.

(1) 若 $A\setminus B\sim B\setminus A$, 则 $A\sim B$.

(2) 若 $A\subset B$, 且 $A\sim(A\bigcup C)$, 则 $B\sim B\bigcup C$.

16. 设 $f:A\to B$ 为单射. $A_1\subset A_2\subset A$. 令 $B_1=f(A_1), B_2=f(A_2)$. 证明 f 导出双射 $f|_{(A_2\setminus A_1)}:(A_2\setminus A_1)\to(B_2\setminus B_1)$, 其中对任意 $x\in A_2\setminus A_1$, $f|_{(A_2\setminus A_1)}(x)=f(x)$.

17. 以下集族的选择函数的存在性是否需要用到选择公理?

(1) $\mathbf{Z}_+$ 的非空子集全体构成集族 $\mathscr{P}(\mathbf{Z}_+)\setminus\{\varnothing\}$.

(2) $\mathbf{Z}$ 的非空子集全体构成集族 $\mathscr{P}(\mathbf{Z})\setminus\{\varnothing\}$.

(3) $\mathbf{Q}$ 的非空子集全体构成集族 $\mathscr{P}(\mathbf{Q})\setminus\{\varnothing\}$.

(4) $\{0,1\}^{\mathbf{Z}_+}$ 的非空子集全体构成集族 $\mathscr{P}(\{0,1\}^{\mathbf{Z}_+})\setminus\{\varnothing\}$.

18. (1) 求区间 [0,1] 上右连续的单调函数全体构成集合的基数.

(2) 求区间 [0,1] 上单调函数全体构成集合的基数.

19. 证明不存在集合 A, 使得幂集 $\mathscr{P}(A)$ 为可数集.

20. 令 $X=\mathbf{R}^{\mathbf{R}}$, 证明 $\overline{\overline{X}}=2^{\aleph}$.

21. 证明有理系数多项式全体构成一个可数集.

22. 证明 $\mathbf{R}$ 上的增函数的不连续点集至多可数.

***23.** 设 f 为定义在 $\mathbf{R}$ 上的实值函数.

$$A=\{x\in\mathbf{R}|f\text{在点}x\text{不连续但右极限}f(x^+)\text{存在且有限}\}.$$

证明 A 是至多可数集.

第 2 章

$\boldsymbol{n}$维欧氏空间上的拓扑

2.1 $\boldsymbol{n}$维欧氏空间上的拓扑概念

2.1.1 开集, 内部, 拓扑

设

$$\mathbf{R}^n = \{(x_1, x_2, \cdots, x_n) | x_i \in \mathbf{R}, i = 1, 2, \cdots, n\}$$

为n **维欧氏空间**. 对任意 $\boldsymbol{x} = (x_1, x_2, \cdots, x_n) \in \mathbf{R}^n$,

$$\|\boldsymbol{x}\| = \sqrt{x_1^2 + x_2^2 + \cdots + x_n^2}$$

称为元素 (点)$\boldsymbol{x}$ 的**范数**. 对任意 $\boldsymbol{x}, \boldsymbol{y} \in \mathbf{R}^n$, 定义

$$d(\boldsymbol{x}, \boldsymbol{y}) = \|\boldsymbol{x} - \boldsymbol{y}\|.$$

$d(\boldsymbol{x}, \boldsymbol{y})$ 称为点 $\boldsymbol{x}, \boldsymbol{y}$ 之间的**欧几里得距离**, 简称**欧氏距离**或者**距离**. 距离也称为**度量**.

下面的定理是欧氏度量最基本的性质, 其证明参见高等代数课程欧氏空间部分内容.

定理 2.1.1 $\mathbf{R}^n$ 上的度量 $d(\boldsymbol{x}, \boldsymbol{y})$ 具有以下性质:
(1) (正定性) $d(\boldsymbol{x}, \boldsymbol{y}) \geqslant 0$, 且 $d(\boldsymbol{x}, \boldsymbol{y}) = 0$ 的充要条件为 $\boldsymbol{x} = \boldsymbol{y}$.
(2) (对称性) $d(\boldsymbol{x}, \boldsymbol{y}) = d(\boldsymbol{y}, \boldsymbol{x})$.
(3) (三角不等式) $d(\boldsymbol{x}, \boldsymbol{y}) \leqslant d(\boldsymbol{x}, \boldsymbol{z}) + d(\boldsymbol{z}, \boldsymbol{y})$.

设 $\boldsymbol{x} \in \mathbf{R}^n$, $\delta > 0$, 令

$$B(\boldsymbol{x}, \delta) = \{\boldsymbol{y} \in \mathbf{R}^n | d(\boldsymbol{x}, \boldsymbol{y}) < \delta\}.$$

$B(\boldsymbol{x},\delta)$称为以 $\boldsymbol{x}$ 为中心, δ 为半径的**球形邻域**, 简称为 $\boldsymbol{x}$ 的δ **邻域**. 如果集合 $A\subset\mathbf{R}^n$ 包含 $\boldsymbol{x}$ 的某个 δ 邻域, 则称 A 为 $\boldsymbol{x}$ 的**邻域**.

同理,

$$\overline{B(\boldsymbol{x},\delta)}=\{\boldsymbol{y}\in\mathbf{R}^n|d(\boldsymbol{x},\boldsymbol{y})\leqslant\delta\}$$

称为 $\boldsymbol{x}$ 的δ **闭球形邻域**.

注 2.1.1 当 $n=1$ 时, x 的 δ 邻域实际上就是以 x 为中点长度为 2δ 的开区间. 而当 $n=2$ 时, 它是以 $\boldsymbol{x}$ 为中心, δ 为半径的开圆盘; $n=3$ 时, 球形邻域为开的实心球体. 当 $n\geqslant 4$ 时, 球形邻域没有几何意义.

定义 2.1.1 设 $G\subset\mathbf{R}^n$, 若 G 满足

$$\forall\boldsymbol{x}\in G,\exists\delta>0\text{ 使得 }B(\boldsymbol{x},\delta)\subset G,$$

则称 G 为 $\mathbf{R}^n$ 中**开集**. $\mathbf{R}^n$ 中开集全体用符号 $\mathscr{T}_n$ 表示, 在不致混淆维数时简记为 $\mathscr{T}$.

开集是后面定义测度的基础.

例 2.1.1 任意点的球形邻域是开集.

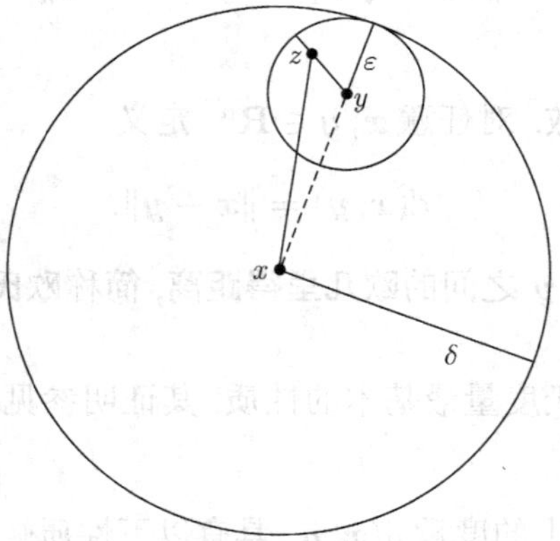

图 2-1 球形邻域为开集的图示

证明 如图 2-1, 设 $B(\boldsymbol{x},\delta)$ 为球形邻域, 对任意 $\boldsymbol{y}\in B(\boldsymbol{x},\delta)$, 令 $\varepsilon=\delta-d(\boldsymbol{x},\boldsymbol{y})$, 则 $\varepsilon>0$ 且对任意 $\boldsymbol{z}\in B(\boldsymbol{y},\varepsilon)$, $d(\boldsymbol{x},\boldsymbol{z})\leqslant d(\boldsymbol{x},\boldsymbol{y})+d(\boldsymbol{y},\boldsymbol{z})<\delta$, 故 $\boldsymbol{z}\in B(\boldsymbol{x},\delta)$. 从而 $B(\boldsymbol{y},\varepsilon)\subset B(\boldsymbol{x},\delta)$. 这就证明了 $B(\boldsymbol{x},\delta)$ 为开集. □

例 2.1.2 设 $\boldsymbol{x},\boldsymbol{y}\in\mathbf{R}^n, \boldsymbol{x}\neq\boldsymbol{y}$. 则有开集 U,V 使得 $\boldsymbol{x}\in U, \boldsymbol{y}\in V, U\bigcap V=\varnothing$. 这一性质称为 Hausdorff 分离性.

证明 只需取 $U=B\left(\boldsymbol{x},\dfrac{d(\boldsymbol{x},\boldsymbol{y})}{2}\right), V=B\left(\boldsymbol{y},\dfrac{d(\boldsymbol{x},\boldsymbol{y})}{2}\right)$ 即可. □

推论 2.1.1 (1) 一个集合 G 为开集的充要条件为对任意 $\boldsymbol{x}\in G$, G 为 $\boldsymbol{x}$ 的邻域;

(2) 一个集合 A 是元素 $\boldsymbol{x}$ 的邻域当且仅当有开集 G 使得 $\boldsymbol{x}\in G\subset A$.

证明 (1) 由邻域定义可知.

(2) 必要性: 对任意 $\boldsymbol{x}\in A$, 设 $B(\boldsymbol{x},\delta)\subset A$, 只需取 $G=B(\boldsymbol{x},\delta)$ 即可.

充分性: 设 $\boldsymbol{x}\in G\subset A$, 其中 G 为开集. 于是由开集定义, 有 $\delta>0$ 使得 $B(\boldsymbol{x},\delta)\subset G$, 从而 $B(\boldsymbol{x},\delta)\subset A$. 即 A 为 $\boldsymbol{x}$ 的邻域. □

定理 2.1.2 $\mathbf{R}^n$ 中开集全体 $\mathscr{T}$ 具有以下 3 条性质.

(1) $\varnothing,\mathbf{R}^n\in\mathscr{T}$.

(2) 若 $G_1,G_2\in\mathscr{T}$, 则 $G_1\bigcap G_2\in\mathscr{T}$.

(3) 若 $G_\alpha\in\mathscr{T}, \alpha\in\varGamma$, 则 $\bigcup\limits_{\alpha\in\varGamma}G_\alpha\in\mathscr{T}$.

也就是说, 空集和全集为开集; 开集族对有限交和任意并运算封闭.

证明 (1) 由开集的定义, 结论显然成立.

(2) 对任意 $\boldsymbol{x}\in G_1\bigcap G_2$, 由 $\boldsymbol{x}\in G_1$ 以及 G_1 为开集可知, 有 $\delta_1>0$ 使得 $B(\boldsymbol{x},\delta_1)\subset G_1$; 同理, 有 $\delta_2>0$ 使得 $B(\boldsymbol{x},\delta_2)\subset G_2$. 令 $\delta=\min\{\delta_1,\delta_2\}$, 则 $B(\boldsymbol{x},\delta)\subset G_1\bigcap G_2$, 这说明 $G_1\bigcap G_2$ 是开集.

(3) 设 $\boldsymbol{x}\in\bigcup\limits_{\alpha\in\varGamma}G_\alpha$, 则有 $\alpha\in\varGamma$ 使得 $\boldsymbol{x}\in G_\alpha$, 从而由 G_α 为开集知有 $\delta>0$ 使得 $B(\boldsymbol{x},\delta)\subset G_\alpha$, 于是 $B(\boldsymbol{x},\delta)\subset\bigcup\limits_{\alpha\in\varGamma}G_\alpha$. 即 $\bigcup\limits_{\alpha\in\varGamma}G_\alpha$ 为开集. □

注 2.1.2 更一般地, 设 X 为集合, $\mathscr{T}$ 为 X 的若干子集构成的集族, 如果 $\mathscr{T}$ 满足定理 2.1.2 的 3 个条件, 则称 $\mathscr{T}$ 为 X 上的一个**拓扑**, 而 $(X,\mathscr{T})$ 为一个**拓扑空间**, $\mathscr{T}$ 中成员称为**开集**.

由定理 2.1.2 可知, $\mathbf{R}^n$ 上开集全体构成 $\mathbf{R}^n$ 上的一个拓扑, 因为这一拓扑中的开集是由欧氏度量确定的, 因此称其为**欧几里得拓扑**, 简称为**欧氏拓扑**.

关于一般的拓扑空间的研究属于专门的数学学科 —— 拓扑学范畴.

定义 2.1.2 设 $A\subset\mathbf{R}^n$.

(1) 设 $\boldsymbol{x}\in\mathbf{R}^n$, 若有 $\delta>0$ 使得 $B(\boldsymbol{x},\delta)\subset A$, 则称 $\boldsymbol{x}$ 为 A 的**内点**.

(2) A 的内点全体构成的集合称为 A 的**内部**, 记为 A°.

由定义可知 $\boldsymbol{x}$ 为 A 的内点等价于 A 为 $\boldsymbol{x}$ 的邻域, 从而 $\boldsymbol{x}$ 为 A 的内点等价于存在开集 G 使得 $\boldsymbol{x}\in G\subset A$.

定理 2.1.3 对任意 $A\subset\mathbf{R}^n$, A° 为包含于 A 中的最大开集. 从而 A° 为开集且 A 为开集的充要条件是 $A=A^\circ$.

证明 首先, 由邻域定义可知, 任一开集 G 是它的每一点 $\boldsymbol{x}\in G$ 的邻域, 且若 $G\subset A$, 则 $G\subset A^\circ$.

于是对任意 $\boldsymbol{x}\in A^\circ$, 取 $\delta_{\boldsymbol{x}}>0$ 使得 $B(\boldsymbol{x},\delta_{\boldsymbol{x}})\subset A$, 则 $B(\boldsymbol{x},\delta_{\boldsymbol{x}})\subset A^\circ$. 从而

$$\bigcup_{\boldsymbol{x}\in A^\circ} B(\boldsymbol{x},\delta_{\boldsymbol{x}})\subset A^\circ.$$

显然,

$$A^\circ\subset\bigcup_{\boldsymbol{x}\in A^\circ} B(\boldsymbol{x},\delta_{\boldsymbol{x}})$$

成立. 故 $\bigcup\limits_{\boldsymbol{x}\in A^\circ} B(\boldsymbol{x},\delta_{\boldsymbol{x}})=A^\circ$. 这说明 A° 为开集.

由定义可知 $A^\circ\subset A$.

设 $G\subset A$ 为开集, 由内点定义可知 $G\subset A^\circ$. 从而 A° 为包含在 A 中的最大开集. □

推论 2.1.2 内部运算的基本性质如下:

(1) $(\mathbf{R}^n)^\circ=\mathbf{R}^n$.

(2) $A^\circ\subset A$.

(3) $(A\bigcap B)^\circ=A^\circ\bigcap B^\circ$.

(4) $(A^\circ)^\circ=A^\circ$.

证明 (1) 和 (2) 由定义可知 ((2) 也可由定理 2.1.3 得到).

(3) 首先, 由定理 2.1.3 可知, 内部运算具有单调性: $A\subset B\Rightarrow A^\circ\subset B^\circ$. 其次, 由 (2), $(A\bigcap B)\supset A^\circ\bigcap B^\circ$, 而后者为开集, 故由定理 2.1.3 可知 $(A\bigcap B)^\circ\supset A^\circ\bigcap B^\circ$. 反之, 由内部单调性可知 $(A\bigcap B)^\circ\subset A^\circ, (A\bigcap B)^\circ\subset B^\circ$, 从而 $(A\bigcap B)^\circ\subset A^\circ\bigcap B^\circ$.

(4) 由定理 2.1.3 知 A° 为开集, 因此 A° 为包含在它自己中的最大开集, 因而 $(A^\circ)^\circ=A^\circ$. □

例 2.1.3 (1) $\mathbf{R}^n$ 中 $\overline{B(\boldsymbol{x},\delta)}^\circ=B(\boldsymbol{x},\delta)$.

(2) $\mathbf{R}$ 中, $\mathbf{Q}^\circ=(\mathbf{Q}^c)^\circ=\varnothing$.

(3) 一般来说, $(A\bigcup B)^\circ=A^\circ\bigcup B^\circ$ 不一定成立.

证明　(1) 首先，因为 $\overline{B(\boldsymbol{x},\delta)} \supset B(\boldsymbol{x},\delta)$，而后者为开集，故 $\overline{B(\boldsymbol{x},\delta)}^{\circ} \supset B(\boldsymbol{x},\delta)$.

其次，对任意 $\boldsymbol{y} \in \overline{B(\boldsymbol{x},\delta)} \setminus B(\boldsymbol{x},\delta)$ 及 $\varepsilon > 0$，令 $\boldsymbol{z} = \boldsymbol{y} + \dfrac{\varepsilon}{2\delta}(\boldsymbol{y}-\boldsymbol{x})$，则 $d(\boldsymbol{z},\boldsymbol{y}) = \dfrac{\varepsilon}{2} < \varepsilon$，但 $d(\boldsymbol{z},\boldsymbol{x}) = \left(\dfrac{\varepsilon}{2\delta}+1\right)d(\boldsymbol{x},\boldsymbol{y}) = \dfrac{\varepsilon}{2}+\delta > \delta$. 从而 $\boldsymbol{z} \in B(\boldsymbol{y},\varepsilon) \setminus \overline{B(\boldsymbol{x},\delta)}$. 这说明 $B(\boldsymbol{y},\varepsilon) \not\subset \overline{B(\boldsymbol{x},\delta)}$，于是 $\boldsymbol{y} \notin \overline{B(\boldsymbol{x},\delta)}^{\circ}$.

(2) 对任意 $\boldsymbol{x}$ 及 $\varepsilon > 0$，$B(\boldsymbol{x},\varepsilon) = (\boldsymbol{x}-\varepsilon, \boldsymbol{x}+\varepsilon) \not\subset \mathbf{Q}$，故 $\boldsymbol{x} \notin \mathbf{Q}^{\circ}$，从而 $\mathbf{Q}^{\circ} = \varnothing$. 同理，$(\mathbf{Q}^{c})^{\circ} = \varnothing$.

(3) 例如，在 $\mathbf{R}$ 中，令 $A = \mathbf{Q} \bigcap (0,1)$，$B = (0,1) \setminus A$. 因为 (0,1) 是开集，故 $(A \bigcup B)^{\circ} = (0,1)^{\circ} = (0,1)$. 易知 $A^{\circ} = B^{\circ} = \varnothing$. 从而 $(A \bigcup B)^{\circ} \neq A^{\circ} \bigcup B^{\circ}$. □

2.1.2　闭集，闭包，导集

定义 2.1.3　$\mathbf{R}^n$ 中开集的补集称为**闭集**.

由定理 2.1.2 和 De Morgan 对偶律立即可得下述定理.

定理 2.1.4　(1) $\varnothing, \mathbf{R}^n$ 为闭集.
(2) 若 F_1, F_2 为闭集，则 $F_1 \bigcup F_2$ 也是闭集.
(3) 若 $\{F_\alpha | \alpha \in \Gamma\}$ 为一族闭集，则 $\bigcap\limits_{\alpha \in \Gamma} F_\alpha$ 也为闭集.

也就是说，空集和全集为闭集；闭集族对有限并和任意交运算封闭.

因为一个集合的内部为包含在它当中的最大开集，因此对偶于内部运算，我们可以引入如下闭包的概念.

定义 2.1.4　设 $A \subset \mathbf{R}^n$. 令

$$A^{-} = \bigcap \{F | F \subset \mathbf{R}^n \text{为闭集且} A \subset F\},$$

A^{-} 称为 A 的**闭包**.

由闭包的定义立即可知下述命题成立.

命题 2.1.1　一个集合 $A \subset \mathbf{R}^n$ 的闭包是包含 A 的最小闭集. 从而 A 为闭集的充要条件为 $A = A^{-}$.

证明　首先，由定义知 $A^{-} \supset A$，且由定理 2.1.4(3) 知 A^{-} 为闭集.
其次，设 B 为闭集且 $A \subset B$，则由 A^{-} 定义知 $A^{-} \subset B$. □

命题 2.1.1 和定理 2.1.3 互相对偶. 对偶于推论 2.1.2, 我们有下述推论 2.1.3, 其证明也和推论 2.1.2 类似.

推论 2.1.3 闭包运算的基本性质如下:

(1) $\varnothing^- = \varnothing$.

(2) $A \subset A^-$.

(3) $(A \bigcup B)^- = A^- \bigcup B^-$.

(4) $(A^-)^- = A^-$.

例 2.1.4 任意点的闭球形邻域是闭集.

证明 只需证明对任意 $\boldsymbol{x}$ 以及 $\varepsilon > 0$, $\overline{B(\boldsymbol{x},\varepsilon)}^{\mathrm{c}}$ 为开集.

对任意 $\boldsymbol{y} \in \overline{B(\boldsymbol{x},\varepsilon)}^{\mathrm{c}}$, $d(\boldsymbol{x},\boldsymbol{y}) > \varepsilon$, 令 $\delta = d(\boldsymbol{x},\boldsymbol{y}) - \varepsilon$, 则当 $\boldsymbol{z} \in B(\boldsymbol{y},\delta)$ 时, $d(\boldsymbol{x},\boldsymbol{z}) \geqslant d(\boldsymbol{x},\boldsymbol{y}) - d(\boldsymbol{y},\boldsymbol{z}) > d(\boldsymbol{x},\boldsymbol{y}) - (d(\boldsymbol{x},\boldsymbol{y}) - \varepsilon) = \varepsilon$. 从而 $\boldsymbol{z} \in \overline{B(\boldsymbol{x},\varepsilon)}^{\mathrm{c}}$, 即 $B(\boldsymbol{y},\delta) \subset \overline{B(\boldsymbol{x},\varepsilon)}^{\mathrm{c}}$, 这说明 $\overline{B(\boldsymbol{x},\varepsilon)}^{\mathrm{c}}$ 的每一点都是内点, 从而它为开集. □

例 2.1.5 在 $\mathbf{R}$ 中, $\mathbf{Q}^- = \mathbf{R}$.

证明 对任意包含 $\mathbf{Q}$ 的闭集 B, $B^{\mathrm{c}} \subset \mathbf{Q}^{\mathrm{c}}$ 为开集, 从而由例 2.1.3 知 $B^{\mathrm{c}} \subset (\mathbf{Q}^{\mathrm{c}})^{\circ} = \varnothing$, 即 $B^{\mathrm{c}} = \varnothing$, 于是 $B = \mathbf{R}$, 这就证明了 $\mathbf{Q}^- = \mathbf{R}$. □

定理 2.1.5 对任意 $A \subset \mathbf{R}^n$, $((A^{\mathrm{c}})^-)^{\mathrm{c}} = A^{\circ}$.

证明 首先, 因为 $(A^{\mathrm{c}})^- \supset A^{\mathrm{c}}$, 因此 $((A^{\mathrm{c}})^-)^{\mathrm{c}} \subset (A^{\mathrm{c}})^{\mathrm{c}} = A$; 又因为 $((A^{\mathrm{c}})^-)^{\mathrm{c}}$ 为开集, 因此由定理 2.1.3 知 $((A^{\mathrm{c}})^-)^{\mathrm{c}} \subset A^{\circ}$.

其次, 由 A° 为开集且 $A^{\circ} \subset A$ 知 $(A^{\circ})^{\mathrm{c}}$ 为闭集且 $(A^{\circ})^{\mathrm{c}} \supset A^{\mathrm{c}}$, 从而 $(A^{\circ})^{\mathrm{c}} \supset (A^{\mathrm{c}})^-$. 于是 $A^{\circ} = ((A^{\circ})^{\mathrm{c}})^{\mathrm{c}} \subset ((A^{\mathrm{c}})^-)^{\mathrm{c}}$. □

定义 2.1.5 设 $A \subset \mathbf{R}^n, \boldsymbol{x} \in \mathbf{R}^n$. 如果对任意 $\boldsymbol{x}$ 的邻域 U, 有 $U \bigcap (A \setminus \{\boldsymbol{x}\}) \neq \varnothing$, 则称 $\boldsymbol{x}$ 为 A 的**聚点**. A 的聚点全体构成的集合称为 A 的**导集**, 记为 A'.

注 2.1.3 由邻域的定义可知定义 2.1.5 中的邻域可以由球形邻域或者开邻域代替, 这是因为球形邻域也是邻域而每个邻域必然包含某个球形邻域; 开邻域的情形类似.

因为一般拓扑空间中没有球形邻域概念, 因此定义 2.1.5 中采用邻域定义聚点的方式适用于更广的拓扑空间.

命题 2.1.2 (1) $\boldsymbol{x}$ 为 A 的聚点的充要条件为对任意 $\boldsymbol{x}$ 的邻域 U, $U\bigcap(A\setminus\{\boldsymbol{x}\})$ 为无限集.

(2) 对任意 $\boldsymbol{x}$, $\boldsymbol{x}\in A^-$ 的充要条件为对任意 $\boldsymbol{x}$ 的邻域 U, $U\bigcap A\neq\varnothing$.

证明 (1) 只需证明必要性. 用反证法, 设有 $\boldsymbol{x}$ 的邻域 U 使得 $U\bigcap(A\setminus\{\boldsymbol{x}\})$ 为有限集. 不妨设其为 $\{\boldsymbol{x}_1,\boldsymbol{x}_2,\cdots,\boldsymbol{x}_m\}$. 取 $\delta_0>0$ 使得 $B(\boldsymbol{x},\delta_0)\subset U$. 令 $\delta=\min\{\delta_0,d(\boldsymbol{x},\boldsymbol{x}_1),\cdots,d(\boldsymbol{x},\boldsymbol{x}_m)\}$. 则 $B(\boldsymbol{x},\delta)\bigcap(A\setminus\{\boldsymbol{x}\})=\varnothing$. 从而 $\boldsymbol{x}\notin A'$.

(2) 我们证明该命题的逆否命题. 若 $\boldsymbol{x}\in(A^-)^{\rm c}$, 则因为 $(A^-)^{\rm c}$ 为 $\boldsymbol{x}$ 的开邻域, 且 $(A^-)^{\rm c}\bigcap A\subset A^{\rm c}\bigcap A=\varnothing$, 令 $U=(A^-)^{\rm c}$, 则 $U\bigcap A=\varnothing$.

反之, 若 $\boldsymbol{x}$ 有邻域 U, 使得 $U\bigcap A=\varnothing$, 取 $\delta>0$ 使得 $B(\boldsymbol{x},\delta)\subset U$, 则 $A\subset(B(\boldsymbol{x},\delta))^{\rm c}$, 而 $(B(\boldsymbol{x},\delta))^{\rm c}$ 为闭集, 从而 $A^-\subset(B(\boldsymbol{x},\delta))^{\rm c}$, $(A^-)^{\rm c}\supset((B(\boldsymbol{x},\delta))^{\rm c})^{\rm c}=B(\boldsymbol{x},\delta)$, 于是 $\boldsymbol{x}\in(A^-)^{\rm c}$. □

命题 2.1.3 (1) $(A\bigcup B)'=A'\bigcup B'$.

(2) $A^-=A\bigcup A'$.

(3) A' 为闭集.

证明 (1) 由定义易知, 导集运算是单调的, 即若 $A\subset B$, 则 $A'\subset B'$. 于是有 $(A\bigcup B)'\supset A',(A\bigcup B)'\supset B'$, 从而 $(A\bigcup B)'\supset A'\bigcup B'$.

反之, 设 $\boldsymbol{x}\notin A'$, 则有开集 G_1 使得 $\boldsymbol{x}\in G_1,G_1\bigcap(A\setminus\{\boldsymbol{x}\})=\varnothing$; 同理, 设 $\boldsymbol{x}\notin B'$, 则有开集 G_2 使得 $\boldsymbol{x}\in G_2,G_2\bigcap(B\setminus\{\boldsymbol{x}\})=\varnothing$. 令 $G=G_1\bigcap G_2$, 则 G 为包含 $\boldsymbol{x}$ 的开集且 $G\bigcap((A\bigcup B)\setminus\{\boldsymbol{x}\})=\varnothing$. 从而 $\boldsymbol{x}\notin(A\bigcup B)'$.

(2) 由命题 2.1.2 和导集定义知 $A^-\supset A\bigcup A'$. 反之, 如果 $\boldsymbol{x}\in A^-$ 但 $\boldsymbol{x}\notin A'$. 则有 $\boldsymbol{x}$ 的邻域 U 使得 $U\bigcap(A\setminus\{\boldsymbol{x}\})=\varnothing$. 但是 $\boldsymbol{x}\in A^-$, 故 $U\bigcap A\neq\varnothing$, 从而 $\boldsymbol{x}\in A$. 这说明 $A^-\subset A\bigcup A'$.

(3) 设 $\boldsymbol{x}\notin A'$, 则有 $\boldsymbol{x}$ 的球形邻域 $B(\boldsymbol{x},\delta)$ 使得 $B(\boldsymbol{x},\delta)\bigcap(A\setminus\{\boldsymbol{x}\})=\varnothing$. 于是对任意 $\boldsymbol{y}\in B(\boldsymbol{x},\delta),\boldsymbol{y}\neq\boldsymbol{x}$, 令 $\varepsilon=\min\{\delta-d(\boldsymbol{x},\boldsymbol{y}),d(\boldsymbol{x},\boldsymbol{y})\}$, 则 $\varepsilon>0$ 且 $B(\boldsymbol{y},\varepsilon)\bigcap(A\setminus\{\boldsymbol{y}\})\subset B(\boldsymbol{x},\delta)\bigcap(A\setminus\{\boldsymbol{x}\})=\varnothing$, 从而 $\boldsymbol{y}\notin A'$. 于是 $B(\boldsymbol{x},\delta)\bigcap A'=\varnothing$, 因此 $\boldsymbol{x}\notin(A')^-$, 这就证明了 $A'\supset(A')^-$, 即 A' 为闭集. □

数学分析中的序列收敛概念也可以推广到任意维的欧氏空间当中, 即有下述定义:

定义 2.1.6 设 $\{\boldsymbol{x}_k\}_{k=1}^{\infty}$ 为 $\mathbf{R}^n$ 中的序列, $\boldsymbol{x}\in\mathbf{R}^n$. 如果对任意 $\boldsymbol{x}$ 的邻域 U, 存在 $N\in\mathbf{Z}_+$ 使得当 $k>N$ 时, $\boldsymbol{x}_k\in U$, 则称 $\{\boldsymbol{x}_k\}$ 收敛到 $\boldsymbol{x}$, 记为 $\boldsymbol{x}_k\to\boldsymbol{x}(k\to+\infty)$.

$\boldsymbol{x}_k \to \boldsymbol{x}(k \to +\infty)$ 也可表示为 $\lim\limits_{k\to+\infty} \boldsymbol{x}_k = \boldsymbol{x}$, 简记为 $\boldsymbol{x}_k \to \boldsymbol{x}$. 而 $\{\boldsymbol{x}_k\}$ 不收敛到 $\boldsymbol{x}$ 记为 $\boldsymbol{x}_k \not\to \boldsymbol{x}$.

注 2.1.4 (1) 易知序列收敛的定义和数学分析中的 ε-N 语言给出的定义一致. 即 $\boldsymbol{x}_k \to \boldsymbol{x}$ 等价于对任意 $\varepsilon > 0$, 存在 N, 使得当 $n > N$ 时, $d(\boldsymbol{x}_k, \boldsymbol{x}) < \varepsilon$.

(2) 和定义 2.1.5 相同, 定义 2.1.6 中的邻域可由球形邻域或者开邻域代替 (开邻域情形见命题 2.1.4(1), 球形邻域情形留作习题).

和数学分析中相同, 高维空间中的序列收敛也可以用 ε-N 语言描述 (留作习题, 请读者自己验证).

命题 2.1.4 (1) $\{\boldsymbol{x}_n\}$ 收敛到 $\boldsymbol{x}$ 当且仅当对任意包含 $\boldsymbol{x}$ 的开集 G, 存在 $N \in \mathbf{Z}_+$ 使得当 $n > N$ 时, $\boldsymbol{x}_n \in G$.

(2) $\boldsymbol{x} \in A'$ 当且仅当有 $A \setminus \{\boldsymbol{x}\}$ 中序列收敛到 $\boldsymbol{x}$.

(3) $\boldsymbol{x} \in A^-$ 当且仅当有 A 中序列收敛到 $\boldsymbol{x}$.

(4) 收敛序列的极限唯一.

证明 (1) 必要性: 对任意 $\boldsymbol{x} \in G$, 其中 G 为开集, 因为开集是它当中每一点的邻域, 因此由序列收敛的定义可知结论成立.

充分性: 对任意 $\boldsymbol{x}$ 的邻域 U, 取开集 G 使得 $\boldsymbol{x} \in G \subset U$. 则有 N, 使得当 $k > N$ 时 $\boldsymbol{x}_k \in G$, 从而更有 $\boldsymbol{x}_k \in U$, 即 $\boldsymbol{x}_k \to \boldsymbol{x}(k \to +\infty)$.

(2) 设 $\boldsymbol{x} \in A'$, 对任意 $k \in \mathbf{Z}_+$, 因为 $B\left(\boldsymbol{x}, \dfrac{1}{k}\right) \bigcap (A \setminus \{\boldsymbol{x}\}) \neq \varnothing$, 因此, 取 $\boldsymbol{x}_k \in B\left(\boldsymbol{x}, \dfrac{1}{k}\right) \bigcap (A \setminus \{\boldsymbol{x}\})$, 易证 $\boldsymbol{x}_k$ 收敛于 $\boldsymbol{x}$.

(3) 和 (2) 类似, 只需取 $\boldsymbol{x}_k \in B\left(\boldsymbol{x}, \dfrac{1}{k}\right) \bigcap A$ 即可.

(4) 设 $\{\boldsymbol{x}_k\}$为序列, $\boldsymbol{x}_k \to \boldsymbol{x}, \boldsymbol{x} \neq \boldsymbol{y}$. 取 $\delta = \dfrac{d(\boldsymbol{x}, \boldsymbol{y})}{2} > 0$,则 $B(\boldsymbol{x}, \delta) \bigcap B(\boldsymbol{y}, \delta) = \varnothing$. 由序列收敛定义, 存在 N 使得当 $k > N$ 时, $\boldsymbol{x}_k \in B(\boldsymbol{x}, \delta)$. 从而当 $k > N$ 时, $\boldsymbol{x}_k \notin B(\boldsymbol{y}, \delta)$, 这说明 $\boldsymbol{x}_k$ 不收敛于 $\boldsymbol{y}$. □

注 2.1.5 命题 2.1.4(2) 的证明中用到了以下事实: 若 $d(\boldsymbol{x}_k, \boldsymbol{x}) < \dfrac{1}{k}$, 则 $\boldsymbol{x}_k \to \boldsymbol{x}(k \to +\infty)$. 这一技巧在数学很多课程中都经常用到.

定义 2.1.7 设 $\boldsymbol{x} \in \mathbf{R}^n$, $A \subset \mathbf{R}^n$.

(1) 若有 $\delta > 0$ 使得 $B(\boldsymbol{x}, \delta) \bigcap A = \varnothing$, 则称 $\boldsymbol{x}$ 为 A 的**外点**.

(2) 若 $\boldsymbol{x}$ 既不是 A 的内点, 也不是 A 的外点, 则称其为 A 的**边界点**, A 的边界点全体构成的集合称为 A 的**边界**, 记为 $\partial(A)$.

(3) 如果 $\boldsymbol{x} \in A$, 有 $\delta > 0$ 使得 $B(\boldsymbol{x},\delta)\bigcap A = \{\boldsymbol{x}\}$, 则称 $\boldsymbol{x}$ 为 A 的**孤立点**.

注 2.1.6 由定义易知, A 的外点即 A^c 的内点, 从而 A 的外点全体为 $(A^c)^\circ$.

定理 2.1.6 假设条件同定义 2.1.7.

(1) $\partial A = A^- \bigcap (A^c)^-$, 从而 $\partial(A)$ 为闭集.

(2) $\mathbf{R}^n = A^\circ \bigcup \partial A \bigcup (A^c)^\circ$ 为不交并.

证明 (1) 由边界点的定义可知, $\boldsymbol{x} \in \partial A$ 当且仅当对任意 $\delta > 0$, $B(\boldsymbol{x},\delta) \not\subset A$ 且 $B(\boldsymbol{x},\delta) \not\subset A^c$, 即 $B(\boldsymbol{x},\delta)\bigcap A^c \neq \varnothing$ 且 $B(\boldsymbol{x},\delta)\bigcap A = B(\boldsymbol{x},\delta)\bigcap (A^c)^c \neq \varnothing$ 成立, 即 $\boldsymbol{x} \in (A^c)^- \bigcap A^-$. 从而 $\partial A = A^- \bigcap A^{c-}$.

(2) 由边界点的定义可知 $\mathbf{R}^n = (A^\circ \bigcup (A^c)^\circ) \bigcup \partial A$ 且 $(A^\circ \bigcup (A^c)^\circ) \bigcap \partial A = \varnothing$.

又由内部定义可知 $A^\circ \bigcap (A^c)^\circ = \varnothing$. □

定义 2.1.8 如果 A 为闭集且无孤立点, 则称 A 为**完全集**.

命题 2.1.5 (1) A 无孤立点当且仅当 $A \subset A'$.

(2) A 为完全集当且仅当 $A = A'$.

证明 (1) 由孤立点的定义可知, $\boldsymbol{x}$ 为 A 孤立点等价于存在 $B(\boldsymbol{x},\delta)$ 使得 $B(\boldsymbol{x},\delta)\bigcap (A \setminus \{\boldsymbol{x}\}) = \varnothing$ 且 $\boldsymbol{x} \in A$, 也就是 $\boldsymbol{x} \in A \setminus A'$. 从而结论成立.

(2) 由 (1) 知当 A 为完全集时 $A \subset A' \subset A^- = A$, 从而 $A = A'$. 反之, 当 $A = A'$ 时, 由 (1) 及命题 2.1.3(3) 知 A 为无孤立点的闭集, 即完全集. □

2.2 子空间, 乘积空间, 紧集和连续映射

2.2.1 子空间

设 A 为 $\mathbf{R}^n$ 子集. 类似于全空间 $\mathbf{R}^n$ 的情形, 也可以定义 A 中元素在 A 中的 δ 邻域、开集等概念.

定义 2.2.1 设 A 为 $\mathbf{R}^n$ 子集.

(1) 设 $\boldsymbol{x} \in A$, $\delta > 0$, 则 $B_A(\boldsymbol{x},\delta) = B(\boldsymbol{x},\delta)\bigcap A$ 称为 $\boldsymbol{x}$ 在A **中的 δ 邻域**;

(2) $U \subset A$ 称为A **中开集**, 如果对任意 $\boldsymbol{x} \in U$, 有 $\delta > 0$ 使得 $B_A(\boldsymbol{x},\delta) \subset U$.

定理 2.2.1 (1) U 为 A 中开集的充要条件是存在开集 G(全空间 $\mathbf{R}^n$ 中开集) 使得 $U=G\bigcap A$.

(2) A 中开集全体构成一个 A 上的拓扑 $\mathscr{T}_A$, 即

(i) $\varnothing, A\in\mathscr{T}_A$;

(ii) 若 $U,V\in\mathscr{T}_A$, 则 $U\bigcap V\in\mathscr{T}_A$;

(iii) 若 $U_\alpha\in\mathscr{T}_A,\alpha\in\Gamma$, 则 $\bigcup\limits_{\alpha\in\Gamma}U_\alpha\in\mathscr{T}_A$.

证明 (1) 首先, 若有开集 G 使得 $U=G\bigcap A$, 则对任意 $\boldsymbol{x}\in U$, $\boldsymbol{x}\in G$, 从而有 $\delta>0$ 使得 $B(\boldsymbol{x},\delta)\subset G$, 于是 $B_A(\boldsymbol{x},\delta)=B(\boldsymbol{x},\delta)\bigcap A\subset G\bigcap A=U$.

反之, 若 U 为 A 中的开集, 则对任意 $\boldsymbol{x}\in U$, 有 $\delta_{\boldsymbol{x}}>0$ 使得 $B_A(\boldsymbol{x},\delta_{\boldsymbol{x}})\subset U$, 令 $G=\bigcup\limits_{\boldsymbol{x}\in U}B(\boldsymbol{x},\delta_{\boldsymbol{x}})$, 则 G 即为所求开集.

(2) 由 (1) 直接可得, 留作习题. □

类似于定义 2.1.3, 子空间 A 中的子集 F 称为子空间中闭集, 如果 $A\setminus F$ 为 A 中开集. 关于子空间中的闭集, 最主要的是下述命题:

命题 2.2.1 子空间 A 的子集 $F\subset A$ 是 A 中闭集的充要条件是存在全空间 $\mathbf{R}^n$ 中闭集 B 使得 $F=A\bigcap B$.

证明 设 F 为 A 中闭集, 则 $A\setminus F=A\bigcap U$, 其中 U 为 $\mathbf{R}^n$ 中开集, 从而 $F=A\setminus(A\setminus F)=A\setminus(\mathbf{R}^n\bigcap U)=A\bigcap U^{\mathrm{c}}$, U^{c} 为 $\mathbf{R}^n$ 中闭集.

反之, 若 $F=A\bigcap B$, B 为 $\mathbf{R}^n$ 中闭集, 则 $A\setminus F=A\setminus(A\setminus B)=A\setminus(\mathbf{R}^n\setminus B)=A\bigcap B^{\mathrm{c}}$, B^{c} 为开集. □

因为两个闭集的交为闭集, 因此由命题 2.2.1 立即可得下述推论.

推论 2.2.1 若 A 为闭集, 则 $F\subset A$ 为 A 中闭集的充要条件为 F 为 $\mathbf{R}^n$ 中闭集.

2.2.2 乘积空间

前面已经给出了 n 维欧氏空间中开集、闭集的定义, 给出了集合乘积的概念. 因为 $\mathbf{R}^n$ 为 n 个 $\mathbf{R}$ 的乘积, 因此下面考虑 $\mathbf{R}$ 中开集、闭集的乘积在乘积空间中的性质. 为了叙述简单起见, 我们仅考虑二维空间即平面的情形. 高维空间的情形类似, 读者可以模仿二维空间的情形给出其细节.

由定义可直接验证, 对任意 $\delta>0$, $x,y\in\mathbf{R}$,

$$B_{\mathbf{R}^2}((x,y),\delta)\subset B_{\mathbf{R}}(x,\delta)\times B_{\mathbf{R}}(y,\delta)\subset B_{\mathbf{R}^2}((x,y),\sqrt{2}\delta). \tag{2.1}$$

定理 2.2.2 设 $A, B \subset \mathbf{R}$.

(1) 若 A, B 为开 (闭) 集, 则乘积 $A\times B$ 为 $\mathbf{R}^2$ 中开 (闭) 集.

(2) $(A\times B)^- = A^-\times B^-$.

(3) $A\subset \mathbf{R}^2$ 为开集的充要条件为对任意 $(x,y)\in A$, 有 $\delta>0$ 使得 $B(x,\delta)\times B(y,\delta)\subset A$.

证明 (1) 由公式 (2.1) 中左边的包含关系可知, 当 A, B 为 $\mathbf{R}$ 中开集时, $A\times B$ 为 $\mathbf{R}^2$ 中开集. 而当 A, B 为 $\mathbf{R}$ 中闭集时, 因为在 $\mathbf{R}^2$ 中 $(A\times B)^{\mathrm{c}} = (A^{\mathrm{c}}\times \mathbf{R})\bigcup(\mathbf{R}\times B^{\mathrm{c}})$ 为开集, 从而 $A\times B$ 为闭集.

(2) 由 (1) 知 $A^-\times B^-$ 为包含 $A\times B$ 的闭集, 从而由闭包定义知 $(A\times B)^-\subset A^-\times B^-$.

反之, 若 $(x,y)\in A^-\times B^-$, 则 $x\in A^-$ 且 $y\in B^-$. 对任意 (x,y) 的邻域 U, 取 $\delta>0$ 使得 $B((x,y),\delta)\subset U$. 由式 (2.1) 知,

$$B_{\mathbf{R}}\Big(x,\frac{\delta}{\sqrt{2}}\Big)\times B_{\mathbf{R}}\Big(y,\frac{\delta}{\sqrt{2}}\Big)\subset B_{\mathbf{R}^2}((x,y),\delta)\subset U,$$

因为 $x\in A^-$ 且 $y\in B^-$, 从而 $B_{\mathbf{R}}\Big(x,\frac{\delta}{\sqrt{2}}\Big)\bigcap A\neq\varnothing\neq B_{\mathbf{R}}\Big(y,\frac{\delta}{\sqrt{2}}\Big)\bigcap B$, 于是 $U\bigcap(A\times B)\neq\varnothing$, 这就证明了 $(A\times B)^-\supset A^-\times B^-$.

(3) 由公式 (2.1) 直接可得. □

2.2.3 紧集

定义 2.2.2 设 $A\subset\mathbf{R}^n$, $\{G_\alpha|\alpha\in\Gamma\}$ 为一族 $\mathbf{R}^n$ 中集合. 如果 $A\subset\bigcup\limits_{\alpha\in\Gamma}G_\alpha$, 则称 $\{G_\alpha|\alpha\in\Gamma\}$ 为 A 的一个**覆盖**. 一个全部由开集构成的覆盖称为**开覆盖**. 如果一个覆盖的子族也构成覆盖, 则称它为原覆盖的一个**子覆盖**, 进一步, 如果一个子覆盖仅由有限个成员构成, 则称其为**有限子覆盖**.

定义 2.2.3 $\mathbf{R}^n$ 中集合 A 称为**紧集**(紧致子集), 如果它的每个开覆盖都有有限子覆盖.

注 2.2.1 在数学分析中我们知道, 任意闭区间为 $\mathbf{R}$ 中紧集. 这就是著名的 Heine-Borel 有限覆盖定理. 本节中将把这一结果推广到高维空间当中. 和前面一样, 我们只考虑二维情形, 而把高维情形的推广留给读者.

首先, 类似于 $\mathbf{R}$ 的情形, $\mathbf{R}^2$ 中的集合 A 称为**有界集**, 如果有 $M>0$ 使得 $A\subset B(\mathbf{0},M)$, 其中 $\mathbf{0}$ 为 $\mathbf{R}^2$ 中的坐标原点.

引理 2.2.1 $\mathbf{R}$ 中子集 A 为紧集的充要条件是 A 为有界闭集.

证明 必要性: 设 A 为紧集, 则 $A \subset \bigcup\limits_{n\in\mathbf{Z}_+} B(0,n)$, 因此存在有限个 $n_1, n_2, \cdots, n_k$ 使得 $A \subset B(0,n_1) \bigcup \cdots \bigcup B(0,n_k)$. 令 $m = \max\{n_1, n_2, \cdots, n_k\}$, 则 $A \subset B(0,m)$, 故 A 有界.

设 $x \notin A$, 对任意 $y \in A$, 令 $\delta_y = \dfrac{d(x,y)}{2}$, 则 $\{B(y,\delta_y)|y \in A\}$ 为 A 的开覆盖, 因此有 $A \subset B(y_1,\delta_{y_1}) \bigcup \cdots \bigcup B(y_k,\delta_{y_k}) = U$ 对某有限个 $y_1, \cdots, y_k$ 成立. 令 $\delta = \min\{\delta_{y_1}, \cdots, \delta_{y_k}\}$, 则 $B(x,\delta) \bigcap U = \varnothing$, 从而 $B(x,\delta) \bigcap A = \varnothing$, 这说明 $x \notin A^-$, 即 $A^- \subset A$, 从而 A 为闭集.

充分性: 若 A 为有界闭集, 设 $A \subset [-m,m]$, $\mathscr{U} = \{U_\alpha|\alpha \in \Gamma\}$ 为 A 的开覆盖, 则 $\mathscr{U} \bigcup \{(-m-1, m+1) \setminus A\}$ 构成 $[-m,m]$ 的开覆盖, 于是由 Heine-Borel 有限覆盖定理, 有 $\{U_{\alpha_i}|i = 1, 2, \cdots, k\}$ 使得 $[-m,m] \subset U_{\alpha_1} \bigcup \cdots \bigcup U_{\alpha_k} \bigcup ((-m-1, m+1) \setminus A)$, 于是

$$A \subset U_{\alpha_1} \bigcup \cdots \bigcup U_{\alpha_k}.$$

□

定理 2.2.3 (1) $\mathbf{R}$ 中两个紧集的乘积为 $\mathbf{R}^2$ 中紧集.
(2) $\mathbf{R}^2$ 中子集 A 为紧集的充要条件是 A 为有界闭集.

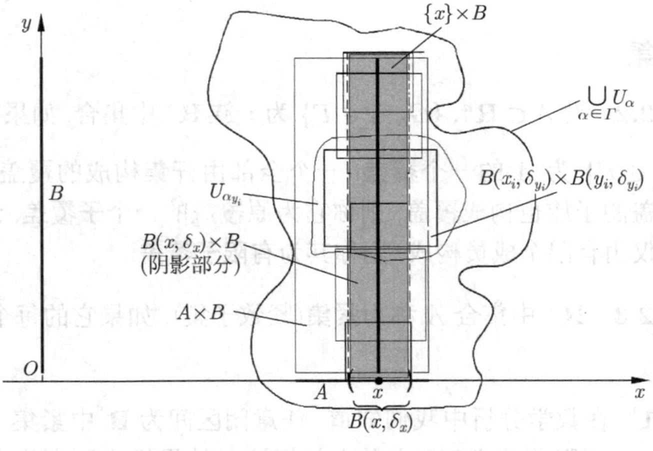

图 2-2 紧致集乘积紧致性

证明 (1) 如图 2-2 所示. 设 A, B 为 $\mathbf{R}$ 中紧集. $\{U_\alpha|\alpha \in \Gamma\}$ 为 $A \times B$ 的开覆盖.

先证明对任意 $x \in A$, x 有球形邻域 $B(x,\delta_x)$ 使得 $B(x,\delta_x)\times B$ 包含在有限个 U_α 的并当中.

事实上, 对任意 $y \in B$, $(x,y)\in A\times B$, 因此有 $\alpha_y \in \Gamma$ 及 $\delta_y > 0$ 使得 $B(x,\delta_y)\times B(y,\delta_y)\subset U_{\alpha_y}$. 于是 $\{B(y,\delta_y)|y\in B\}$ 构成 B 的开覆盖, 由 B 的紧性, 设 $B\subset B(y_1,\delta_{y_1})\bigcup\cdots\bigcup B(y_k,\delta_{y_k})$. 令 $\delta_x=\min\{\delta_{y_i}|i=1,2,\cdots,k\}$. 则

$$\begin{aligned}B(x,\delta_x)\times B &\subset (B(x,\delta_x)\times B(y_1,\delta_{y_1}))\bigcup\cdots\bigcup(B(x,\delta_x)\times B(y_k,\delta_{y_k}))\\ &\subset U_{\alpha_{y_1}}\bigcup\cdots\bigcup U_{\alpha_{y_k}}.\end{aligned}$$

现在, 考虑 A 的开覆盖 $\{B(x,\delta_x)|x\in A\}$. 由 A 的紧性知它有有限子覆盖

$$B(x_j,\delta_{x_j}),j=1,2,\cdots,l.$$

于是

$$A\times B\subset (B(x_1,\delta_{x_1}))\times B\bigcup\cdots\bigcup(B(x_l,\delta_{x_l}))\times B.$$

这说明 $A\times B$ 也包含在有限个 U_α 的并当中.

(2) 证明和引理 2.2.1 的情形类似, 留作习题. □

类似于 $\mathbf{R}$ 的情形, 我们也有下述定理.

定理 2.2.4 设 $A\subset\mathbf{R}^2$. 以下条件等价:

(1) A 紧致;

(2) A 中每个序列都有子列收敛到 A 中某点;

(3) A 中每个无限子集都有聚点属于 A.

证明 留作习题. □

2.2.4 连续映射

类似于 $\mathbf{R}$ 的情形, 连续函数的概念也可以推广到高维情形.

定义 2.2.4 (1) 设 $f:A\to C$ 为映射, 其中 $A\subset\mathbf{R}^m, C\subset\mathbf{R}^n$, $\boldsymbol{x}_0\in A$. 如果对任意 $\varepsilon>0$, 有 $\delta>0$, 使得当 $\boldsymbol{x}\in B_A(\boldsymbol{x}_0,\delta)$ 时, $f(\boldsymbol{x})\in B_C(f(\boldsymbol{x}_0),\varepsilon)$, 则称 f 在 $\boldsymbol{x}_0$ **点连续**.

(2) 如果 f 在 A 中每一点连续, 则称 f 在 A **上连续**.

注 2.2.2 (1) 换句话说, f 在 $\boldsymbol{x}_0$ 点连续, 即对任意 $\varepsilon>0$, 有 $\delta>0$, 使得当 $\boldsymbol{x}\in A$ 且 $d(\boldsymbol{x},\boldsymbol{x}_0)<\delta$ 时,$d(f(\boldsymbol{x}),f(\boldsymbol{x}_0))<\varepsilon$. 因此这一连续性是分析中用 ε-δ 语言描述的连续性的推广, 只不过仅对 A 中元素要求条件 $d(f(\boldsymbol{x}),f(\boldsymbol{x}_0))<\varepsilon$

成立而已，与 $\boldsymbol{x}_0$ 附近是否存在 A 中的元素无关. 因此这一连续性可称为**相对连续性**. 这一连续性的定义远比数学分析中的连续性定义广泛. 下面例 2.2.1 表明，它是连续、单侧连续等概念的推广.

(2) 实变函数中主要用到定义于 $\mathbf{R}^n$ 中某个子集 A 上的连续函数，也就是映射 $f: A \to \mathbf{R}$. 因此，如无特别声明，以后提到的映射都是这样的映射.

(3) f 在 $\boldsymbol{x}_0$ 连续等价于对任意 $\varepsilon > 0$, 有 $\delta > 0$, 使得 $B_A(\boldsymbol{x}_0, \delta) \subset f^{-1}(B(f(\boldsymbol{x}_0), \varepsilon))$.

例 2.2.1 $A = [0,1] \bigcup \{2\}$, $f: A \to \mathbf{R}$. 考虑 f 的连续性和数学分析中连续性的关系.

解 当 $\delta < \dfrac{1}{2}$ 时，由于 0 在 A 中的 δ 邻域为 $B_A(0, \delta) = [0, \delta)$, f 在 0 点连续即对任意 $\varepsilon > 0$, 有 $\delta > 0$ 但 $\delta < \dfrac{1}{2}$ 使得 $f([0, \delta)) \subset (f(0) - \varepsilon, f(0) + \varepsilon)$. 故 f 在 0 点的连续性即是数学分析中的右连续.

对 (0,1) 中的点，易知定义 2.2.4 给出的连续定义和分析中的连续性相同.

和 0 点相似，可证 f 按定义 2.2.4 在点 1 处的连续性就是分析中的左连续.

至于在 2 点处，由于当 $\delta < 1$ 时 $B_A(2, \delta) = \{2\}$, 因此对任意 $\varepsilon > 0$, $B_A(2, \delta) \subset f^{-1}(B(f(2), \varepsilon))$ 恒成立，也就是 f 一定在 2 点处连续，或者说 f 在 2 点处相对于 A 连续. 这也很好理解，因为 A 中根本没有 2 附近的点!

定理 2.2.5 设 $A \subset \mathbf{R}^n$, $f: A \to \mathbf{R}$. 以下条件等价:

(1) f 在 $\boldsymbol{x}_0$ 连续.

(2) 若 G 为 $f(\boldsymbol{x}_0)$ 的邻域，则 $f^{-1}(G)$ 为 $\boldsymbol{x}_0$ 在 A 中的邻域.

(3) 若 A 中序列 $\{\boldsymbol{x}_n\}$ 收敛于 $\boldsymbol{x}_0$, 则 $\{f(\boldsymbol{x}_n)\}$ 收敛于 $f(\boldsymbol{x}_0)$.

证明 (1) $\Rightarrow$ (2) 设 G 为 $f(\boldsymbol{x}_0)$ 的邻域，则有 $\varepsilon > 0$, 使得 $B(f(\boldsymbol{x}_0), \varepsilon) \subset G$, 从而由连续定义，有 $\delta > 0$ 使得 $B_A(\boldsymbol{x}_0, \delta) \subset f^{-1}(B(f(\boldsymbol{x}_0), \varepsilon)) \subset f^{-1}(G)$. 即 $f^{-1}(G)$ 为 $\boldsymbol{x}_0$ 的邻域.

(2) $\Rightarrow$ (3) 任取 $f(\boldsymbol{x}_0)$ 的邻域 G, 由 (2), $f^{-1}(G)$ 为 $\boldsymbol{x}_0$ 的邻域，故有 $N > 0$, 使得当 $n > N$ 时，$\boldsymbol{x}_n \in f^{-1}(G)$, 即 $f(\boldsymbol{x}_n) \in G$ 当 $n > N$ 时成立，从而 $f(\boldsymbol{x}_n)$ 收敛于 $f(\boldsymbol{x}_0)$.

(3) $\Rightarrow$ (1) 反证. 如果 (1) 不成立，则存在 $\varepsilon_0 > 0$, 使得对每个 $n \in \mathbf{Z}_+$, $B_A\left(\boldsymbol{x}_0, \dfrac{1}{n}\right) \subset f^{-1}(B(f(\boldsymbol{x}_0), \varepsilon_0))$ 不成立. 即存在 $\boldsymbol{x}_n \in B_A\left(\boldsymbol{x}_0, \dfrac{1}{n}\right)$, 但是 $f(\boldsymbol{x}_n) \notin B(f(\boldsymbol{x}_0), \varepsilon_0)$. 于是有

$$d(\boldsymbol{x}_0, \boldsymbol{x}_n) < \frac{1}{n}, d(f(\boldsymbol{x}_0), f(\boldsymbol{x}_n)) \geqslant \varepsilon_0.$$

这说明 $\boldsymbol{x}_n \to \boldsymbol{x}_0, f(\boldsymbol{x}_n) \not\to f(\boldsymbol{x}_0)$. 矛盾! □

定理 2.2.6 假设同定理 2.2.5. 以下条件等价:

(1) f 在 A 上连续.

(2) 若 G 为 $\mathbf{R}$ 中开集, 则 $f^{-1}(G)$ 为 A 中开集, 即开集的原像为开集.

(3) 对任意开区间 (a,b), $f^{-1}((a,b))$ 为 A 中开集.

(4) 对任意 $a \in \mathbf{R}$, $A(f > a) = \{\boldsymbol{x} \in A | f(\boldsymbol{x}) > a\}$ 以及 $A(f < a) = \{\boldsymbol{x} \in A | f(\boldsymbol{x}) < a\}$ 为开集.

(5) 在 f 下闭集的原像为闭集.

证明 (1) ⇒ (2) 对任意 $\boldsymbol{x} \in f^{-1}(G)$, $f(\boldsymbol{x}) \in G$, G 为 $f(\boldsymbol{x})$ 的邻域, 由 f 在 $\boldsymbol{x}$ 点连续和定理 2.2.5 知 $f^{-1}(G)$ 为 $\boldsymbol{x}$ 在 A 中邻域. 从而 $f^{-1}(G)$ 为它里面每个点在 A 中的邻域, 即 $f^{-1}(G)$ 中所有点全部为内点, 从而 $f^{-1}(G)$ 在 A 中为开集.

(2) ⇒ (3) 由 (a,b) 为开集可得.

(3) ⇒ (4) 对任意 a, 有

$$A(f > a) = f^{-1}((a,+\infty)) = f^{-1}\left(\bigcup_{n=1}^{\infty}(a,a+n)\right) = \bigcup_{n=1}^{\infty} f^{-1}((a,a+n)).$$

同理, $A(f < a) = \bigcup\limits_{n=1}^{\infty} f^{-1}((a-n,a))$. 故结论成立.

(4) ⇒ (1) 对任意 $\boldsymbol{x}_0 \in A$ 及 $\varepsilon > 0$, 显然 $\boldsymbol{x}_0 \in A(f > f(\boldsymbol{x}_0)-\varepsilon) \bigcap A(f < f(\boldsymbol{x}_0)+\varepsilon) = f^{-1}(B(f(\boldsymbol{x}_0),\varepsilon))$, 而 $A(f > f(\boldsymbol{x}_0)-\varepsilon) \bigcap A(f < f(\boldsymbol{x}_0)+\varepsilon)$ 为开集, 故 $f^{-1}(B(f(\boldsymbol{x}_0),\varepsilon))$ 为 $\boldsymbol{x}_0$ 的邻域. 从而 f 在 $\boldsymbol{x}_0$ 连续.

(2) 和 (5) 的等价性由逆映射和补运算的交换性以及开集和闭集互为补集可得. □

下面基于定理 2.2.6 研究连续函数的性质.

定义 2.2.5 设 $A \subset \mathbf{R}^n$, $D(A) = \sup\{d(\boldsymbol{x},\boldsymbol{y}) | \boldsymbol{x},\boldsymbol{y} \in A\}$ 称为集合 A 的**直径**.

如果 A 为有界集, 设 $A \subset B(\mathbf{0},M)$. 则对任意 $\boldsymbol{x},\boldsymbol{y} \in A$, $d(\boldsymbol{x},\boldsymbol{y}) \leqslant d(\boldsymbol{x},\mathbf{0}) + d(\mathbf{0},\boldsymbol{y}) \leqslant 2M$. 因此 A 的直径有限. 反之, 当 A 的直径有限时, 任取 $\boldsymbol{x}_0 \in A$, 则对任意 $\boldsymbol{x} \in A$, $d(\mathbf{0},\boldsymbol{x}) \leqslant d(\mathbf{0},\boldsymbol{x}_0) + d(\boldsymbol{x}_0,\boldsymbol{x}) \leqslant d(\mathbf{0},\boldsymbol{x}_0) + D(A) = M$. 因此 A 有界. 从而集合 A 为有界集当且仅当 A 的直径有限.

定义 2.2.6 设 $A,B\subset\mathbf{R}^n$, $d(A,B)=\inf\{d(\boldsymbol{x},\boldsymbol{y})|\boldsymbol{x}\in A,\boldsymbol{y}\in B\}$ 称为 A 和 B 之间的**距离**. 当 A 仅包含一个元素 $\boldsymbol{x}$ 时, 该距离简记为 $d(\boldsymbol{x},B)$.

定理 2.2.7 (1) 对任意 $A\subset\mathbf{R}^n$ 及 $\boldsymbol{x},\boldsymbol{y}\in\mathbf{R}^n$, $|d(\boldsymbol{x},A)-d(\boldsymbol{y},A)|\leqslant d(\boldsymbol{x},\boldsymbol{y})$, 从而 $f(\boldsymbol{x})=d(\boldsymbol{x},A)$ 是关于 $\boldsymbol{x}$ 的连续函数.

(2) $d(\boldsymbol{x},A)=0$ 当且仅当 $\boldsymbol{x}\in A^-$.

证明 (1) 对任意 $\boldsymbol{z}\in A$, 对三角不等式 $d(\boldsymbol{x},\boldsymbol{z})\leqslant d(\boldsymbol{x},\boldsymbol{y})+d(\boldsymbol{y},\boldsymbol{z})$ 两边关于 $\boldsymbol{z}\in A$ 取下确界可得

$$d(\boldsymbol{x},A)\leqslant d(\boldsymbol{x},\boldsymbol{y})+d(\boldsymbol{y},A).$$

同理可得

$$d(\boldsymbol{y},A)\leqslant d(\boldsymbol{y},\boldsymbol{x})+d(\boldsymbol{x},A).$$

从而 $|d(\boldsymbol{x},A)-d(\boldsymbol{y},A)|\leqslant d(\boldsymbol{x},\boldsymbol{y})$. 由这一不等式立即可得 $d(\boldsymbol{x},A)$ 的连续性, 因为对任意 $\boldsymbol{x}$ 及 $\varepsilon>0$, 令 $\delta=\varepsilon$, 则 $B(\boldsymbol{x},\delta)\subset f^{-1}(B(f(\boldsymbol{x}),\varepsilon))$.

(2) $\boldsymbol{x}\in A^-$ 的充要条件为 A 中存在序列收敛到 $\boldsymbol{x}$, 而这又等价于 $d(\boldsymbol{x},A)=\inf\{d(\boldsymbol{x},\boldsymbol{y})|\boldsymbol{y}\in A\}=0$. □

定理 2.2.8 (Urysohn 引理) 设 $A,B\subset\mathbf{R}^n$ 为不交闭集, 则有连续函数 $f:\mathbf{R}^n\to[0,1]$ 使得 $f(\boldsymbol{x})=0,\boldsymbol{x}\in A;f(\boldsymbol{y})=1,\boldsymbol{y}\in B$.

证明 设 A,B 为不交闭集, 由定理 2.2.7(2) 知, 对任意 $\boldsymbol{x}$, $d(\boldsymbol{x},A)+d(\boldsymbol{x},B)>0$. 令 $f(\boldsymbol{x})=\dfrac{d(\boldsymbol{x},A)}{d(\boldsymbol{x},A)+d(\boldsymbol{x},B)}$, 则 $f(\boldsymbol{x})$ 满足要求. □

定理 2.2.9 (Tietze 扩张定理) 设 $F\subset\mathbf{R}^n$ 为非空闭集, f 为定义于 F 上的连续函数, 则 f 可以扩张为整个 $\mathbf{R}^n$ 上的连续函数 g. 且若 $f(F)$ 有界, 还可以要求 $g(\mathbf{R}^n)$ 也有界而且 $\inf f(F)=\inf g(\mathbf{R}^n),\sup f(F)=\sup g(\mathbf{R}^n)$.

证明图示如图 2-3 所示.

证明 先考虑 f 有界的情形. 假设 $|f(\boldsymbol{x})|\leqslant M,\boldsymbol{x}\in F,M>0$, 从而 $f(F)\subset[-M,M]$. 令 $A=F\left(f\leqslant-\dfrac{1}{3}M\right),B=F\left(f\geqslant\dfrac{1}{3}M\right)$. 由 f 的连续性知 A,B 为 F 中不交闭集, 又由 F 为闭集及推论 2.2.1 知 A,B 也为 $\mathbf{R}^n$ 中的不交闭集. 类似于定理 2.2.8 的证明, 定义 $\mathbf{R}^n$ 上的函数

$$g_0(\boldsymbol{x})=\frac{M}{3}\frac{d(\boldsymbol{x},A)-d(\boldsymbol{x},B)}{d(\boldsymbol{x},A)+d(\boldsymbol{x},B)},$$

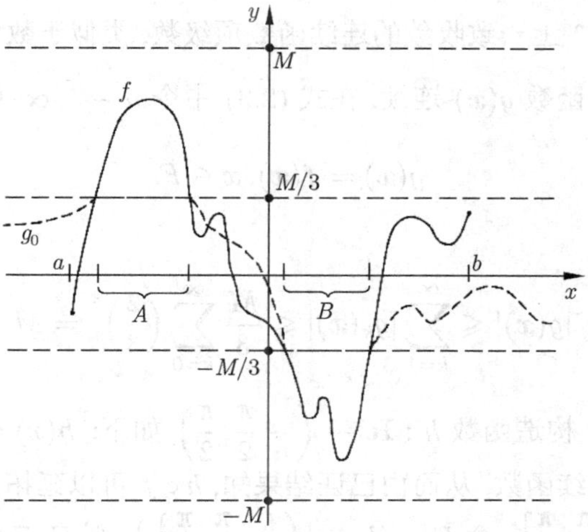

图 2-3　Tietze 扩张定理证明图示: 1 维情形, $F=[a,b]$

则 g_0 为连续函数, 易知 $|g_0(\boldsymbol{x})|\leqslant\frac{1}{3}M$; 在 F 上容易验证, $|f(\boldsymbol{x})-g_0(\boldsymbol{x})|\leqslant\frac{2}{3}M$. 从而令 $f_1(\boldsymbol{x})=f(\boldsymbol{x})-g_0(\boldsymbol{x}),\boldsymbol{x}\in F$, 则 f_1 为定义于 F 上的连续函数且

$$f_1(F)\subset\left[-\frac{2}{3}M,\frac{2}{3}M\right].$$

用 f_1 和 $\frac{2}{3}M$ 分别代替上面的 f 和 M 可得连续映射 $g_1:\mathbf{R}^n\to\mathbf{R}$, 满足

$$\forall\boldsymbol{x},|g_1(\boldsymbol{x})|\leqslant\frac{1}{3}\left(\frac{2}{3}M\right);\forall\boldsymbol{x}\in F,|f_1(\boldsymbol{x})-g_1(\boldsymbol{x})|\leqslant\left(\frac{2}{3}\right)^2M. \tag{2.2}$$

因此, 利用归纳法, 可以定义 $\mathbf{R}^n$ 上函数列 $\{g_n\}$, 满足

$$\forall\boldsymbol{x},|g_n(\boldsymbol{x})|\leqslant\frac{1}{3}\left(\frac{2}{3}\right)^nM;\forall\boldsymbol{x}\in F,|f_n(\boldsymbol{x})-g_n(\boldsymbol{x})|\leqslant\left(\frac{2}{3}\right)^{n+1}M,$$

其中 $f_n=f_{n-1}-g_{n-1}=(f_{n-2}-g_{n-2})-g_{n-1}=\cdots=f-(g_0+g_1+\cdots+g_{n-1})$. 从而有

$$\left|f(\boldsymbol{x})-\sum_{k=0}^{n}g_k(\boldsymbol{x})\right|\leqslant\left(\frac{2}{3}\right)^{n+1}M,\boldsymbol{x}\in F. \tag{2.3}$$

令

$$g(\boldsymbol{x})=\sum_{k=0}^{\infty}g_k(\boldsymbol{x}),\boldsymbol{x}\in\mathbf{R}^n, \tag{2.4}$$

则 $\sum\limits_{k=0}^{\infty} g_k(\boldsymbol{x})$ 为 $\mathbf{R}^n$ 上一致收敛的连续函数项级数, 类似于数学分析中实数的情形, 可以证明极限函数 $g(\boldsymbol{x})$ 连续. 在式 (2.3) 中令 $n \to +\infty$ 可得

$$g(\boldsymbol{x}) = f(\boldsymbol{x}), \boldsymbol{x} \in F.$$

由式 (2.4) 知

$$|g(\boldsymbol{x})| \leqslant \sum_{k=1}^{\infty} |g_k(\boldsymbol{x})| \leqslant \frac{M}{3} \sum_{k=0}^{\infty} \left(\frac{2}{3}\right)^k = M.$$

当 f 无界时, 构造函数 $h : \mathbf{R} \to \left(-\dfrac{\pi}{2}, \dfrac{\pi}{2}\right)$ 如下: $h(x) = \arctan x, x \in \mathbf{R}$. 则 $h \circ f$ 为有界连续函数, 从而由已证结果知, $h \circ f$ 可以延拓为全空间上连续函数 $h_1 : \mathbf{R}^n \to \left[-\dfrac{\pi}{2}, \dfrac{\pi}{2}\right]$. 令 $E = (h_1)^{-1}\left(\left\{-\dfrac{\pi}{2}, \dfrac{\pi}{2}\right\}\right)$, 则 E, F 为 $\mathbf{R}^n$ 中不交闭集. 由定理 2.2.8, 有 $\mathbf{R}^n$ 上连续函数 h_2 使得 $h_2(\mathbf{R}^n) \subset [0,1]$ 且 $h_2(\boldsymbol{x}) = 0, \boldsymbol{x} \in E$; $h_2(\boldsymbol{y}) = 1, \boldsymbol{y} \in F$. 于是对任意 $\boldsymbol{x} \in \mathbf{R}^n$, $h_2(\boldsymbol{x})h_1(\boldsymbol{x}) \in \left(-\dfrac{\pi}{2}, \dfrac{\pi}{2}\right)$. 因此, 令 $g(\boldsymbol{x}) = \tan \circ (h_2(\boldsymbol{x})h_1(\boldsymbol{x}))$, 则 g 即为所求 f 的延拓连续函数.

当 $f(F)$ 有界时满足条件 $\inf f(F) = \inf g(\mathbf{R}^n)$ 和 $\sup f(F) = \sup g(\mathbf{R}^n)$ 的连续函数 $g(\boldsymbol{x})$ 的存在性留给读者作为练习. □

2.3 开集的结构, Cantor 三分集, Borel 集

2.3.1 开集的结构

为了下一章研究测度的需要, 下面研究欧氏空间中开集的结构. 我们的思想是用形状较简单的开集来表示一般开集. 首先, 一维的开集结构较简单, 我们有下述构造定理.

定理 2.3.1 (直线上的开集构造定理) $\mathbf{R}$ 上任一非空开集都可以唯一分解为两两不交的至多可数个开区间之并. 这些开区间称为该开集的**构成区间**.

证明 设 G 为 $\mathbf{R}$ 上非空开集. 对任意 $x \in G$, 考虑 $\{(a_\alpha, b_\alpha) | x \in (a_\alpha, b_\alpha) \subset G\}$. 令 $a = \inf\{a_\alpha | x \in (a_\alpha, b_\alpha) \subset G\}$, $b = \sup\{b_\alpha | x \in (a_\alpha, b_\alpha) \subset G\}$. 以下来证明 $x \in (a,b) \subset G$ 且 $a, b \notin G$.

由 G 为开集知 x 至少在某个 (a_α, b_α) 当中, 因此 a, b 有意义且 $x \in (a,b)$. 以下来证明 $(a,b) \subset G$ 且 $a, b \notin G(a, b$ 可以为 $\pm\infty)$. 事实上, 对任意 $y \in (a,b)$,

由 a,b 以及上下确界定义, 有 $(a_{\alpha_1},b_{\alpha_1})$ 使得 $x\in(a_{\alpha_1},b_{\alpha_1})\subset G$ 且 $y>a_{\alpha_1}$. 同理, 有 $(a_{\alpha_2},b_{\alpha_2})$ 使得 $x\in(a_{\alpha_2},b_{\alpha_2})\subset G$ 且 $y<b_{\alpha_2}$. 从而 $y\in(a_{\alpha_1},b_{\alpha_2})\subset G$.

若 $a\in G$, 则由 G 为开集知有 $\delta>0$ 使得 $(a-\delta,a+\delta)\subset G$, 从而 $x\in(a-\delta,b)\subset G$, 这和 a 的定义矛盾! 即 $a\notin G$. 同理 $b\notin G$.

以上得到的 (a,b) 称为 G 包含 x 的构成区间. 显然, G 为它的所有构成区间的并. 因为每个构成区间非空, 端点不在 G 中, 因此不同构成区间互不相交且最多可数个. 以下证明表示的唯一性.

设 $G=\bigcup\{(a_\beta,b_\beta)|\beta\in\Gamma\}$ 为互不相交的非空开区间之并. 我们来证明 $\{(a_\beta,b_\beta)|\beta\in\Gamma\}$ 为 G 所有构成区间之集.

对任意 $\alpha\in\Gamma$, 任取 $x\in(a_\alpha,b_\alpha)$, 设包含 x 的构成区间为 (a,b). 则由 $x\in(a_\alpha,b_\alpha)\subset G$ 且 $a,b\notin G$ 知 $(a_\alpha,b_\alpha)\subset(a,b)$. 如果 $a_\alpha\neq a$, 则 $a_\alpha\in(a,b)\subset G$, 故 $a_\alpha\in(a_\beta,b_\beta)$ 对某个 $\beta\in\Gamma$ 成立. 于是 $\alpha\neq\beta$, 从而有 $(a_\beta,b_\beta)\bigcap(a_\alpha,b_\alpha)\supset(a_\alpha,\min\{b_\alpha,b_\beta\})\neq\varnothing$. 这和不同的构成区间互不相交矛盾. □

一维欧氏空间的情形, Tietze 扩张定理可直接利用实直线上的开集构造定理证明如下.

证明 设 $F\subset\mathbf{R}$ 为闭集, f 为 F 上连续函数. F^c 的构成区间为至多可数个开区间 (a_i,b_i) (可能有一到两个区间为无限区间). 因为各个区间 (a_i,b_i) 的端点属于 F(无穷区间的无穷端点例外), 因此可将 $f(x)$ 在 $[a_i,b_i]$ 上线性的延拓为函数 $g(x)$:

$$g(x)=\begin{cases}f(x), & x\in F;\\ f(a_i)+\dfrac{f(b_i)-f(a_i)}{b_i-a_i}(x-a_i), & x\in(a_i,b_i),a_i,b_i\text{有限};\\ f(a_i), & x\in(a_i,b_i),b_i=+\infty;\\ f(b_i), & x\in(a_i,b_i),a_i=-\infty.\end{cases}$$

以下证明 $g(x)$ 是所求的 $f(x)$ 的延拓连续函数. 由 $g(x)$ 的做法易知当 $x\in F$ 时, $g(x)=f(x)$, 且

$$\sup_{x\in\mathbf{R}}g(x)=\sup_{x\in F}f(x),\ \inf_{x\in\mathbf{R}}g(x)=\inf_{x\in F}f(x).$$

以下只需证 $g(x)$ 的连续性. 对 $x_0\in F^c$, 因为 F^c 是开集, 故 $g(x)$ 在 x_0 某 δ 邻域内是线性函数, 因此 $g(x)$ 在 x_0 点连续. 对 $x_0\in F$, 以及任意 $\varepsilon>0$, 由 $f(x)$ 在 x_0 点连续性, 存在 $\delta>0$, 使得当 $x\in(x_0-\delta,x_0+\delta)\bigcap F$ 时,

$$|f(x)-f(x_0)|<\varepsilon.$$

考虑 $g(x)$ 在点 x_0 的左连续性. 如果 $(x_0-\delta,x_0)\bigcap F=\varnothing$, 则 x_0 是 F^c 的某个构成区间 (a_i,b_i) 的右端点 b_i. 由于 $g(x)$ 在 $(a_i,b_i]$ 上是线性函数, 所以 $g(x)$ 在点 x_0 左连续.

如果 $(x_0-\delta,x_0)\bigcap F\neq\varnothing$, 设 $x'\in(x_0-\delta,x_0)\bigcap F$, 那么当 $x\in[x',x_0)\bigcap F$ 时, 有 $g(x)=f(x), g(x_0)=f(x_0)$. 因此

$$|g(x)-g(x_0)|=|f(x)-f(x_0)|<\varepsilon. \tag{2.5}$$

而当 $x\in[x',x_0]\backslash F$ 时, 存在 F^c 的构成区间 (a_k,b_k), 使得 $x\in(a_k,b_k)\subset(x',x_0)$. 因为 $a_k,b_k\in[x',x_0]\bigcap F$, 由式 (2.5), 有

$$|g(a_k)-g(x_0)|<\varepsilon, |g(b_k)-g(x_0)|<\varepsilon.$$

因为 $g(x)$ 的值介于 $g(a_k)$ 和 $g(b_k)$ 之间, 因此对 $g(x)$, 式 (2.5) 也成立. 这就证明了 $g(x)$ 在点 x_0 左连续. 类似可证 $g(x)$ 在点 x_0 右连续. 从而 $g(x)$ 在点 x_0 连续. □

类似于直线上的区间, 在 $\mathbf{R}^n$ 中也可以引入 n 维方体的概念.

定义 2.3.1 n 个区间 (可以为开、闭或者半开半闭区间)A_i 的乘积 $A_1\times\cdots\times A_n$ 称为n **维方体**. 如果这些区间全部为开区间, 则乘积称为**开方体**. 类似地, 可以定义**闭方体**和**半闭半开方体**等. 下面的定理 2.3.2 中用到的方体是左闭右开区间的乘积.

若维数自明, n 维方体简称为方体.

对于高维的情形, 没有定理 2.3.1 所述的构造定理. 但是有下述构造定理.

定理 2.3.2 $\mathbf{R}^n$ 中任意开集可以表示为最多可数个两两不交的半闭半开的 n 维方体的并.

证明 我们给出二维情形的证明思路, 高维情形完全类似. 基本思想是用二分法, 将边长为 1 的半闭半开矩形逐步分为 4 个全等但边长为原矩形一半的半闭半开矩形, 取那些完全包含在 G 中的半闭半开矩形即可. 具体做法如下:

设 G 为 $\mathbf{R}^2$ 中开集.

第 1 步, 将形如 $[m,m+1)\times[n,n+1), m,n\in\mathbf{Z}$ 的那些完全包含在 G 中的矩形称为第 (1) 类矩形;

第 2 步, 将形如 $\left[\frac{m}{2},\frac{m+1}{2}\right)\times\left[\frac{n}{2},\frac{n+1}{2}\right), m,n\in\mathbf{Z}$的完全包含在 G 中的但是不包含在第 (1) 类矩形中的矩形称为第 (2) 类矩形;

一般地, 第 k 步, 形如 $\left[\frac{m}{2^{k-1}},\frac{m+1}{2^{k-1}}\right)\times\left[\frac{n}{2^{k-1}},\frac{n+1}{2^{k-1}}\right), m,n\in\mathbf{Z}$ 的完全包含在 G 中的但是不包含在前 $(k-1)$ 类中的半闭半开矩形称为第 (k) 类矩形.

由做法可以看出, 因为每一步得到的矩形最多为可数个, 因此得到的各类矩形总数最多可数且互不相交. 这些矩形全部包含在 G 中. 现在我们来证明它们的并为 G.

设 $(x,y)\in G$, 取 $\delta>0$ 使得 $B((x,y),\delta)\subset G$, 取自然数 k 使得 $\frac{1}{2^{k-2}}<\delta$, 则有唯一一对整数 m,n 使得

$$(x,y)\in\left[\frac{m}{2^{k-1}},\frac{m+1}{2^{k-1}}\right)\times\left[\frac{n}{2^{k-1}},\frac{n+1}{2^{k-1}}\right).$$

于是

$$U=\left[\frac{m}{2^{k-1}},\frac{m+1}{2^{k-1}}\right)\times\left[\frac{n}{2^{k-1}},\frac{n+1}{2^{k-1}}\right)\subset B((x,y),\delta)\subset G.$$

如果 U 不包含在第 (1) 类到第 $(k-1)$ 类矩形的任意一个当中, 则由第 (k) 类矩形的取法知 U 必为一个包含 x 的第 (k) 类矩形. □

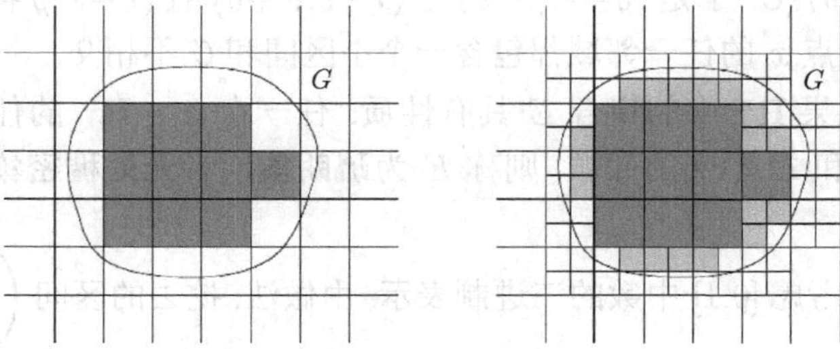

第1步 第2步

图 2-4 二维开集的分解示意图

2.3.2 Cantor 三分集

在闭区间 [0,1] 中逐步挖去如下的开区间:

$$\left(\frac{1}{3},\frac{2}{3}\right),\left(\frac{1}{3^2},\frac{2}{3^2}\right),\cdots,\left(\frac{1}{3^k},\frac{2}{3^k}\right),\cdots,\left(1-\frac{2}{3^k},1-\frac{1}{3^k}\right),\cdots.$$

具体做法为: 首先将 [0,1] 三等分, 挖去中间的开区间 $\left(\frac{1}{3},\frac{2}{3}\right)$, 剩下两个长度为 $\frac{1}{3}$ 的闭区间 $\left[0,\frac{1}{3}\right],\left[\frac{2}{3},1\right]$. 再把这两个闭区间三等分, 挖去中间的 2 个长度为

$\frac{1}{3^2}$的开区间$\left(\frac{1}{3^2},\frac{2}{3^2}\right),\left(1-\frac{2}{3^2},1-\frac{1}{3^2}\right)$. 以此下去, 一般地, 当进行到第 n 步时, 前面步骤剩下了 2^n 个长度为 3^{-n} 的互不相交的闭区间. 在第 $n+1$ 步中再将这 2^n 个闭区间三等分, 挖去中间长度为 $\frac{1}{3^n}$ 的开区间. 最后得到的集合称为**Cantor 三分集**, 简称 Cantor 集, 记为 $\mathcal{C}$.

Cantor 集的基本性质:

(1) $\mathcal{C}$ 为完全集. 首先, 它是 [0,1] 中挖掉若干开区间而得, 因此为闭集. 其次, 挖去的开区间中任意两个无公共端点, 从而 $\mathcal{C}$ 无孤立点.

(2) $[0,1]\setminus\mathcal{C}$ 中所有开区间长度之和为 1. 这是因为长度为 $\frac{1}{3^n}$ 的区间共有 2^{n-1} 个, 因此长度和为 $\sum\limits_{n=1}^{\infty}\frac{2^{n-1}}{3^n}=1$. 这一长度和在第 3 章中称其为测度. 也就是说, $[0,1]\setminus\mathcal{C}$ 的测度为 1.

(3) $\mathcal{C}$ 没有内点. 这由性质 2 可得. 于是, 对任意 $x\in\mathbf{R}$ 以及 x 的邻域 $B(x,\delta)$, 都有 $B(x,\delta)\not\subset\mathcal{C}$. 又因为 $\mathcal{C}$ 为闭集, 因此 $B(x,\delta)\setminus\mathcal{C}$ 为非空开集. 因此, 任取 $y\in B(x,\delta)\setminus\mathcal{C}$, $B(x,\delta)\setminus\mathcal{C}$ 为 y 的内点. 从而有 $\varepsilon>0$ 使得 $B(y,\varepsilon)\subset B(x,\delta)\setminus\mathcal{C}$. 于是 $(y-\varepsilon,y+\varepsilon)\subset(x-\delta,x+\delta)$ 且 $(y-\varepsilon,y+\varepsilon)\bigcap\mathcal{C}=\varnothing$. 换句话说, 任一点 x 的任一邻域都包含一个小区间和 $\mathcal{C}$ 不相交.

一般地, 如果 $\mathbf{R}^n$ 中的集合 E 具有性质: 任一点 $\boldsymbol{x}\in\mathbf{R}^n$ 的任一邻域都包含某个点 $\boldsymbol{y}$ 的和 E 不交的邻域, 则称 E 为**疏朗集**或者**无处稠密集**. 因而 $\mathcal{C}$ 为 $\mathbf{R}$ 中疏朗集.

(4) $\overline{\overline{\mathcal{C}}}=\aleph$. 考虑 [0,1] 中数的三进制表示, 由做法, 挖去的区间 $\left(\frac{m}{3^n},\frac{m+1}{3^n}\right)$ 中的元素为第 n 次三分区间的中间的三分集中元素, 因此这些元素的三进制表示小数点后的第 n 位等于 1. 这说明 $[0,1]\setminus\mathcal{C}$ 中的元素的三进制表示必须用到 1. 从而 [0,1] 中三进制表示不用到 1 的元素必定全部在 $\mathcal{C}$ 中.

现在, 考虑映射 $f:[0,1]\to\mathcal{C}$, 若 $x\in[0,1]$ 的二进制表示为 $x=0.a_1a_2\cdots a_n\cdots$, 令 $b_n=2a_n, n=1,2,\cdots$, 则 $f(x)$ 的三进制表示为 $f(x)=0.b_1b_2\cdots b_n\cdots$. 由以上分析可知 f 为单射. 从而 $\overline{\overline{\mathcal{C}}}\geqslant\overline{\overline{[0,1]}}=\aleph$. 相反的不等式显然成立, 因此 $\overline{\overline{\mathcal{C}}}=\aleph$.

注 2.3.1 Cantor 集在实变函数中是一个重要的反例. 首先, 它说明没有孤立点的完全集未必包含一个小区间, 即可以是疏朗集. 其次, 疏朗集尽管"处处"是洞, 但是它的元素还是非常多, 和实数集元素个数相同! 后面当讲到测度和积分时还会看到, 利用 Cantor 集可以构造出非常重要的反例.

2.3.3 Borel 集

为了在第 3 章定义集合的可测性和可测集的测度, 下面先将开集和闭集推广, 引入并研究 Borel 集的概念.

1. F_σ 集和 G_δ 集

定义 2.3.2 (1) $\mathbf{R}^n$ 中一列 (可数个) 闭集的并称为一个 F_σ 集.

(2) $\mathbf{R}^n$ 中一列 (可数个) 开集的交称为一个 G_δ 集.

由定义易知, $\varnothing$ 和 $\mathbf{R}^n$ 既是 F_σ 集, 又是 G_δ 集; 闭集是 F_σ 集; 开集是 G_δ 集. F_σ 和 G_δ 集互为补集, 这是因为开集和闭集互为补集而可数并的补集为补集的可数交. 事实上, 我们有下述定理.

定理 2.3.3 任意闭集为 G_δ 集, 从而开集是 F_σ 集.

证明 设 A 为闭集. 由定理 2.2.7 知 $f(\boldsymbol{x}) = d(\boldsymbol{x}, A)$ 为连续函数, 故对任意 n, $G_n = f^{-1}\left(\left(-\dfrac{1}{n}, \dfrac{1}{n}\right)\right)$ 为开集. 再由 A 为闭集知

$$A = f^{-1}(0) = f^{-1}\left(\bigcap_{n=1}^{\infty}\left(-\frac{1}{n}, \frac{1}{n}\right)\right) = \bigcap_{n=1}^{\infty} f^{-1}\left(\left(-\frac{1}{n}, \frac{1}{n}\right)\right) = \bigcap_{n=1}^{\infty} G_n.$$

从而 A 为 G_δ 集.

设 A 为开集, 则 A^c 为闭集. 由已证结论, $A^c = \bigcap\limits_{n=1}^{\infty} G_n$, 其中 G_n 均为开集. 两边取补: $A = (A^c)^c = \bigcup\limits_{n=1}^{\infty} (G_n)^c$, 其中所有 $(G_n)^c$ 均为闭集, 因此 A 为 F_σ 集. □

例 2.3.1 任意半开半闭区间在 $\mathbf{R}$ 中既是 F_σ 集, 又是 G_δ 集.

证明 对任意区间 $[a, b)$,

$$[a, b) = \bigcup_{n=1}^{\infty}\left[a, b - \frac{1}{n}\right] = \bigcap_{n=1}^{\infty}\left(a - \frac{1}{n}, b\right).$$

和例 1.1.2 中情况相同, 上式中如果某个区间的左端点大于右端点, 则将它看成空集, 因此 $[a, b)$ 既是 F_σ 集, 又是 G_δ 集. □

2. Borel 集

由上面讨论可知, F_σ 集和 G_δ 集比开集和闭集广泛得多. 易知可数个 F_σ 集的并还是 F_σ 集, 可数个 G_δ 集的交还是 G_δ 集. 但是这两类集合未必对可数交和可数并运算都封闭. 下面将 F_σ 集和 G_δ 集共同推广, 引入 Borel 集的概念.

定义 2.3.3 $\mathbf{R}^n$ 中包含所有开集并且对可数并、可数交以及补运算封闭的最小集类称为**(n 维)Borel 集类**, 记为 $\mathscr{B}_n$, 当不致混淆维数时 $\mathscr{B}_n$ 简记为 $\mathscr{B}$. Borel 集类中的集合称为 (n 维)**Borel 集**.

一个很自然的问题是: Borel 集类 $\mathscr{B}$ 是否存在? 如果存在, 它当中到底都包含什么样的集合? 当然, 由定义直接可知如果 $\mathscr{B}$ 存在, 则开集是 Borel 集, 因为 $\mathscr{B}$ 对补运算封闭, 因此闭集也是 Borel 集. 又因为 $\mathscr{B}$ 对可数交运算封闭, 因此, G_δ 集是 Borel 集. 同理, F_σ 集也是 Borel 集.

为了证明 Borel 集类的存在性, 我们引入下述 σ 代数的定义.

定义 2.3.4 设 X 为一个集合, $\mathscr{S}$ 为 X 的子集构成集合, 如果 $\mathscr{S}$ 对可数并、可数交和补运算封闭, 则称其为 X 上一个 **σ代数**.

关于 Borel 集类 $\mathscr{B}$ 的存在性, 有下述定理.

定理 2.3.4 设 $\mathscr{T}$ 为 $\mathbf{R}^n$ 中开集全体构成集合. 令 $\{\mathscr{G}_\alpha|\alpha\in\varGamma\}$ 为 $\mathbf{R}^n$ 中所有包含 $\mathscr{T}$ 的 σ 代数构成的集合, 则

$$\mathscr{B}=\bigcap\{\mathscr{G}_\alpha|\alpha\in\varGamma\}. \tag{2.6}$$

证明 首先, $\varGamma$ 非空, 因为 $\mathbf{R}^n$ 的幂集 $\mathscr{P}(\mathbf{R}^n)$ 是一个包含 $\mathscr{T}$ 的 σ 代数. 令 $\mathscr{B}_0=\bigcap\{\mathscr{G}_\alpha|\alpha\in\varGamma\}$, 则 $\mathscr{B}_0$ 为非空集族的交.

为证 (2.6) 式, 先证明 $\mathscr{B}_0$ 为包含 $\mathscr{T}$ 的 σ 代数. 首先, 对任意 $\alpha\in\varGamma$, $\mathscr{T}\subset\mathscr{G}_\alpha$, 因此 $\mathscr{T}\subset\bigcap\{\mathscr{G}_\alpha|\alpha\in\varGamma\}=\mathscr{B}_0$. 其次, 设 $A,A_n\in\mathscr{B}_0,n=1,2,\cdots$, 则对任意 $\alpha\in\varGamma$, $A,A_n\in\mathscr{G}_\alpha,n=1,2,\cdots$. 从而 A^c, $\bigcup\limits_{n=1}^{\infty}A_n$, $\bigcap\limits_{n=1}^{\infty}A_n\in\mathscr{G}_\alpha$. 于是 A^c, $\bigcup\limits_{n=1}^{\infty}A_n$, $\bigcap\limits_{n=1}^{\infty}A_n\in\mathscr{B}_0$. 这就证明了 $\mathscr{B}_0$ 为包含 $\mathscr{T}$ 的 σ 代数.

由 $\mathscr{B}_0$ 的定义可知它就是包含 $\mathscr{T}$ 的最小 σ 代数, 因而 $\mathscr{B}=\mathscr{B}_0$. □

定理 2.3.4 虽然给出了 Borel 集类 $\mathscr{B}$ 的存在性, 但是并没有给出它的具体构造, 也就是说, 除了前面提到的 F_σ 集和 G_δ 集外, 定理 2.3.4 没有明确指出还有哪些集合是 Borel 集. 为了搞清楚 $\mathscr{B}$ 的结构, 需要用到选择公理的等价命题 —— 良序化定理.

设 X 是一个非空集合, $\prec$ 为 X 上一个二元关系, 即对任意 $x,y\in X$, $x\prec y$ 是否成立可以判定. 当 $x\prec y$ 时, 称 x 小于等于 y 或者 y 大于等于 x.

(1) 如果对任意 $x\in X$, $x\prec x$, 则称 $\prec$ 为自反的.

(2) 如果 $x\prec y, y\prec x$, 则 $x=y$, 则称 $\prec$ 为反对称的.

(3) 如果 $x\prec y, y\prec z$, 则 $x\prec z$, 则称 $\prec$ 为传递的.

X 上的满足 (1)~(3) 的二元关系称为一个 X 上**偏序**, 而序对 $(X,\prec)$ 称为**偏序集**. 如果一个偏序 $\prec$ 还满足:

(4) 对任意 x,y, 必有 $x\prec y$ 或者 $y\prec x$,

则称 $\prec$ 为一个**全序**, 而 $(X,\prec)$ 称为**全序集**, 全序集也称**线性序集**.

例如, 实数集上的小于等于关系是一个实数集 $\mathbf{R}$ 上的全序. 任意集合 X 的所有子集 $\mathscr{P}(X)$ 按照集合的包含关系构成一个偏序, 但是当集合 X 含有两个以上元素时这一偏序不是全序, 因为任意两个不同的单点集都互不包含.

设 $(X,\prec)$ 为一个全序集, $A\subset X$, $a\in X$. 如果对任意 $x\in A$, $a\prec x$, 则称 a 为 A 的一个**下界**. 如果 a 是 A 的下界且大于等于 A 的所有下界, 即 a 是 A 下界中的最大者, 则称 a 为 A 的**下确界**. 记为 $a=\inf A$. 如果 $a=\inf A\in A$, 则称 a 为 A 的**最小元**.

对偶地, 可以定义偏序集中集合的**上界**、**上确界**、**最大元**等概念.

全序集 $(X,\prec)$ 称为**良序集**, 如果 X 的每个非空子集有最小元.

例如, 正自然数集 $\mathbf{Z}_+$ 按自然数的自然小于等于关系构成一个良序集. [0,1] 按自然序是一个线性序集但不是良序集, 因为 (0.5,1) 没有最小元.

良序化定理　任意集合 X 上都存在一个关系 $\prec$ 使得 $(X,\prec)$ 成为良序集.

可证良序化定理和选择公理等价, 详细证明参见附录 A.

由良序化定理, $\mathbf{R}$ 上存在良序. 设 $\prec$ 为 $\mathbf{R}$ 上一个良序. 对任意 a, 令

$$\prec_a=\{b\in\mathbf{R}|b\prec a\text{且}b\neq a\}.$$

由良序集的定义, $\mathbf{R}$ 关于序 $\prec$ 有最小元素 a_0. $\mathbf{R}\setminus\{a_0\}$ 有最小元 a_1, 依次类推, 可得一列元素

$$a_0,\cdots,a_n,\cdots,$$

其中对任意自然数 n, a_n 为第 $n+1$ 小的元素, 易知

$$\prec_{a_n}=\{a_0,a_1,\cdots,a_{n-1}\}$$

包含 n 个元素.

因为 $A_0=\{a_0,\cdots,a_n,\cdots\}$ 为可数集, 所以 $\mathbf{R}\setminus A_0\neq\varnothing$, 因此它有最小元素, 记为 ω. 于是 $\prec_\omega=A_0$. 同理, 大于 ω 的元素中有最小元素, 这一元素用

$\omega+1$ 来表示; 一般地, 有 $\omega+2,\omega+3,\cdots,\omega+n,\cdots$. $\omega+\omega=2\omega$ 表示大于所有 $\omega+n$ 的最小元. 以此类推, 可得一列元素

$$\begin{aligned}&a_0,a_1,\cdots,a_n,\cdots,\omega,\omega+1,\cdots,\omega+n,\cdots,2\omega,2\omega+1,\cdots,3\omega,\cdots,\\&n\omega,\cdots,\omega\times\omega=\omega^2,\cdots,\omega^3,\cdots,\omega^\omega,\omega^{\omega}+1,\cdots.\end{aligned}\tag{2.7}$$

令

$$\Omega=\{a\in\mathbf{R}|\prec_a \text{至多可数}\}.\tag{2.8}$$

易知式 (2.7) 中的元素全部在 Ω 中, 因此 $\overline{\overline{\Omega}}\geqslant\aleph_0$. 下证 $\aleph_0<\overline{\overline{\Omega}}\leqslant\aleph$. 后一不等式显然成立. 下面来看第一个不等式. 用反证法, 如果 $\aleph_0=\overline{\overline{\Omega}}$, 则 $\mathbf{R}\setminus\Omega\neq\varnothing$, 故它有最小元素 a, 于是 $\prec_a=\Omega$ 为可数集, 从而 $\mathbf{R}\setminus(\Omega\bigcup\{a\})$ 也是可数集, 设 b 为大于 a 的最小元素, 则 $b\in\Omega$, 这和 a 的取法矛盾! 令

$$\overline{\overline{\Omega}}=\aleph_1.$$

命题 2.3.1 Ω 有如下性质:

(1) Ω 为良序集.

(2) 对任意 $a\in\Omega,\prec_a$ 为至多可数集.

(3) 设 $A\subset\Omega$ 为至多可数集, 则 A 在 Ω 中有上界 a. 即 $A\subset(\prec_a\bigcup\{a\})$.

(4) $\overline{\overline{\Omega}}=\aleph_1$ 为最小的不可数无限基数.

证明 (1) 和 (2) 由 Ω 定义可得.

(3) 因为对任意 $x\in A$, $\prec_x$ 为至多可数集, 故 $\bigcup\limits_{x\in A}\prec_x$ 为可数集, 因此 $\Omega\setminus\left(\bigcup\limits_{x\in A}\prec_x\right)\neq\varnothing$. 任取 $a\in\Omega\setminus\bigcup\limits_{x\in A}\prec_x\neq\varnothing$, 则 a 满足要求.

(4) 设 X 为不可数集, 由良序化定理, 设 $\prec'$ 为 X 上一个良序. 类似于递归函数, 可递归定义映射 $f:\Omega\to X$ 如下: 假设 f 对 $\prec_a$ 中元素已定义, 因为 $f(\prec_a)$ 为至多可数集, 故 $X\setminus f(\prec_a)\neq\varnothing$. 令 $f(a)$ 为 $X\setminus f(\prec_a)(\neq\varnothing)$ 的最小元素. 易证 f 为单射, 从而 $\aleph_1=\overline{\overline{\Omega}}\leqslant\overline{\overline{X}}$. □

注 2.3.2 命题 2.3.1(4) 的证明中映射 f 的定义方式是所谓的超限递归. 递归是定义在正自然数集上的函数, 而超限递归是对递归法作了推广, 是定义于任意良序集上的函数, 因此称之为超限递归, 关于超限递归法, 参见文献 [13].

下面我们利用良序集 Ω 给出 $\mathscr{B}$ 的构造. 这一过程关键点是利用命题 2.3.1 中的性质 (3).

对 Ω 的最小元素 a_0, 令 $\mathscr{B}_0=\mathscr{T}$.

一般地, 设对 $a \in \Omega$, 如果对 $\prec_a$ 中的元素已定义了 $\mathscr{B}_a$. 如果 $\prec_a$ 有最大元素 b(此时称 a 为孤立元素), 令 $\mathscr{B}_a$ 为 $\mathscr{B}_b$ 中元素通过可数交、可数并以及补运算得到的集类; 如果 $\prec_a$ 无最大元素, 令 $\mathscr{B}_a = \bigcup\limits_{b \in \prec_a} \mathscr{B}_b$. 则对任意 $b \prec a$, $\mathscr{B}_b \subset \mathscr{B}_a$.

定理 2.3.5 (Borel 集类的构造定理) $\mathscr{B} = \bigcup\limits_{a \in \Omega} \mathscr{B}_a$.

证明 令 $\mathscr{D} = \bigcup\limits_{a \in \Omega} \mathscr{B}_a$. 显然, $\mathscr{D}$ 中的集合为从 $\mathscr{T}$ 中集合出发, 通过取可数交并以及补运算得到的集合, 因此由 $\mathscr{B} \supset \mathscr{T}$ 以及 $\mathscr{B}$ 对可数交并和补运算的封闭性可知 $\mathscr{D} \subset \mathscr{B}$.

反之, 由定义可知 $\mathscr{T} \subset \mathscr{D}$. 为证反面的包含关系, 只需证明 $\mathscr{D}$ 为一个 σ 代数即可.

设 $A, A_n \in \mathscr{D}, n = 1, 2, \cdots$, 可设 $A \in \mathscr{B}_{b_0}, A_n \in \mathscr{B}_{b_n}, b_n \in \Omega$. 由命题 2.3.1(3), 取 $a \in \Omega$ 为所有 b_n 的一个上界, 则 $A, A_n \in \mathscr{B}_a, i = 1, 2, \cdots$, 故 $A^c, \bigcup\limits_{n=1}^{\infty} A_n, \bigcap\limits_{n=1}^{\infty} A_n \in \mathscr{B}_{a+1} \subset \mathscr{D}$. □

本章小结 本章引入了欧氏空间中的拓扑概念. 研究了开集、闭集、闭包等概念的相关性质. 度量的三角不等式的运用是研究拓扑问题的最基本和最重要的方法, 应当熟练掌握. 关于这部分的学习, 读者可以和数学分析中的相关概念作比较. 因为实变函数中研究的这些概念数学分析中都有, 只是涉及的问题维数变高了而已, 因此数学分析中的大多数方法在这里也适用. Borel 集是后面要引入的一般 Lebesgue 可测集的重要特例. Borel 集类的结构定理由于涉及良序集, 因此初学时理解起来有一定难度, 初学者在这里只需了解它的基本思想即可. 本章的开集、闭集、Borel 集等概念是后面研究可测集的基础.

应当注意, Borel 集类的构造定理要用到良序化定理并涉及基数 $\aleph_1$. 而 $\aleph_1$ 和 $\aleph$ 是否相等就是著名的连续统假设. 由于良序化定理和选择公理等价, 因此可以说 Borel 集类的结构定理实际上是一个非构造性的结论. 换句话说, 从构造性角度来说, Borel 集类根本是无法搞清楚的, 这也是实变函数学习的难点和值得注意的地方.

Cantor 正是在研究集合 Ω, 即最小的良序集时提出来连续统假设的.

拓扑学历史简介 拓扑学起源于数学分析的研究. 实值函数的极限和连续性概念是 B. Bolzano(博尔察诺) 在 1818 年首次引入的. 稍后 A. L. Cauchy(柯西) 在 1821 年也引入了相同的概念, 这可以看作拓扑思想的最早来源. Cantor

于 1872 年针对实数定义了邻域和聚点的概念，随后 Cantor 实际上也定义了实数集子集的导集、开集、闭集、内部、闭包等概念. M. Frechet(弗雷歇) 在 1906 年开始了度量空间的研究工作. 稍后 Hausdorff 在总结前人工作的基础上给出了人们现在使用的拓扑空间的定义. 1914 年出版的 Hausdorff 的《集合论》是拓扑学的第一本著作，这本著作的出版标志着一般拓扑学的正式诞生.

Borel 和 Borel 集简介 E. Borel (博雷尔, 1871.1.7—1956.2.3)，法国数学家. Borel 在研究函数的级数收敛问题时，针对当时分析研究中采用的容量理论只具有有限可加性的缺陷，引入了具有可数可加性的测度概念. 在 1895 年 Borel 证明了区间长度可以扩张为由区间生成的 σ 代数上的一个可数可加集函数，也就是 Borel 集类 $\mathscr{B}$ 上的一个测度. 因此 σ 代数也称为 Borel 代数. 1898 年 Borel 出版了《函数论讲义》一书. Borel 的很多研究工作，尤其是分析方面的工作，如 Heine-Borel 有限覆盖定理、Borel 测度和 Borel 求和法等对现代数学的许多分支都产生了深刻的影响. 因此 Borel 被称为测度论的创始人.

E. Borel

Borel 的学生 Lebesgue 在 Borel 工作的基础上引入了 Lebesgue 测度的概念，并定义了 Lebesgue 积分. Lebesgue 的工作极大地推广了黎曼积分理论，引起了一场积分学的革命.

习题 2

1. 设 E 为 $[0,1]$ 中全部有理点构成的集合.

(1) 求 E 在 $\mathbf{R}$ 中的导集、内部和闭包;

(2) 求 E 在 $\mathbf{R}^2$ 中的导集、内部和闭包，这里将 E 看成 x 轴上的点集 $E\times\{0\}$.

2. 证明开集和闭集的差是开集，闭集和开集的差是闭集.

3. 设 E 为 Cantor 三分集在 [0,1] 中的补集中构成区间的中点所成的集合，求 E'.

4. 证明推论 2.1.3.

5. 证明 $\mathbf{R}$ 中每个集合的孤立点最多只有可数个.

6. 证明实数集合上任意不可数集合有聚点.

7. 证明序列收敛定义中的邻域可用球形邻域代替.

8. 证明序列 $\{\boldsymbol{x}_n\}$ 收敛到点 $\boldsymbol{x}$ 的充要条件是对任意 $\varepsilon > 0$, 有 $N \in \mathbf{Z}_+$, 使得当 $k > N$ 时, $d(\boldsymbol{x}_k, \boldsymbol{x}) < \varepsilon$.

9. 证明定理 2.2.1(2).

10. 证明定理 2.2.3(2).

11. 证明定理 2.2.4.

12. $\mathbf{R}^n$ 中一个开集族 $\mathscr{D}$ 称为**基**, 如果 $\mathbf{R}^n$ 中每个开集可以表示为 $\mathscr{D}$ 中若干成员的并. 证明 $\mathbf{R}^n$ 中以有理点为球心, 有理数为半径的球形邻域全体 $\mathscr{E}$ 构成 $\mathbf{R}^n$ 一个基.

***13.** 证明可数的闭集必然含有孤立点.

14. 完成 Tietze 扩张定理的证明.

15. 设 E_n 为非空有界闭集构成的下降集列. 证明 $\bigcap\limits_{n=1}^{\infty} E_n \neq \varnothing$.

***16.** $f: \mathbf{R} \to \mathbf{R}$ 称为**开 (闭) 映射**, 如果每个 $\mathbf{R}$ 中开 (闭) 集在 f 下的像为开 (闭) 集. 举例说明开 (闭) 映射可以不是连续映射, 连续映射也未必是开 (闭) 映射.

17. 设 f 为 $\mathbf{R}$ 上的连续函数. $E = \{(x,y)|y = f(x)\}, E_1 = \{(x,y)|y \leqslant f(x)\}, G = \{(x,y)|y < f(x)\}$. E 称为 f 的**图像**, E_1 称为 f 的**下方图像**, 而 G 称为 f 的**强下方图像**. 证明 E, E_1 为 $\mathbf{R}^2$ 中闭集, 而 G 为 $\mathbf{R}^2$ 中开集.

18. 证明有理数集为 $\mathbf{R}$ 中 F_σ 集, 而无理数集为 $\mathbf{R}$ 中 G_δ 集. 但是二者都不是开集, 也不是闭集.

***19.** 在构造 Cantor 三分集 $\mathcal{C}$ 的过程中, 如果第 n 次去掉的开区间的长度由 $\dfrac{1}{3^n}$改为 $(1-a)\dfrac{1}{3^n}(0 < a < 1)$, 得到的集合称为正测度 Cantor 集, 记为 $\mathcal{C}_a$. 证明 $\mathcal{C}_a$ 的"长度"为 a. 而它具有和 $\mathcal{C}$ 相同的其他性质.

***20.** 证明 $\mathcal{C} + \mathcal{C} = \{x + y|x, y \in \mathcal{C}\} = [0, 2]$, 其中 $\mathcal{C}$ 为 Cantor 三分集.

***21.** 设 $A, B \subset \mathbf{R}$. 令 $A + B = \{x + y|x \in A, y \in B\}$.

(1) 如果 A 或者 B 是开集, 则 $A + B$ 也是开集.

(2) 如果 A 和 B 都是闭集, 则 $A + B$ 是 Borel 集.

(3) 举例说明当 A 和 B 都是闭集时 $A + B$ 可以不是闭集.

22. (1) 在 $\mathbf{R}$ 中, 令 $A = \mathcal{C}$(Cantor 集), $B = \mathcal{C}/2 = \{x/2|x \in \mathcal{C}\}$. 证明 $A + B \supset [0, 1]$.

(2) 在 $\mathbf{R}^2$ 中, 令 $A = I \times \{0\}, B = \{0\} \times I$, 其中 $I = [0, 1]$. 则

$$A + B = I \times I.$$

*23. (1) 给出一个 $\mathbf{R}$ 中的是 F_σ 集而不是 G_δ 集的集合.

(2) 给出一个 $\mathbf{R}$ 中的 Borel 集, 它既不是 F_σ 集, 也不是 G_δ 集.

$\left[\text{提示: 考虑 } \left\{x|d(x,F)<\dfrac{1}{n}\right\}, \text{其中 } F \text{ 是闭集.}\right]$

*24. 设 J 是一个良序集. J 的子集 J_0 称为**归纳集**, 如果对任意 $\alpha\in J$,

$$(\prec_\alpha\subset J_0)\text{可推出}\alpha\in J_0.$$

证明**归纳原理**: 如果 J 是一个良序集, J_0 是 J 的归纳子集, 则 $J=J_0$.

第 3 章

测 度 论

区间的长度概念是数学分析中定义 Riemann 积分的基础. 但是长度概念只适用于区间, 当然, 也可以考虑有限个区间的并, 此时, 并的结果不一定是一个区间, 而是有限个互不相交的区间之并. 因此可以给这种有限并定义它的长度为每个小区间长度之和. 显然, 这一定义满足下述所谓长度公理.

长度公理 用 $\mathscr{I}$ 表示任意有限个区间之并构成的集合. 对任意 $E\in\mathscr{I}$, 定义 $m(E)$ 为 E 包含的所有区间长度之和. m 具有下述性质:

(1) (非负性) $m(E)\geqslant 0$.

(2) (有限可加性) 如果 $E_1,E_2,\cdots,E_n$ 两两不交, 则

$$m\Big(E_1\bigcup E_2\bigcup\cdots\bigcup E_n\Big)=m(E_1)+m(E_2)+\cdots+m(E_n).$$

(3) (正则性) $m([0,1])=1$.

对于平面中图形的面积, 我们也有类似的结论. 甚至空间中空间图形的体积也具有相似的性质. 需要说明的是, $\mathscr{I}$ 仅仅对有限并封闭, 它当中的集合是有限个区间的并. 一个很自然的问题是: 更复杂的集合是否可以定义类似于长度、面积、体积等概念. 当然, 这种定义还要具有“好的”性质. 比如, 无限个区间的并是否可以像区间那样定义“长度”?

本章来研究这一问题. 我们的最终目的是给一大类 $\mathbf{R}^n$ 中的集合定义所谓测度. 这类集合包含 Borel 集, 而测度是区间长度、平面图形面积、空间图形体积等概念的推广. 测度除满足长度公理外, 还满足下述可数可加性:

(2)′ (可数可加性) 如果 $E_1,E_2,\cdots$ 两两不交, 则

$$m\Big(\bigcup_{k=1}^{\infty}E_k\Big)=\sum_{k=1}^{\infty}m(E_k).$$

本章重点研究 $\mathbf{R}$ 中子集的可测性和测度. 所有结果可以毫无困难地推广到

高维的情形, 只需把所有讨论过程中涉及的区间换成 n 维方体即可.

3.1 外测度

设 I 为一个区间, 左右端点分别为 a, b, I 的长度记为 $|I|$, 即 $|I| = b - a$.

定义 3.1.1 设 E 为 $\mathbf{R}$ 的子集. E 的**外测度**定义如下:

$$m^*(E) = \inf\left\{\sum_{n=1}^{\infty}|I_n|, \bigcup_{n=1}^{\infty} I_n \supset E, I_n\text{为闭区间}\right\}. \tag{3.1}$$

注 3.1.1 后面会看到, 式 (3.1) 中的可数并不能改为有限并, 但是闭区间可用开区间代替.

例 3.1.1 可数集的外测度为 0.

证明 设 $E = \{a_n | n = 1, 2, \cdots\}$. 对任意 $\varepsilon > 0$, 及 $n \in \mathbf{Z}_+$, 令 $J_n = B\left(a_n, \dfrac{\varepsilon}{2^{n+2}}\right)$. 则 $E \subset \bigcup\limits_{n=1}^{\infty} J_n^-$, 而$\sum\limits_{n=1}^{\infty} |J_n^-| = \dfrac{\varepsilon}{2} < \varepsilon$. 这就证明了$m^*(E) = 0$. □

定理 3.1.1 外测度 m^* 具有以下性质.

(1) 单调性. 若 $E_1 \subset E_2$, 则 $m^*(E_1) \leqslant m^*(E_2)$.

(2) 可数次可加性, 即 $m^*\left(\bigcup\limits_{n=1}^{\infty} E_n\right) \leqslant \sum\limits_{n=1}^{\infty} m^*(E_n)$.

(3) $m^*(E) = \inf\{m^*(G) | G \supset E, G\text{为开集}\}$.

(4) 若 $d(E_1, E_2) > 0$, 令 $E = E_1 \bigcup E_2$, 则 $M^*(E) = m^*(E_1) + m^*(E_2)$.

证明 (1) 单调性由定义立即可知.

(2) 若 $\sum\limits_{n=1}^{\infty} m^*(E_n) = +\infty$, 则结论显然成立. 否则, 对任意 $\varepsilon > 0$, 及 n, 取可数个闭区间 $I_{n,k}$ 使得

$$E_n \subset \bigcup_{k=1}^{\infty} I_{n,k}, m^*(E_n) > \sum_{k=1}^{\infty} |I_{n,k}| - \frac{\varepsilon}{2^{n+1}}, n = 1, 2, \cdots,$$

令 $E=\bigcup\limits_{n=1}^{\infty}E_n$, 则 $E\subset\bigcup\limits_{n,k=1}^{\infty}I_{n,k}$, 因此

$$\begin{aligned}m^*(\bigcup_{n=1}^{\infty}E_n)&\leqslant\sum_{n,k=1}^{\infty}|I_{n,k}|=\sum_{n=1}^{\infty}\sum_{k=1}^{\infty}|I_{n,k}|\\&\leqslant\sum_{n=1}^{\infty}\left(m^*(E_n)+\frac{\varepsilon}{2^{n+1}}\right)\\&<\sum_{n=1}^{\infty}m^*(E_n)+\varepsilon.\end{aligned}$$

从而结论成立.

(3) 由单调性可知 $m^*(E)\leqslant\inf\{m^*(G)|G\supset E,G为开集\}$.

反之, 对任意 $\varepsilon>0$, 取闭区间列 $I_n,n=1,2,\cdots$, 使得

$$\bigcup_{n=1}^{\infty}I_n\supset E,\sum_{n=1}^{\infty}|I_n|\leqslant m^*(E)+\frac{\varepsilon}{2}.$$

对每个 n, 取开区间 J_n 使得 $I_n\subset J_n$ 且 $|J_n|-|I_n|<\dfrac{\varepsilon}{2^{n+1}}$. 则 $E\subset\bigcup\limits_{n=1}^{\infty}J_n=G$,

$$m^*(G)\leqslant\sum_{n=1}^{\infty}|J_n^-|\leqslant\sum_{n=1}^{\infty}\left(|I_n|+\frac{\varepsilon}{2^{n+1}}\right)\leqslant m^*(E)+\varepsilon.$$

由 ε 的任意性知 $\inf\{m^*(G)|G\supset E,G为开集\}\leqslant m^*(E)$.

(4) 由可数次可加性知 $m^*(E)\leqslant m^*(E_1)+m^*(E_2)$.

反之, 取 $\delta>0$ 使得 $d(E_1,E_2)>\delta$. 再取闭区间列 I_n 使得

$$E\subset\bigcup_{n=1}^{\infty}I_n,\sum_{n=1}^{\infty}|I_n|\leqslant m^*(E)+\varepsilon.$$

如果有某个 $|I_n|>\delta$, 则将其分为有限个相邻小区间, 使得每个的长度小于 δ. 用划分后的这些区间代替原区间列, 则上述关系仍成立, 因此可以假设原区间列中每个的长度小于 δ. 于是每个闭区间 I_n 最多和 E_1 与 E_2 中一个相交. 令 $J_i=\{n|J_n\bigcap E_i\neq\varnothing\},i=1,2$, 则 $J_1\bigcap J_2=\varnothing$. 因此

$$E_1\subset\bigcup_{n\in J_1}I_n,E_2\subset\bigcup_{n\in J_2}I_n.$$

从而

$$m^*(E_1)+m^*(E_2)\leqslant\sum_{n\in J_1}|I_n|+\sum_{n\in J_2}|I_n|\leqslant\sum_{n=1}^{\infty}|I_n|\leqslant m^*(E)+\varepsilon.$$

由 ε 的任意性知结论成立. □

推论 3.1.1 外测度定义中的闭区间可以用开区间代替.

证明 如果 $m^*(E)=+\infty$, 则结论显然成立.

当 $m^*(E)$ 有限时, 对任意 $\varepsilon>0$, 取闭区间列 $I_n, n=1,2,\cdots$ 使得 $\bigcup\limits_{n=1}^{\infty} I_n \supset E$, $\sum\limits_{n=1}^{\infty}|I_n|<m^*(E)+\dfrac{\varepsilon}{2}$. 对每个 n, 取开区间 J_n 使得 $I_n\subset J_n$ 且 $|J_n|-|I_n|<\dfrac{\varepsilon}{2^{n+1}}$. 则 $E\subset\bigcup\limits_{n=1}^{\infty}J_n$, $\sum\limits_{n=1}^{\infty}|J_n|<\sum\limits_{n=1}^{\infty}(|I_n|+\dfrac{\varepsilon}{2^{n+1}})<m^*(E)+\varepsilon$. 这就证明了

$$\inf\left\{\sum_{n=1}^{\infty}|J_n|,\bigcup_{n=1}^{\infty}J_n\supset E, J_n\text{为开区间}\right\}\leqslant m^*(E).$$

反之, 对任一列开区间 J_n, 若 $\bigcup\limits_{n=1}^{\infty}J_n\supset E$, 则 J_n^- 为一列闭区间, $\bigcup\limits_{n=1}^{\infty}J_n^-\supset E$, 且 $\sum\limits_{n=1}^{\infty}|J_n^-|=\sum\limits_{n=1}^{\infty}|J_n|$. 因此

$$\inf\left\{\sum_{n=1}^{\infty}|J_n|,\bigcup_{n=1}^{\infty}J_n\supset E, J_n\text{为开区间}\right\}\geqslant m^*(E).$$

□

定理 3.1.2 任意区间 I 的外测度为它的长度 $|I|$; $m^*(\mathbf{R})=+\infty$.

证明 先看闭区间情形. 设 I 为任意闭区间. 因为 I 为包含 I 它自身的闭区间且长度就是 I 的长度, 因此, $m^*(I)\leqslant|I|$. 反之, 设有一列开区间 J_n 为 I 的覆盖, 则由 I 的紧致性可知, 存在有限个 J_n 构成该覆盖的有限子覆盖, 即 $I\subset\bigcup\limits_{n=1}^{k}J_n$. 从而

$$\sum_{n=1}^{k}|J_n|\geqslant|I|.$$

这就证明了 $M^*(I)=|I|$.

当区间 I 不是闭区间时, 令 $I^-\setminus I=A$. 则 A 为单点集或者两点集.

$$|I|=|I^-|=m^*(I^-)\leqslant m^*(I)+m^*(A)=m^*(I)\leqslant m^*(I^-)=|I|,$$

从而 $m^*(I)=|I|$.

因为 $\mathbf{R}$ 包含任意长度的区间, 因此由外测度的单调性即知 $m^*(\mathbf{R}) = +\infty$. □

例 3.1.2 Cantor 三分集 $\mathcal{C}$ 的外测度 $m^*(\mathcal{C}) = 0$.

证明 设在 $\mathcal{C}$ 构造中挖去的可数个开区间为 I_n, $n = 1, 2, \cdots$, 则 $\sum\limits_{n=1}^{\infty} |I_n| = 1$. 对任意 $\varepsilon > 0$, 取 N 使得 $\sum\limits_{n=N+1}^{\infty} |I_n| < \varepsilon$, 则 $\mathcal{C} \subset [0,1] \setminus \left(\bigcup\limits_{n=1}^{N} I_n\right) = F$, 而 F 为有限个闭区间的并, 长度之和等于 $1 - \sum\limits_{n=1}^{N} |I_n| < \varepsilon$. 从而 $M^*(\mathcal{C}) < \varepsilon$. 由 ε 任意性可知, $m^*(\mathcal{C}) = 0$. □

3.2 可测集

3.1 节给出了外测度的定义. 需要说明的是, 外测度对任何集合都是有意义的. 本节将给出所有那些满足我们期望条件的集合, 也就是可测集, 并研究可测集测度的运算性质.

需要说明的是, 关于可测集的定义有多种不同的等价定义方式. 这里采用的是用开集外包的定义方式. 这一方式是处理 n 维欧氏空间子集的可测性的一种比较简洁的方式.

定义 3.2.1 设 $E \subset \mathbf{R}$. 如果对任意 $\varepsilon > 0$, 都有开集 G 使得

$$E \subset G, m^*(G \setminus E) \leqslant \varepsilon,$$

则称 E 为**Lebesgue 可测集**, 简称为**可测集**. 若 E 可测, 定义 E 的**测度**$m(E) = m^*(E)$.

需要注意, 任意子集 $E \subset \mathbf{R}$ 都有外测度, 但是只有可测集才有测度.

由定义 3.2.1 立即可知下列命题成立.

命题 3.2.1 每个开集是可测集.

命题 3.2.2 如果 $m^*(E) = 0$, 则 E 可测.

同时, 我们有如下命题.

命题 3.2.3 可测集的可数并为可测集.

证明 设 $E=\bigcup\limits_{n=1}^{\infty}E_n$ 为可数个可测集的并. 对任意 $\varepsilon>0$ 及自然数 n, 取开集 G_n 使得 $E_n\subset G_n, m^*(G_n\setminus E_n)<\dfrac{\varepsilon}{2^n}$. 令 $G=\bigcup\limits_{n=1}^{\infty}G_n$, 则 $E\subset G$ 且 $(G\setminus E)\subset\bigcup\limits_{n=1}^{\infty}(G_n\setminus E_n)$, 于是

$$m^*(G\setminus E)\leqslant\sum_{n=1}^{\infty}m^*(G_n\setminus E_n)<\sum_{n=1}^{\infty}\frac{\varepsilon}{2^n}=\varepsilon.$$

从而 E 可测. □

命题 3.2.4 闭集可测.

证明 (1) 先看 E 为紧集的情形, 此时 E 为有界闭集. 任取包含 E 的一个有限开区间 (a,b), 则 $(a,b)\setminus E=(a,b)\bigcap E^{\mathrm{c}}$ 为开集, 因此可设 $(a,b)\setminus E=\bigcup\limits_{n=1}^{\infty}I_n$, 其中 $I_n, n=1,2,\cdots$ 为所有构成区间, 从而 $\sum\limits_{n=1}^{\infty}|I_n|\leqslant b-a$. 取 N 使得 $\sum\limits_{n=N+1}^{\infty}|I_n|<\dfrac{\varepsilon}{2}$. 对每个 $n, n=1,2,\cdots,N$, 取闭区间 J_n 使得 $J_n\subset I_n, |I_n|-|J_n|<\dfrac{\varepsilon}{2N}$. 令 $G_1=(a,b)\setminus\left(\bigcup\limits_{n=1}^{N}J_n\right)$, 则 G_1 为开集且 $E\subset G_1$, $G_1\setminus E=\bigcup\limits_{n=1}^{N}(I_n\setminus J_n)\bigcup\left(\bigcup\limits_{n=N+1}^{\infty}I_n\right)$, 于是

$$m^*(G_1\setminus E)\leqslant\sum_{n=1}^{N}(|I_n|-|J_n|)+\sum_{n=N+1}^{\infty}|I_n|<\varepsilon.$$

因而 E 可测.

(2) E 为无界闭集情形. 对任意 n, 令 $E_n=E\bigcap[-n,n]$, 则 E_n 为紧集, 从而 E_n 可测且 $E=\bigcup\limits_{n=1}^{\infty}E_n$, 由命题 3.2.3 知 E 可测. □

命题 3.2.5 可测集的补集为可测集.

证明 设 E 可测, 取一列开集 G_n 使得

$$E\subset G_n, m^*(G_n\setminus E)<\frac{1}{n}. \tag{3.2}$$

令 $G = \bigcap_{n=1}^{\infty} G_n$, 则 $E^c = G^c \bigcup (E^c \setminus G^c)$. 显然, $G^c = \bigcup_{n=1}^{\infty} G_n^c$ 为可数个闭集的并, 因此可测. 以下只需证明 $(E^c \setminus G^c)$ 的可测性即可说明 E^c 可测.

由外测度的单调性和式 (3.2) 知 $m^*(G \setminus E) = 0$, 而 $E^c \setminus G^c = E^c \bigcap (G^c)^c = E^c \bigcap G = G \bigcap E^c = G \setminus E$. 从而 $m^*(E^c \setminus G^c) = 0$. □

推论 3.2.1 E 可测当且仅当对任意 $\varepsilon > 0$, 有闭集 $F \subset E$ 使得 $m^*(E \setminus F) < \varepsilon$.

证明 若 E 可测, 则 E^c 可测. 对任意 $\varepsilon > 0$, 取开集 G 使得 $G \supset E^c$, $m^*(G \setminus E^c) < \varepsilon$. 于是 $G \setminus E^c = G \bigcap (E^c)^c = G \bigcap E = E \bigcap (G^c)^c = E \setminus G^c$, 即 G^c 为闭集, $G^c \subset E$ 且 $m^*(E \setminus G^c) < \varepsilon$.

反之, 设推论条件成立. 对任意 $\varepsilon > 0$, 取闭集 F 使得 $F \subset E$, $m^*(E \setminus F) < \varepsilon$. 则 $F^c \supset E^c$ 为开集且 $F^c \setminus E^c = F^c \bigcap (E^c)^c = E \bigcap F^c = E \setminus F$, 因而 $m^*(F^c \setminus E^c) < \varepsilon$, 这说明 E^c 可测, 再由命题 3.2.5 知 E 可测. □

命题 3.2.6 可测集的可数交为可测集.

证明 对任意可数可测集列 $\{E_n\}$, 因为 $\left(\bigcap_{n=1}^{\infty} E_n\right)^c = \bigcup_{n=1}^{\infty} E_n^c$, 由命题 3.2.3 和命题 3.2.5 即知结论成立. □

$\mathbf{R}$ 上的 Lebesgue 可测集全体记为 $\mathscr{L}$, 称为 (Lebesgue) 可测集类. 命题 3.2.1 ~ 命题 3.2.6 表明, Borel 集类 $\mathscr{B} \subset \mathscr{L}$, 且 $\mathscr{L}$ 也对可数交、可数并和补运算封闭, 从而 $\mathscr{L}$ 也是一个 $\mathbf{R}$ 上的 σ 代数. 后面将会看到, $\mathscr{B} \neq \mathscr{L}$.

引理 3.2.1 若 F 为闭集, K 为紧集且 $F \bigcap K = \varnothing$, 则 $d(F, K) > 0$.

证明 用反证法. 若 $d(F, K) = 0$, 因为 $d(F, K) = \inf\{d(x, y) | x \in F, y \in K\}$, 由下确界定义, 取序列 $x_n \in F$, $y_n \in K$ 使得 $d(x_n, y_n) < \dfrac{1}{n}$. 因为 $\{y_n\}$ 为紧集 K 中序列, 故有收敛子列 $\{y_{n_i}\}$. 设 $y_{n_i} \to y_0 (i \to +\infty)$. 则 $y_0 \in K$. 又由 $d(x_{n_i}, y_0) \leqslant d(x_{n_i}, y_{n_i}) + d(y_{n_i}, y_0) \leqslant \dfrac{1}{n_i} + d(y_{n_i}, y_0)$ 知 $x_{n_i} \to y_0 (i \to +\infty)$. 再由 F 为闭集知 $y_0 \in F$, 矛盾于 $F \bigcap K = \varnothing$. □

定理 3.2.1 (测度可列可加性) 如果 $E_1, E_2, \cdots$ 为两两不交的可测集列, $E = \bigcup_{i=1}^{\infty} E_i$, 则

$$m(E) = \sum_{i=1}^{\infty} m(E_i).$$

证明 由次可加性知 $m(E)\leqslant\sum\limits_{i=1}^{\infty}m(E_i)$.

反之, 先看每个 E_n 为有界集的情形. 由推论 3.2.1, 取闭集列 F_n 使得 $F_n\subset E_n$ 且 $m(E_n)<mF_n+\dfrac{\varepsilon}{2^n}$, $n=1,2,\cdots$. 对任意正整数 N, $F=F_1\bigcup F_2\bigcup\cdots\bigcup F_N$ 为有界闭集, 从而为紧集, 且 F_i 两两不交. 故由定理 3.1.1(4) 和引理 3.2.1 知 $mF=\sum\limits_{n=1}^{N}mF_n$. 于是

$$mE\geqslant mF=\sum_{n=1}^{N}mF_n$$

对任意 N 成立, 从而

$$mE\geqslant\sum_{n=1}^{N}mF_n\geqslant\sum_{n=1}^{N}mE_n-\varepsilon.$$

在上式中令 $N\to+\infty$ 可得

$$mE\geqslant\sum_{n=1}^{\infty}mE_n-\varepsilon.$$

于是由 ε 任意性可知结论成立.

一般情形. 对任意 $k,n\in\mathbf{Z}_+$, 令

$$E_{n,k}=E_n\bigcap([-k,-k+1)\bigcup[k-1,k)),$$

则 $E_{n,k}$ 为两两不交的有界可测集. $E_n=\bigcup\limits_{k=1}^{\infty}E_{n,k}$. 从而

$$E=\bigcup_{n=1}^{\infty}\left(\bigcup_{k=1}^{\infty}E_{n,k}\right).$$

于是

$$mE=\sum_{n=1}^{\infty}\sum_{k=1}^{\infty}mE_{n,k}=\sum_{n=1}^{\infty}mE_n.$$

□

注 3.2.1 定理 3.2.1 是本章的主要结论. 定理 3.2.1 和定理 3.1.2 表明测度是区间长度的推广并且满足可列 (数) 可加性.

下面研究测度的极限性质.

定理 3.2.2 设 $E_1, E_2, \cdots$ 为可测集列.

(1) 如果 $E_n \nearrow E$, 则 $m(E) = \lim\limits_{n\to+\infty} m(E_n)$.

(2) 如果 $E_n \searrow E$, 且 $m(E_1) < +\infty$, 则 $m(E) = \lim\limits_{n\to+\infty} m(E_n)$.

证明 (1) 令 $E_0 = \varnothing, F_n = E_n \setminus E_{n-1}, n = 1, 2, \cdots$, 则 F_n 两两不交, $E = \bigcup\limits_{n=1}^{\infty} E_n = \bigcup\limits_{n=1}^{\infty} F_n$. 从而

$$mE = \sum_{n=1}^{\infty} mF_n = \lim_{N\to+\infty} \sum_{n=1}^{N} mF_n = \lim_{N\to+\infty} m\left(\bigcup_{n=1}^{N} F_n\right) = \lim_{N\to+\infty} mE_N.$$

(2) 令 $F_n = E_1 \setminus E_n, n = 1, 2, \cdots, E = \bigcap\limits_{n=1}^{\infty} E_n$. 则 $F_n \nearrow E_1 \setminus E$, $mF_n = mE_1 - mE_n$. $E_1 \setminus E = \bigcup\limits_{n=1}^{\infty} (E_1 \setminus E_n)$, $E_1 \setminus E_n \nearrow E_1 \setminus E$. 从而

$$\begin{aligned} mE_1 - mE &= m(E_1 \setminus E) \\ &= \lim_{n\to+\infty} m(E_1 \setminus E_n) \\ &= \lim_{n\to+\infty} (mE_1 - mE_n) \\ &= mE_1 - \lim_{n\to+\infty} mE_n. \end{aligned}$$

于是 $\lim\limits_{n\to+\infty} mE_n = mE$. □

定理 3.2.2(2) 中的条件 E_1 测度有限不能去掉. 例如, 令 $E_k = (k, +\infty)$, $k \in \mathbf{Z}_+$. 则 $E = \lim\limits_{k\to+\infty} E_k = \varnothing$, $m(E_k) = +\infty$, $m(E) \neq \lim\limits_{k\to+\infty} m(E_k)$.

3.3 可测集类

3.3.1 可测集的进一步性质

3.2 节给出了可测集的运算性质. 我们看到, 开集、闭集甚至更一般的 Borel 集都是可测集. 本节首先研究一般的可测集和开集、闭集、Borel 集之间的进一步联系. 我们将会看到, 它们是"差不多"的.

下述定理给出了可测集和开集, 闭集以及紧集的关系. 这一结论表明可测集可以用开集外包, 用闭集 (紧集) 内填. 事实上, Lebesgue 最早就是利用闭集内填开集外包的方法定义可测性的. 也就是说, 可测集和开集, 闭集“差不多”.

定理 3.3.1 如果 E 可测, 则对任意 $\varepsilon > 0$, 以下结论成立:

(1) 存在开集 G 使得 $E \subset G, m(G \setminus E) \leqslant \varepsilon$.

(2) 存在闭集 F 使得 $F \subset E, m(E \setminus F) \leqslant \varepsilon$.

(3) 如果 $m(E) < +\infty$, 则存在紧集 F 使得 $F \subset E, m(E \setminus F) \leqslant \varepsilon$.

(4) 如果 $m(E) < +\infty$, 则存在有限个闭区间的并 F 使得 $m(F \triangle E) \leqslant \varepsilon$, 其中 $F \triangle E = (F \setminus E) \bigcup (E \setminus F)$ 称为 F 和 E 的**对称差**.

证明 (1) 由测度的定义直接可得.

(2) 因为 E 可测, 故 E^c 可测. 因此由 (1) 可知, 存在开集 G 使得 $E^c \subset G$ 且 $m(G \setminus E^c) < \varepsilon$. 则 G^c 为闭集, $E \setminus G^c = E \bigcap (G^c)^c = G \bigcap (E^c)^c = (G \setminus E^c)$, 从而 $m(E \setminus G^c) < \varepsilon$.

(3) 先取闭集 F_0 使得 $F_0 \subset E$, $m(E \setminus F_0) < \dfrac{\varepsilon}{2}$. 对任意 $n \in \mathbf{Z}_+$, 令 $F_n = F_0 \bigcap [-n, n]$. 则 $F_n \nearrow F_0$, 而 F_n 为有界闭集, 因此为紧集. 由定理 3.2.2 知 $\lim\limits_{n \to +\infty} m(F_n) = m(F_0)$, 从而有 n 使得 $m(F_n) + \dfrac{\varepsilon}{2} > m(F_0)$. 于是

$$m(E \setminus F_n) = m((E \setminus F_0) \bigcup (F_0 \setminus F_n)) = m(E \setminus F_0) + m(F_0 \setminus F_n) < \frac{\varepsilon}{2} + \frac{\varepsilon}{2} = \varepsilon.$$

(4) 由外测度的定义, 取闭区间列 $\{I_n\}$ 使得 $E \subset \bigcup\limits_{n=1}^{\infty} I_n$, $\sum\limits_{n=1}^{\infty} |I_n| < m(E) + \dfrac{\varepsilon}{2}$. 由于 $\sum\limits_{n=1}^{\infty} |I_n|$ 收敛, 从而有 N 使得 $\sum\limits_{n=N+1}^{\infty} |I_n| < \dfrac{\varepsilon}{2}$. 令 $F = \bigcup\limits_{n=1}^{N} I_n$, 则 F 为有限个闭区间的并, 而

$$\begin{aligned} m(E \triangle F) &= m((E \setminus F) \bigcup (F \setminus E)) \\ &\leqslant m\Big(\bigcup_{n=1}^{\infty} I_n \setminus \bigcup_{n=1}^{N} I_n\Big) + m\Big(\bigcup_{n=1}^{\infty} I_n \setminus E\Big) \\ &< m\Big(\bigcup_{n=N+1}^{\infty} I_n\Big) + \tfrac{\varepsilon}{2} \\ &< \varepsilon. \end{aligned}$$

□

定理 3.3.1(4) 表明可测集和有限个区间的并在相差测度任意小的集合意义下“差不多”. 下面的定理表明可测集和 Borel 集在相差一个零测度集意义下相等.

定理 3.3.2 如果 E 可测, 则有 G_δ 集 G 和 F_σ 集 F 使得 $F \subset E \subset G$, 且 $m(E \setminus F) = m(G \setminus E) = 0$.

证明 由定理 3.3.1(1), 对任意自然数 n, 取开集 G_n 使得 $E \subset G_n$ 且 $m(G_n \setminus E) < \dfrac{1}{n}$, 令 $G = \bigcap\limits_{n=1}^{\infty} G_n$, 则 G 为 G_δ 集, $E \subset G$ 且 $m(G \setminus E) \leqslant m(G_n \setminus E) < \dfrac{1}{n}$ 对任意 n 成立, 即 $m(G \setminus E) = 0$.

同理, 由定理 3.3.1(2) 可知存在 F_σ 集 F 使得 $F \subset E$, $m(E \setminus F) = 0$. □

3.3.2 一个不可测集的例子

为了给出不可测集的例子, 我们引入集合平移的概念. 设 $A \subset \mathbf{R}$, $a \in \mathbf{R}$, 令 $a + A = \{a + x | x \in A\}$. $a + A$ 称为 A 的平移.

由定义可知, 闭区间的平移是闭区间, 开集的平移是开集. 平移保持区间的长度不变. 另外, 设 G 为开集, 易知 $A \subset G$ 当且仅当 $a + A \subset a + G$. 由此容易证明下面命题:

命题 3.3.1 (外测度的平移不变性) 设 $A \subset \mathbf{R}$. 则对任意 $a \in \mathbf{R}$, $m^*(A) = m^*(a + A)$.

利用外测度的平移不变性, 下面来给出一个 Lebesgue 不可测集. 具体构造过程分为以下几步:

(1) 在 $[0,1]$ 中定义二元关系如下: $x \sim y$ 当且仅当 $y - x \in \mathbf{Q}$.

易知 $\sim$ 为一个 $[0,1]$ 上的等价关系 (请读者自己验证). 对任意 $x \in [0,1]$, 令 $E_x = \{y | y \in [0,1] \text{且} x - y \in \mathbf{Q}\}$ 为元素 x 所在的等价类. 不难看出

$$E_x = \{x + r | r \in \mathbf{Q}, x + r \in [0,1]\} \sim \{r | r \in \mathbf{Q}, x + r \in [0,1]\} \subset \mathbf{Q},$$

因此 E_x 为可数集.

易知 $x \sim y$ 当且仅当 $x - y$ 为有理数. 而当 $x - y \notin \mathbf{Q}$ 时 $E_x \bigcap E_y = \varnothing$. 从而 $[0,1] = \bigcup\limits_{x \in [0,1]} E_x$. 在每个 E_x 取出一个元素构成一个集合 $\mathcal{N}$. 以下证明 $\mathcal{N}$ 不可测.

(2) 设 $[-1,1] \bigcap \mathbf{Q} = \{r_1, r_2, \cdots, r_n, \cdots\}$. 令

$$\mathcal{N}_n = r_n + \mathcal{N} = \{r_n + y | y \in \mathcal{N}\}, n = 1, 2, \cdots,$$

则有

① $\mathcal{N}_n$ 互不相交.

若 $m \neq n$, 设 $z \in \mathcal{N}_m \bigcap \mathcal{N}_n$, 则 $z = x + r_m = y + r_n, x, y \in \mathcal{N}$. 从而 $x - y = r_n - r_m \in \mathbf{Q}$, 即 $x \sim y$, 矛盾于 $\mathcal{N}$ 中元素的取法.

② $[0,1] \subset \bigcup\limits_{n=1}^{\infty} \mathcal{N}_n \subset [-1,2]$.

对任意 $x \in [0,1], x \in E_x$, 设 $\mathcal{N} \bigcap E_x = \{y\}$, 则 $x, y \in [0,1], x - y \in [-1,1] \bigcap \mathbf{Q}$. 故有 n 使得 $x - y = r_n \in \mathbf{Q} \bigcap [-1,1]$, 从而 $x \in r_n + \mathcal{N} \subset \bigcup\limits_{n=1}^{\infty} \mathcal{N}_n$, 即 $[0,1] \subset \bigcup\limits_{n=1}^{\infty} \mathcal{N}_n$. $\bigcup\limits_{n=1}^{\infty} \mathcal{N}_n \subset [-1,2]$ 显然.

(3) $\mathcal{N}$ 不可测.

首先, 对任意 n, 由外测度平移不变性, $m^*(r_n + \mathcal{N}) = m^*(\mathcal{N})$. 由①可知, 如果 $\mathcal{N}$ 可测, 则 $m\left(\bigcup\limits_{n=1}^{\infty} \mathcal{N}_n\right) = \sum\limits_{n=1}^{\infty} m(\mathcal{N}_n) = \sum\limits_{n=1}^{\infty} m(\mathcal{N})$. 另一方面, 由②可知 $1 = m([0,1]) \leqslant m\left(\bigcup\limits_{n=1}^{\infty} \mathcal{N}_n\right) \leqslant m([-1,2]) = 3$. 于是 $1 \leqslant \sum\limits_{n=1}^{\infty} m(\mathcal{N}) \leqslant 3$, 这一关系不可能成立. 故 $m(\mathcal{N})$ 不存在, 也就是 $\mathcal{N}$ 不可测.

注 3.3.1 用任意外测度非 0 的集合 A 代替 $[0,1]$, 重复上面的推导过程, 我们可以得到一个包含于 A 的不可测集.

需要说明的是, 从本质上来说, 人们只知道上述例子中的这一个不可测集, 并且它的存在性是基于选择公理而得到的, 因而实际上是无法具体构造出来的. 这也是实变函数比较抽象的地方之一.

实际上, Solovay 在 1970 年证明了 Lebesgue 不可测集的存在性完全依赖选择公理 [18].

3.3.3 集合可测性的等价定义

关于欧氏空间子集的可测性定义方式, 除了本书采用的利用开集外包的方法外, 常用的定义方法还有两种: 利用内外测度和 Caratheodory(卡拉泰奥多利) 条件.

1. 利用闭集内填和开集外包方式描述集合可测性. 3.2 节我们其实已经提到这一方法. 对任意集合 E, 它的内测度定义为 $m_*(E) = \sup\{m^*(F) | F \subset E\text{为闭集}\}$.

2. 利用 Caratheodory 条件:

$$m^*(A) = m^*\left(A \bigcap E\right) + m^*\left(A \bigcap E^{\mathrm{c}}\right) \tag{3.3}$$

描述集合可测性.

定理 3.3.3 (1) 有界集 $E \subset \mathbf{R}$ 可测的充要条件为 $m_*(E) = m^*(E)$.

(2) 任意集合 E 可测等价于对任意 n,

$$m_*\big(E\bigcap[-n,n]\big) = m^*\big(E\bigcap[-n,n]\big)$$

证明 (1) 必要性: 设 E 有界可测. 由定理 3.3.2, 对任意 $\varepsilon > 0$, 存在闭集 F 和开集 G 使得 $F \subset E \subset G$ 且 $m(E \setminus F) < \dfrac{\varepsilon}{2}, m(G \setminus E) < \dfrac{\varepsilon}{2}$. 从而 $m(G \setminus F) \leqslant \varepsilon$. 于是 $m^*(E) \leqslant m(G) \leqslant m(F) + \varepsilon \leqslant m_*(E) + \varepsilon$. 由 ε 的任意性知 $m^*(E) \leqslant m_*(E)$, 相反的不等式显然成立, 因此 $m^*(E) = m_*(E)$.

充分性: 若 $m_*(E) = m^*(E)$, 则对任意 $\varepsilon > 0$, 由内外测度定义, 有闭集 F 和开集 G 使得 $F \subset E \subset G$ 且 $m(G) \leqslant m(F) + \varepsilon$.

又 $m(G) = m(F) + m(G \setminus F)$, 从而 $m(G \setminus F) < \varepsilon$. 因为 $G \setminus E \subset G \setminus F$, 于是有 $m^*(G \setminus E) < \varepsilon$.

(2) 必要性: 由 $E\bigcap[-n,n]$ 可测和 (1) 直接可得.

充分性: $E = \bigcup\limits_{n=1}^{\infty}(E\bigcap[-n,n])$. 由 (1), 每个 $(E\bigcap[-n,n])$ 可测, 故 E 可测. □

需要说明的是, Lebesgue 在定义集合可测性时就是采用闭集内填、开集外包这一定义方式.

定理 3.3.4 $E \subset \mathbf{R}$ 可测的充要条件为对任意 $A \subset \mathbf{R}$, Caratheodory 条件成立.

证明 必要性: 首先, 由外测度的次可加性可知,

$$m^*(A) \leqslant m^*\big(A\bigcap E\big) + m^*\big(A\bigcap E^{\mathrm{c}}\big)$$

恒成立.

反之, 当 $m^*(A) = +\infty$ 时结论显然成立. 当 $m^*(A) < +\infty$ 时, 对任意 $\varepsilon > 0$, 取开集 G 使得 $A \subset G$, $m(G) < m^*(A) + \varepsilon$. 因为 $A\bigcap E \subset G\bigcap E, A\bigcap E^{\mathrm{c}} \subset G\bigcap E^{\mathrm{c}}$, 故

$$\begin{aligned} m^*(A\bigcap E) + m^*(A\bigcap E^{\mathrm{c}}) &\leqslant m^*(G\bigcap E) + m^*(G\bigcap E^{\mathrm{c}}) \\ &= m(G\bigcap E) + m(G\bigcap E^{\mathrm{c}}) \\ &= mG < m^*(A) + \varepsilon. \end{aligned}$$

由 ε 任意性知 $m^*(A\bigcap E)+m^*(A\bigcap E^c)\leqslant m^*(A)$.

充分性: 首先, 对任意开集 G, 设 $E\subset G$, 则由条件可知 $m^*(G)=m^*(G\bigcap E)+m^*(G\bigcap E^c)=m^*(E)+m^*(G\setminus E)$.

当 $m^*(E)<+\infty$ 时, 对任意 $\varepsilon>0$, 取开集 G 使得 $m(G)<m^*(E)+\varepsilon$, 则 $m^*(G\setminus E)=m^*(G)-m^*(E)<\varepsilon$, 从而 E 可测.

当 $m^*(E)=+\infty$ 时, 对任意 $\varepsilon>0$, 令 $E_n=E\bigcap[-n,n], n=1,2,\cdots$. 则对每个 n, $m^*(E_n)\leqslant 2n$, 从而有开集 G_n 使得 $E_n\subset G_n$, $m^*(G_n\setminus E_n)<\dfrac{\varepsilon}{2^n}$. 令 $G=\bigcup\limits_{n=1}^{\infty}G_n$, 则 $(G\setminus E)\subset\bigcup\limits_{n=1}^{\infty}(G_n\setminus E_n)$, 故

$$m^*(G\setminus E)\leqslant m^*\left(\bigcup_{n=1}^{\infty}(G_n\setminus E_n)\right)\leqslant\sum_{n=1}^{\infty}m^*(G_n\setminus E_n)<\sum_{n=1}^{\infty}\frac{\varepsilon}{2^n}=\varepsilon.$$

这说明 E 可测. □

*3.3.4 $\mathscr{L}$ 作为 $\mathscr{B}$ 的完备化简介

除了上述几种定义可测集的方法外, 还有一种定义可测集的方法是采用测度扩张的方法. 这一方法是 Borel 当时研究测度的方法, 因此要早于上述几种方法. 下面简单介绍这一方法.

首先, 考虑所有半开半闭区间的有限并构成的集类 $\mathscr{S}$. 易知 $\mathscr{S}$ 对有限交和差运算封闭, 因此称其为一个代数. 代数 $\mathscr{S}$ 上的元素为有限个区间的并, 因此可以定义其测度为它包含的所有区间长度的和. 易知这一测度定义满足有限可加性. 然后构造由 $\mathscr{S}$ 生成的 σ 代数 $\sigma(\mathscr{S})$ (即包含 $\mathscr{S}$ 的最小 σ 代数, 易证它就是所有包含 $\mathscr{S}$ 的 σ 代数的交. 事实上, $\sigma(\mathscr{S})=\mathscr{B}$). Borel 证明了 $\mathscr{S}$ 上如上定义的有限可加测度可以扩张为 $\mathscr{B}$ 上一个满足可数可加性的测度 m. 对任意 $E\subset\mathbf{R}$, 定义外测度 $m'(E)$ 如下:

$$m'(E)=\inf\{m(B)|B\in\mathscr{B},E\subset B\}. \tag{3.4}$$

由 $m^*(E)=m'(E)$, 也就是由式 (3.4) 定义的外测度实际上就是 Lebesgue 外测度. 用 $\mathscr{L}_0$表示所有满足条件 $m'(S)=0$ 的集合 $\mathscr{S}$ 全体.

可以证明

$$\mathscr{L}=\{E\bigcup S|E\in\mathscr{B},S\in\mathscr{L}_0\}.$$

需要说明的是, 上面给出的由 Borel 可测集出发得到 Lebesgue 可测集以及可测集测度的方法可以扩张到一般集合的情形, 而不仅限于欧氏空间.

定义 3.3.1 三元组 (X,Σ,μ) 称为一个**测度空间**, 如果 X 为非空集合, Σ 为 X 上一个 σ 代数, 而 μ 为 (X,Σ) 上一个**测度**. 也就是 $\mu:\Sigma\to[0,+\infty]$ 满足以下**测度公理**:

(1) $\mu(\varnothing)=0$;

(2) 若 $E=\bigcup\limits_{n=1}^{\infty}E_n$ 为不交并, 则 $\mu(E)=\sum\limits_{n=1}^{\infty}\mu(E_n)$.

任意测度空间中也可以由式 (3.4) 定义集合的**外测度**.

测度空间 (X,Σ,μ) 称为**完备**的, 如果对任意 $E\subset X$, 若 $m^*(E)=0$, 则 $E\in\Sigma$.

测度空间 (X,Σ',ν) 称为 (X,Σ,μ) 的**完备化**, 如果 (X,Σ',ν) 是完备的, $\Sigma'=\{E\bigcup S|E\in\Sigma,S\subset X,m^*(S)=0\}$ 且对任意 $E\bigcup S\in\Sigma'$, 若 $F=E\bigcup S,E\in\Sigma,\nu^*(S)=0$, 则 $\nu(F)=\mu(E)$, 其中 $\nu^*(S)=\inf\{\mu(B)|S\subset B, B\in\Sigma\}$.

Lebesgue 测度空间 $(\mathbf{R},\mathscr{L},m)$ 是完备测度空间; Borel 测度空间 $(\mathbf{R},\mathscr{B},m)$ 不是完备测度空间. $(\mathbf{R},\mathscr{L},m)$ 是 $(\mathbf{R},\mathscr{B},m)$ 的完备化.

上述研究测度论的方法可以在更一般的集合上进行, 而不仅是限于欧氏空间, 因此在很多学科都有重要的应用, 比如公理概率论、经济学、计算机理论等. 附录 B 中给出一般测度论的简要介绍.

本节最后研究 Borel 集族和 Lebesgue 可测集族的基数.

引理 3.3.1 令 $\mathscr{C}=\{(a,b)|a,b\in\mathbf{Q},a<b\}$. 则对 $\mathbf{R}$ 中任意开集 $G\in\mathscr{T}$,

$$G=\bigcup\{(a,b)|(a,b)\in\mathscr{C},(a,b)\subset G\}.$$

证明 因为 G 是它的构成区间的并, 因此只需对开区间证明即可. 设 (a,b) 为任意一个开区间, 由有理数的稠密性, 取两列有理数 a_n,b_n 使得 $a<a_n<b_n<b$ 且 $a_n\searrow a,b_n\nearrow b$, 则 $(a,b)=\bigcup\limits_{n=1}^{\infty}(a_n,b_n)$. □

引理 3.3.2 设 $\mathscr{A}$ 为集族, 其成员为某集合 X 子集, $\overline{\overline{\mathscr{A}}}=\aleph$. 令 $\mathscr{D}$ 为 $\mathscr{A}$ 中成员的可数并, 可数交, 或者补全体构成集族, 则 $\overline{\overline{\mathscr{D}}}=\aleph$.

证明 显然 $\mathscr{A}\subset\mathscr{D}$, 因此 $\overline{\overline{\mathscr{D}}}\geqslant\aleph$.

反之, 考虑 $\mathscr{A}^\infty$, 由定理 1.3.5 知 $\overline{\overline{\mathscr{A}^\infty}}=\aleph$. 作映射 $u,v:\mathscr{A}^\infty\to\mathscr{D}$ 为

$$u(\{A_n\}_{n=1}^{\infty})=\bigcup_{n=1}^{\infty}A_n,v(\{A_n\}_{n=1}^{\infty})=\bigcap_{n=1}^{\infty}A_n.$$

再作映射 $w:\mathscr{A}\to\mathscr{D}$ 为 $w(A)=A^c$, 则 $\mathscr{D}_1=u(\mathscr{A}^\infty)$, $\mathscr{D}_2=v(\mathscr{A}^\infty)$, $\mathscr{D}_3=w(\mathscr{A})$ 基数都不超过 $\aleph$. 又 $\mathscr{D}=\mathscr{D}_1\bigcup\mathscr{D}_2\bigcup\mathscr{D}_3$, 因此 $\mathscr{D}$ 的基数也不超过 $\aleph$. 从而 $\overline{\overline{\mathscr{D}}}=\aleph$. □

定理 3.3.5 $\overline{\overline{\mathscr{B}}}=\aleph, \overline{\overline{\mathscr{L}}}=2^{\aleph}$.

证明 首先, 因为引理 3.3.1 中的集族 $\mathscr{C}$ 为可数集, 因此由定理 1.3.5 知 $\mathscr{C}$ 中成员的无限序列全体构成集合 $\mathscr{C}^\infty$ 的基数为 $\aleph$, 由引理 3.3.1, 将 $\mathscr{C}^\infty$ 中每个序列对应为它们的并这一运算是 $\mathscr{C}^\infty$ 到 $\mathbf{R}$ 上开集全体构成集族 $\mathscr{T}$ 的满射, 因此 $\overline{\overline{\mathscr{T}}}\leqslant\overline{\overline{\mathscr{C}^\infty}}\leqslant\aleph$. 又单点集的补集为开集且单点集全体构成集合基数为 $\aleph$. 因此 $\overline{\overline{\mathscr{T}}}=\aleph$.

由定理 2.3.5(Borel 集族的构造定理) 可知 $\mathscr{B}=\bigcup\limits_{\alpha\in\Omega}\mathscr{B}_\alpha$, $\mathscr{B}_0=\mathscr{T}$, 基数为 $\aleph$.

对任意 $\alpha\in\Omega$, 假设对任意 $\beta\in\prec_\alpha$, $\overline{\overline{\mathscr{B}_\beta}}=\aleph$. 当 $\alpha\in\Omega$ 为孤立序数 $\beta+1$ 时由引理 3.3.2 知 $\overline{\overline{\mathscr{B}_\alpha}}=\aleph$, 而当 α 为极限序数时, 因为 $\prec_\alpha$ 为可数集, 因此 $\mathscr{B}_\alpha=\bigcup\limits_{\beta\in\prec_\alpha}\mathscr{B}_\beta$ 的基数不超过 $\aleph$.

因为 $\overline{\overline{\Omega}}=\aleph_1\leqslant\aleph$, 故 $\mathscr{B}=\bigcup\limits_{\alpha\in\Omega}\mathscr{B}_\alpha$ 的基数为 $\aleph$.

最后, 考虑 Cantor 集 $\mathcal{C}$. 因为 $\mathcal{C}$ 的任意子集均可测, 即 $\mathscr{P}(\mathcal{C})\subset\mathscr{L}$ 且 $\overline{\overline{\mathscr{P}(\mathcal{C})}}=2^{\aleph}$; 又因为 $\mathscr{L}\subset\mathscr{P}(\mathbf{R})$. 因此

$$2^{\aleph}=\overline{\overline{\mathscr{P}(\mathcal{C})}}\leqslant\overline{\overline{\mathscr{L}}}\leqslant\overline{\overline{2^{\mathbf{R}}}}=2^{\aleph}.$$

即 $\overline{\overline{\mathscr{L}}}=2^{\aleph}$. □

本章总结 集合的可测性和测度是我们后面定义积分的基础. 只要测度部分知识掌握了, 实变函数论后面的学习就不会有太大困难. 需要说明的是, 本章学习的重点应该不是怎样判断集合是否可测以及测度的计算. 而是应当把主要精力放在可测集类的运算性质上. 比如测度的可数可加性, 可测性和测度与极限运算的关系等. 其实, 后面研究可测函数和积分时基本上不用判断集合的可测性, 甚至测度的计算也很少, 而主要是用到可测集的各种运算特别是可数运算的性质.

因为不可测集的存在性依赖于选择公理, 因此不可测集的存在性是一个非构造性的结果, 这就导致了集合的不可测性没有任何直观的解释. 这也是实变函数之所以抽象的主要原因.

Lebesgue 简介 Henri Léon Lebesgue (亨利-勒贝格) 1875 年 6 月 28 日生于法国的博韦; 1941 年 7 月 26 日卒于巴黎. Lebesgue 的父亲是一名印刷厂职工, 酷爱读书, 很有教养. 在父亲的影响下, Lebesgue 从小勤奋好学. 不幸, 父亲去世过早, 家境衰落. 在学校老师的帮助下进入中学, 后又转学巴黎. 1894 年考入巴黎高等师范学校, 是 Borel 的学生.

H. L. Lebesgue

1897 年大学毕业后, Lebesgue 在巴黎高等师范学校图书馆工作了两年. 在这期间, Borel 出版了《函数论讲义》(Lecons sur la théorie des functions 1898), 身为研究生的 R. Baire(贝尔) 发表了关于不连续实变函数理论的第一篇论文. 这些工作引起了 Lebesgue 的极大兴趣. 从 1899 年到 1902 年 Lebesgue 在南锡的一所中学任教, 但是他还继续实变函数的研究, 于 1902 年发表了论文《积分、长度、面积》(*Intégrale*、*longueur*、*aire*). 在这篇论文中, Lebesgue 创立了后来以他的名字命名的积分理论——Lebesgue 积分, 从而奠定了他在数学史上的地位. 此后, 他开始在大学任教 (1902—1906 在雷恩, 1906—1910 在普瓦蒂埃), 在此期间, 他进一步出版了一些重要著作:《积分法和原函数分析的讲义》(Leconssur l'intégration et la recherche des fonctions primitives,1904);《三角级数讲义》(Lecons sur les séries trigonométriques, 1906). 接着, Lebesgue 又于 1910—1919 年在巴黎 (韶邦) 大学担任讲师, 1920 年转聘为教授, 这时他又陆续发表了许多关于函数的微分、积分理论的研究成果. Lebesgue 于 1921 年获得法兰西学院教授称号, 翌年作为 C. Jordan(若尔当) 的后继人被选为巴黎科学院院士.

习题 3

1. 证明有界集的外测度有限.

2. 证明如果 E 为 $\mathbf{R}$ 中外测度有限集, 则对任意实数 $c \geqslant 0$, 若 $c < m^*(E)$, 则有 E 的子集 E_1 使得 $m^*(E_1) = c$.

3. 设 $E_i \subset S_i, i = 1, 2$. S_1, S_2 可测且 $S_1 \bigcap S_2 = \varnothing$. 证明

$$m^*(E_1 \bigcup E_2) = m^*(E_1) + m^*(E_2).$$

上述结论可否推广到可数个集合的情形?

4. 给出互不相交的集合列 $\{E_n\}$ 使得

$$m^*\left(\bigcup_{n=1}^{\infty} E_n\right) < \sum_{n=1}^{\infty} m^*(E_n).$$

5. 若 A, B 可测, 证明 $m(A) + m(B) = m(A \bigcup B) + m(A \bigcap B)$.

6. 证明可测集合列的上下极限均可测, 且

(1) $m(\liminf E_n) \leqslant \liminf m(E_n)$;

(2) 若 $m\left(\bigcup\limits_{n=1}^{\infty} E_n\right) < +\infty$, 则 $\limsup m(E_n) \leqslant m(\limsup E_n)$.

7. 若 $E \subset \mathbf{R}$ 可测, 证明 $m(E) = \sup\{m(F) | F \subset E$为紧集$\}$.

8. 证明可数个零测度集的并还是零测度集.

9. 任意多个开集 (闭集) 的交是否是可测集?

10. 对于开集 G, $m(G) = m(G^-)$ 是否成立?

11. 设 G 为开集, E 为零测度集. 证明 $G^- = (G \setminus E)^-$.

12. 设 $E \subset [0,1]$. 令 $f(x) = m^*(E \bigcap [0,x])$. 证明 f 为 $[0,1]$ 上的连续函数且 $f([0,1]) \subset [0,1]$.

13. 证明对任意 $E \subset \mathbf{R}$, $m^*(E) = \inf\{m(F) | E \subset F, F \subset \mathbf{R}$为可测集$\}$.

14. 证明 Borel 集在连续函数下的原像是可测集.

15. 证明 $\mathbf{R}$ 中任意外测度大于零的集合都包含一个不可测集.

16. 证明 E 可测的充要条件是对任意 $\varepsilon > 0$ 存在开集 G 使得

$$m^*(E \triangle G) < \varepsilon.$$

17. 设 $A, B \subset \mathbf{R}$, $m(B) = 0$. 证明 $m^*(A) = m^*(A \bigcup B)$.

18. 设 $E_n \subset [0,1], m(E_n) = 1, n = 1, 2, \cdots$. 证明 $m\left(\bigcap\limits_{n=1}^{\infty} E_n\right) = 1$.

19. 设 E 为集合, 定义开集 U_n 如下:

$$U_n = \{x | d(x, E) < \frac{1}{n}\}.$$

证明: (1) 如果 E 为紧集, 则 $m(E) = \lim\limits_{n \to +\infty} m(U_n)$.

(2) 举例说明当 E 为无界闭集或者有界开集时, (1) 中结论不一定成立.

20. 举例说明存在开集 U 满足下述条件: $m(\partial U) > 0$.

[提示: 考虑 Cantor 样集合构造中那些奇数步删去的开区间.]

21. 设 $A \subset [0,1]$, $x \in A$ 当且仅当 x 的 10 进制表示中不出现数字 4. 求 $m(E)$.

22. (Borel-Cantelli 引理) 设 $\{E_n\}$ 为一列可测集, $\sum\limits_{k=1}^{\infty} m(E_k) < +\infty$. 令 $E = \limsup\limits_{k\to+\infty} E_k$. 证明:

(1) E 为可测集.

(2) $m(E) = 0$.

23. 设 $E \subset \mathbf{R}$, $m^*(E) > 0$. 证明对任意 $0 < \alpha < 1$, 存在区间 I 使得

$$m^*\left(E \bigcap I\right) \geqslant \alpha m^*(I).$$

也就是说, E 几乎包含整个区间 I.

[提示: 设 $E \subset U$, U 为开集且 $m^*(E) > \alpha m(U)$. 考虑 U 的构成区间, 证明至少有一个构成区间满足要求.]

24. 设 $E \subset \mathbf{R}$ 是可测集, $m(E) > 0$. $E - E = \{x - y | x, y \in E\}$ 称为 E 的**差集**. 证明 $E - E$ 包含一个原点为中心的开区间.

[提示: 应用上一题, 取区间 I 使得 $m(E \bigcap I) \geqslant 9/10m(I)$, 令 $E_0 = E \bigcap I$. 若 $E_0 - E_0$ 不含原点为中心的开区间, 则对任意小的 a, $E_0 \bigcap (E_0 + a) = \varnothing$, 从而 $(E_0 \bigcup (E_0 + a)) \subset (I \bigcup (I + a))$, 矛盾! 因为左边的测度为 $2m(E_0)$, 而右边的测度只比 $m(I)$ 略大.]

***25.** 若 $m(E) > 0, m(F) > 0$, 证明 $E + F$ 包含一个区间.

***26.** (1) 设 $\mathcal{N}$ 为 3.3 节中的不可测集, $E \subset \mathcal{N}$ 是可测集, 证明 $m(E) = 0$.

(2) 令 $\mathcal{N}^c = I \setminus \mathcal{N}$. 证明 $m^*(\mathcal{N}) = 1$, 从而若令 $E_1 = \mathcal{N}$, $E_2 = \mathcal{N}^c$, 尽管 E_1 和 E_2 不相交, 但是

$$m^*(E_1) + m^*(E_2) \neq m^*\left(E_1 \bigcup E_2\right).$$

[提示: (1) 利用有理数的平移. (2) 为证 $m^*(E_2) = 1$, 反证, 设 $m^*(E_2) < 1$, 取可测集 U 使得 $U \subset I$, $E_2 \subset U$ 且 $m^*(U) < 1 - \varepsilon$.]

第 4 章 可测函数

数学分析中的连续函数, 以及一般的可积函数是建立黎曼积分的基础. 在实变函数中与之对应的是可测函数的概念, 可测函数是定义 Lebesgue 积分的基础. 本章给出可测函数的定义并研究它的基本性质.

需要说明的是, 本章大部分结论和测度的具体定义无关, 而是仅依赖于可测集类的运算性质.

4.1 可测函数的定义和基本性质

4.1.1 广义实数集

为了研究可测函数的极限性质, 我们首先引进广义实数集. 集合 $\overline{\mathbf{R}} = \mathbf{R}\bigcup\{-\infty,+\infty\}$ 称为**广义实数集**. 为了表述方便, 当不会引起混淆时我们也用 ∞ 表示 $\pm\infty$. 取值于 $\overline{\mathbf{R}}$ 的函数称为**广义实值函数**.

下面回忆一下分析中有关广义实数的一些基本性质.

(1) 序关系: 对任意 $a\in\mathbf{R}$, $-\infty<a<+\infty$; 因此对任意 $a,b\in\overline{\mathbf{R}}$, 仿照实数的情形, 可以定义各种区间如下:

$$(a,b)=\{x\in\overline{\mathbf{R}}|a<x<b\};$$
$$[a,b)=\{x\in\overline{\mathbf{R}}|a\leqslant x<b\};$$
$$(a,b]=\{x\in\overline{\mathbf{R}}|a<x\leqslant b\};$$
$$[a,b]=\{x\in\overline{\mathbf{R}}|a\leqslant x\leqslant b\}.$$

(2) 代数运算: 设 $a\in\mathbf{R}$, 则 $a+(\pm\infty)=(\pm\infty)+a=\pm\infty$; $a-(\pm\infty)=\mp\infty$. 当 $a>0$ 时 $a\times(\pm\infty)=(\pm\infty)\times a=\pm\infty$;

当 $a<0$ 时 $a\times(\pm\infty)=(\pm\infty)\times a=\mp\infty$;

$(\pm\infty)+(\pm\infty)=(\pm\infty)-(\mp\infty)=\pm\infty$;

$\dfrac{a}{\pm\infty}=0$.

(3) $+\infty-(+\infty),-\infty-(-\infty),+\infty+(-\infty),0\times(\pm\infty)$ 等表达式没有意义.

设 X 为集合, $\mathscr{S}$ 为 X 子集族, 用 $\sigma(\mathscr{S})$表示 $\mathscr{S}$ 生成的 X 上 σ 代数, 也就是 X 上包含 $\mathscr{S}$ 的最小 σ 代数. 在第 2 章中我们看到, $\mathscr{B}=\sigma(\mathscr{T})$, 其中 $\mathscr{T}$ 为 $\mathbf{R}$ 上全体开集构成的集族, 即 $\mathbf{R}$ 上拓扑.

由集族生成 σ 代数的定义可知, 如果两个集族能够互相通过可数交, 可数并以及补运算表示, 则它们生成同一个 σ 代数.

首先我们回忆一下 $\mathbf{R}$ 中 Borel 集类 $\mathscr{B}$ 的构造.

引理 4.1.1

$$\begin{aligned}\mathscr{B}&=\sigma(\{(a,+\infty)|a\in\mathbf{R}\})\\&=\sigma(\{(-\infty,a]|a\in\mathbf{R}\})\\&=\sigma(\{[a,+\infty)|a\in\mathbf{R}\})\\&=\sigma(\{(-\infty,a)|a\in\mathbf{R}\})\\&=\sigma(\{(a,b)|a,b\in\mathbf{R},a<b\}).\end{aligned}\tag{4.1}$$

证明 因为 $(a,+\infty)^{\mathrm{c}}=(-\infty,a]$, 故

$$\sigma(\{(a,+\infty)|a\in\mathbf{R}\})=\sigma(\{(-\infty,a]|a\in\mathbf{R}\}).$$

同理 $\sigma(\{[a,+\infty)|a\in\mathbf{R}\})=\sigma(\{(-\infty,a)|a\in\mathbf{R}\})$.

因为 $[a,+\infty)=\bigcap\limits_{n=1}^{\infty}\left(a-\dfrac{1}{n},+\infty\right)$, $(a,+\infty)=\bigcup\limits_{n=1}^{\infty}\left[a+\dfrac{1}{n},+\infty\right)$, 故 $\sigma(\{[a,+\infty)|a\in\mathbf{R}\})=\sigma(\{(a,+\infty)|a\in\mathbf{R}\})$.

因为 $(a,+\infty)=\bigcup\limits_{n=1}^{\infty}(a,a+n)$, 故

$$\sigma(\{(a,+\infty)|a\in\mathbf{R}\})\subset\sigma(\{(a,b)|a,b\in\mathbf{R},a<b\}).$$

因为 $(a,b)=(-\infty,b)\bigcap(a,+\infty)$, 故

$$\sigma(\{(a,+\infty)|a\in\mathbf{R}\})\supset\sigma(\{(a,b)|a,b\in\mathbf{R},a<b\}).$$

由 $(-\infty,a)=\bigcup\limits_{n=1}^{\infty}(-n+a,a)$ 和 $(a,+\infty)=\bigcup\limits_{n=1}^{\infty}(a,a+n)$ 以及开集结构定理 2.3.1 知每个开集可以表示为至多可数个开区间的并, 故 $\mathscr{B}\subset\sigma(\{(a,b)|a,b\in\mathbf{R},a<b\})$.

最后, 因为 $(a,+\infty)$ 为开集, 故 $\sigma(\{(a,+\infty)|a\in\mathbf{R}\})\subset\mathscr{B}$. □

在 $\overline{\mathbf{R}}$ 上定义 σ 代数如下:

$$\overline{\mathscr{B}}=\sigma(\mathscr{B}\bigcup\{\{-\infty\},\{+\infty\}\}).$$

$\overline{\mathscr{B}}$ 中成员称为广义 Borel 集.

命题 4.1.1 下列等式成立:

$$\begin{aligned}\overline{\mathscr{B}}&=\sigma(\{(a,+\infty]|a\in\mathbf{R}\})\\&=\sigma(\{[-\infty,a]|a\in\mathbf{R}\})\\&=\sigma(\{[a,+\infty]|a\in\mathbf{R}\})\\&=\sigma(\{[-\infty,a)|a\in\mathbf{R}\})\\&=\sigma(\{(a,b)|a,b\in\mathbf{R},a<b\}\bigcup\{\{-\infty\},\{+\infty\}\}).\end{aligned}\tag{4.2}$$

证明 对任意 $a\in\mathbf{R}$, $(a,+\infty]=(a,+\infty)\bigcup\{+\infty\}\in\overline{\mathscr{B}}$, 故

$$\sigma(\{(a,+\infty]|a\in\mathbf{R}\})\subset\overline{\mathscr{B}}.$$

又因为

$$\{-\infty\}=\bigcap_{n=1}^{\infty}[-\infty,-n]=\bigcap_{n=1}^{\infty}(-n,+\infty]^{\mathrm{c}}\in\sigma(\{(a,+\infty]|a\in\mathbf{R}\}),$$

$$\{+\infty\}=\bigcap_{n=1}^{\infty}(n,+\infty]\in\sigma(\{(a,+\infty]|a\in\mathbf{R}\}),$$

$$(a,+\infty)=(a,+\infty]\setminus\{+\infty\}\in\sigma(\{(a,+\infty]|a\in\mathbf{R}\}),$$

从而由引理 4.1.1 知 $\sigma(\{(a,+\infty]|a\in\mathbf{R}\})\supset\overline{\mathscr{B}}$. 于是

$$\overline{\mathscr{B}}=\sigma(\{(a,+\infty]|a\in\mathbf{R}\}).$$

同理可证命题中的其他等式. □

$\mathbf{R}^n$ 中的 Lebesgue 可测集类用 $\mathscr{L}_n$ 表示. 当不会混淆维数时和一维情形一样用 $\mathscr{L}$ 表示.

4.1.2 可测函数

设 E 为任意集合, $f: E \to \overline{\mathbf{R}}$ 为广义实值函数, $a \in \mathbf{R}$. 定义集合 $E(f > a)$ 为 $E(f > a) = \{x \in E | f(x) > a\}$. 类似地, 可定义集合 $E(f < a)$ 和集合 $E(f = a)$.

定义 4.1.1 设 X 为非空集合, Σ 为 X 上一个 σ 代数, 则 (X, Σ) 称为一个**可测空间**. 如果 μ 为 Σ 上一个非负广义实值函数, 满足测度公理, 即

(1) $\mu(\varnothing) = 0$;

(2) (可数可加性) 如果 $E_1, E_2, \cdots$ 为两两不交的可测集列, $E = \bigcup\limits_{i=1}^{\infty} E_i$, 则 $\mu(E) = \sum\limits_{i=1}^{\infty} \mu(E_i)$,

则称 μ 为 (X, Σ) 上一个**测度**, 而 (X, Σ, μ) 称为一个**测度空间**.

例如, $(\mathbf{R}, \mathscr{B}, m)$ 和 $(\mathbf{R}, \mathscr{L}, m)$ 都是测度空间.

在概率论中, 经常用到所谓概率空间. 如果一个测度空间 (X, Σ, μ) 满足 $\mu(X) = 1$, 则称其为**概率空间**. 此时可测集也称为**事件**, 而事件的测度则称为它的**概率**.

概率空间是现代 (公理) 概率论的基本研究对象. 概率空间的引入是概率论迈向现代数学的标志, 它是 Kolmogoroff 首先提出的, 也是实变函数论对现代数学最大的贡献之一. 需要说明的是, 在 Lebesgue 提出 Lebesgue 积分理论时, 短期内并没有在数学界引起太大的关注, 直到 Kolmogoroff 利用它建立了公理概率论后才引起数学界的极大关注, 人们才发现这套积分理论不仅仅是加深了数学分析中的相应结果, 而是有非常重要的应用价值. 随后实变函数论被迅速地应用到许多学科的研究当中.

定义 4.1.2 设 (X, Σ) 是一个可测空间, $E \in \Sigma$, f 为 E 上一个 (广义) 实值函数. 如果对任意 $a \in \mathbf{R}$, $E(f > a) \in \Sigma$, 则称 f 为 E 上的**可测函数**. 特别地, 当 $(X, \Sigma) = (\mathbf{R}^n, \mathscr{L}_n)$ 时称 f 为**Lebesgue 可测函数**; 当 $(X, \Sigma) = (\mathbf{R}^n, \mathscr{B}_n)$ 时称 f 为**Borel 可测函数**.

一般测度空间的可测函数以及积分理论属于广义测度论的内容. 实变函数论主要讲述欧氏空间上的 Lebesgue 积分理论. 因此我们的研究对象是 Lebesgue 测度空间 $(\mathbf{R}^n, \mathscr{L})$. 但是因为我们需要 Borel 测度空间 $(\mathbf{R}^n, \mathscr{B})$ 作为研究 Lebesgue 测度空间的工具, 因此在本小节中我们针对一般测度空间讨论可测函数的基本性质. 如无特别声明, 所涉及的集合是相应测度空间中的可测

集. 这样做的好处是我们很容易观察到哪些可测函数的性质在 Lebesgue 测度空间和 Borel 测度空间上同时成立, 从而便于比较这两个测度空间性质的差异.

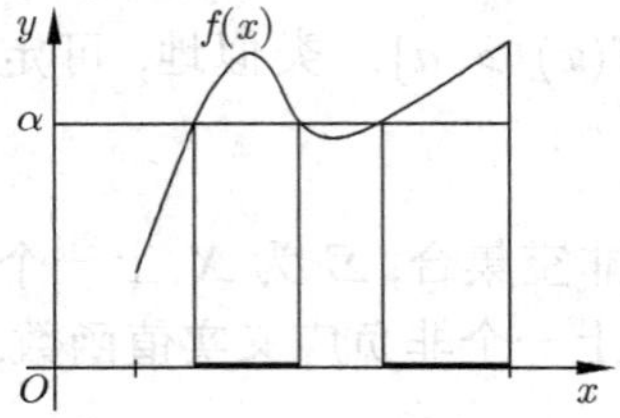

图 4-1 可测函数图示

注 4.1.1 在定义 4.1.2 中, 对可测集 $E \subset X$, 令 $\Sigma|_E = \{A \bigcap E | A \in \Sigma\}$. 易知 $\Sigma|_E$ 为 E 上的一个 σ 代数, $\Sigma|_E$ 称为 Σ 在 E 上的**限制**. 定义 4.1.2 中函数 f 的可测性等价于对任意 $a \in \mathbf{R}$, $f^{-1}((a, \infty]) \in \Sigma_E$.

定理 4.1.1 条件同定义 4.1.2, 以下条件等价:

(1) f 可测.

(2) 对任意 $F \in \overline{\mathscr{B}}$, $f^{-1}(F) \in \Sigma_E$.

(3) 若 $\overline{\mathscr{B}} = \sigma(\mathscr{S})$, 则对任意 $S \in \mathscr{S}$, $f^{-1}(S) \in \Sigma_E$.

证明 由命题 1.1.1 知映射 f^{-1} 保集合的补, 可数并以及可数交. 再由第 2 章的 Borel 集的结构定理知 (2) 和 (3) 等价. 由命题 4.1.1 知 $\overline{\mathscr{B}} = \sigma(\{(a, +\infty] | a \in \mathbf{R}\})$, 从而 (1) 和 (2) 等价. □

因为 $\overline{\mathbf{R}}$ 中单点集均可测, 因此由定理 4.1.1 立即可得下述结论:

推论 4.1.1 条件同定义 4.1.2. 当 f 可测时, 对任意 $a \in \overline{\mathbf{R}}$, $E(f = a)$ 可测.

推论 4.1.2 条件同定义 4.1.2, 以下条件等价:

(1) f 可测.

(2) 对任意 $a \in \mathbf{R}$, $E(f < a)$ 可测.

(3) 对任意 $a \in \mathbf{R}$, $E(f \leqslant a)$ 可测.

(4) 对任意 $a \in \mathbf{R}$, $E(f \geqslant a)$ 可测.

(5) 对任意 $a, b \in \mathbf{R}, a < b$, $E(a < f < b)$ 可测且 $f^{-1}(+\infty)$ 或者 $f^{-1}(-\infty)$ 可测.

证明 由定理 4.1.1 和命题 4.1.1 知条件 (1-4) 互相等价并且由 (1) 可推出 (5).

当 (5) 成立时. 因为 $(-\infty,+\infty]=\mathbf{R}\bigcup\{+\infty\}$, 故

$$\{-\infty\}=(-\infty,+\infty]^{c}\in\sigma(\mathscr{B}\bigcup\{+\infty\}),$$

因此 $\sigma(\mathscr{B}\bigcup\{+\infty\})=\overline{\mathscr{B}}$.

同理 $\sigma(\mathscr{B}\bigcup\{-\infty\})=\overline{\mathscr{B}}$. 由定理 4.1.1 知结论成立. □

例 4.1.1 (1) 设 E 为 $\mathbf{R}^n$ 上 Borel 可测集, 即 Borel 集. 因为 Borel 可测集也是 Lebesgue 可测集, 故 E 上的 Borel 可测函数也是 Lebesgue 可测函数.

(2) 当 f 为 $\mathbf{R}^n$ 的 Lebesgue(Borel) 可测子集 E 上的连续函数时, 因为开集是 Borel 可测的, 故由定理 2.2.6 知 f 是 Lebesgue (Borel) 可测的. 换句话说, 无论是 Lebesgue 可测函数还是 Borel 可测函数都是连续函数的推广.

例 4.1.2 定义在 $\mathbf{R}$ 的 Borel(Lebesgue) 可测子集上的单调函数必然 Borel(Lebesgue) 可测.

证明 以 Borel 可测性为例. 设 $E\subset\mathbf{R}$ 为 Borel 可测集. f 在 E 上单调增加. 对任意 $a\in\mathbf{R}$, 令 $a'=\inf\{x\in E|f(x)>a\}$, 由 f 的单调性可知, 当 $x\in E$ 且 $x<a'$ 时 $f(x)\leqslant a$, 而当 $x>a'$ 时 $f(x)>a$. 于是 $E(f>a)=E\bigcap(a',+\infty]$ 或者 $E(f>a)=E\bigcap[a',+\infty]$, 从而 $E(f>a)$ 为 Borel 可测集. □

例 4.1.3 Dirichlet 函数是 Borel 可测函数, 当然也是 Lebesgue 可测函数.

证明 Dirichlet 函数 $D:[0,1]\to\mathbf{R}$ 定义为

$$D(x)=\begin{cases}1, & x\in\mathbf{Q}\bigcap[0,1];\\ 0, & x\in\mathbf{Q}^{c}\bigcap[0,1].\end{cases}$$

因此 $D^{-1}(1)=\mathbf{Q}\bigcap[0,1]$ 和 $D^{-1}(0)=\mathbf{Q}^{c}\bigcap[0,1]$ 都为 Borel 可测集. 于是任意 $\mathbf{R}$ 的子集在 D 下原像均为 Borel 可测集, 从而 D 为 Borel 可测函数. □

例 4.1.4 设 $E\subset X$, (X,Σ) 为可测空间. 则 χ_E 作为 X 上函数, 它的可测性和 E 的可测性相同.

证明 这是因为对任意 $\mathbf{R}$ 的子集 A,

$$\chi_E^{-1}(A)=\begin{cases}\varnothing, & 0,1\notin A;\\ X, & 0,1\in A;\\ E, & 1\in A,0\notin A;\\ X\setminus E, & 0\in A,1\notin A.\end{cases}$$

因为 $\varnothing$ 和 X 总是可测的, 而 E 和 $X\setminus E$ 的可测性和 E 的可测性等价, 因此 $\chi_E^{-1}(A)$ 的可测性和 E 的可测性等价. □

定理 4.1.2 可测集 E 上可测函数的可数上确界和可数下确界都是可测函数.

证明 设 $\{f_n\}_{n=1}^{\infty}$ 为可测集 E 上的可测函数列. $f(x)=\sup\limits_{n=1}^{\infty} f_n(x)$, $g(x)=\inf\limits_{n=1}^{\infty} f_n(x), x\in E$. 则对任意 $a\in\mathbf{R}$,

$$E(f>a)=\bigcup_{n=1}^{\infty}E(f_n>a), E(g<a)=\bigcup_{n=1}^{\infty}E(f_n<a).$$

因此 f 和 g 都可测. □

定义 4.1.3 设 f 为可测集 E 上的函数. E 上的函数 f^+ 和 f^- 分别定义为

$$f^+(x)=\max\{f(x),0\}, f^-(x)=\max\{-f(x),0\}, x\in E.$$

f^+ 和 f^- 分别称为 f 的**正部**和**负部**.

由定义易知, 对任意 $x\in E$,

$$f(x)=f^+(x)-f^-(x), |f(x)|=f^+(x)+f^-(x)=\max\{f^+(x),f^-(x)\}.$$

定理 4.1.3 当 f 在可测集 E 上可测时 f^+、f^- 和 f 的绝对值函数$|f|$ 都在 E 上可测.

证明 易知, 当 f 可测时, $-f$ 也可测, 故由定理 4.1.2 知当 f 可测时 f^+ 和 f^- 均可测; 又

$$|f(x)|=\max\{f^+(x),f^-(x)\},$$

因此再由定理 4.1.2 即知 $|f(x)|$ 是可测函数. □

推论 4.1.3 可测函数列的上下极限函数可测. 从而当函数列处处收敛时极限函数可测.

证明 设 $\{f_n\}_{n=1}^{\infty}$ 为可测集 E 上可测函数列. 因为

$$\limsup_{n\to+\infty} f_n(x)=\inf_{n=1}^{\infty}(\sup_{k=n}^{\infty} f_k(x)),$$

故 $\limsup\limits_{n=\to+\infty} f_n(x)$ 可测. 而

$$\liminf_{n\to+\infty} f_n(x) = \sup_{n=1}^{\infty}(\inf_{k=n}^{\infty} f_k(x)),$$

从而 $\liminf\limits_{n\to+\infty} f_n(x)$ 也可测. □

定理 4.1.4 设 $E = \bigcup\limits_{k=1}^{\infty} E_k$, 其中 E_k 为两两不交的可测集. 则 E 上函数 f 在 E 上可测等价于它在每个 E_k 上可测.

证明 首先, 因为可测集类对可数并运算封闭, 故 E 是可测子集.

其次, 对任意 $a\in\mathbf{R}$, 易知

$$E(f>a) = \bigcup_{k=1}^{\infty} E_k(f>a), E_k(f>a) = E_k\bigcap(E(f>a)), k=1,2,\cdots.$$

因此 $E(f>a)$ 可测和所有 $E_k(f>a)$ 都可测等价. □

4.1.3 几乎处处的概念

现在我们从一般测度空间回到 Lebesgue 测度空间, 引入下述几乎处处概念.

定义 4.1.4 设 $E\subset\mathbf{R}^n$ 为可测集, $P(\boldsymbol{x})$ 为关于 E 中元素 $\boldsymbol{x}$ 的一个命题. 如果存在 E 的子集 A 使得 $m(A)=0$, $P(\boldsymbol{x})$ 对 $\boldsymbol{x}\in E\setminus A$ 成立, 则称 $P(\boldsymbol{x})$ 在 E 上**几乎处处**成立. 记为 $P(\boldsymbol{x})$ a.e. 于 E.

例如, Dirichlet 函数 $D(x)=0$ a.e. 于 $[0,1]$.

设 $f(\boldsymbol{x})$ 和 $g(\boldsymbol{x})$ 为 E 上两个函数, $f=g$ a. e. 于 E 等价于 $m(E(f\neq g))=0$.

命题 4.1.2 设 E 为 Lebesgue 可测集. f 和 g 为 E 上函数. 如果 $f=g$ a. e. 于 E, 则 f 和 g 的 Lebesgue 可测性相同.

证明 令 $E_1 = E(f\neq g)$, 则 $m(E_1)=0$. 故对任意 $a\in\mathbf{R}$, $E((f>a)\Delta E(g>a))\subset E_1$, 从而 $m(E(f>a)\Delta E(g>a))=0$, 于是 $E(f>a)$ 和 $E(g>a)$ 仅相差一个零测度集, 因而它们的 Lebesgue 可测性相同. □

定义 4.1.5 设 f_k 和 f 为可测集 $E\subset\mathbf{R}^n$ 上函数, 若 $\lim\limits_{k\to+\infty} f_k(\boldsymbol{x}) = f(\boldsymbol{x})$ a. e.于E, 则称 $\{f_k\}$ 在 E 上**几乎处处收敛**于 f, 记为 $f_k\to f$ a. e.于E.

推论 4.1.4 设 $\{f_k\}_{k=1}^{\infty}$ 为 Lebesgue 可测集 E 上可测函数列. 且

$$\lim_{k\to+\infty} f_k(\boldsymbol{x}) = f(\boldsymbol{x})\ \text{a. e.于}E.$$

则 f 为 E 上 Lebesgue 可测函数.

证明 令 $E_1 = \{\boldsymbol{x}\in E | f_n(\boldsymbol{x})\text{不收敛于}f(\boldsymbol{x})\}$, 则 $m(E_1)=0$. 在 $E\setminus E_1$ 上 $\lim\limits_{k\to+\infty} f_k(\boldsymbol{x}) = f(\boldsymbol{x})$, 因此由推论 4.1.3 知 f 在 $E\setminus E_1$ 上 Lebesgue 可测, 故 f 在 E 上也 Lebesgue 可测. □

注 4.1.2 (1) 设 $\lim\limits_{k\to+\infty} f_k(\boldsymbol{x})$ 在 E 上几乎处处存在. 因为使得 $\{f_k(\boldsymbol{x})\}$ 的极限不存在的点构成的 E 的子集 E_1 为零测度集, 因此, 尽管极限函数 $\lim\limits_{k\to+\infty} f_k(\boldsymbol{x})$ 在 E_1 上无定义, 也称 $\lim\limits_{k\to+\infty} f_k(\boldsymbol{x})$ 为 E 上 Lebesgue 可测函数. 这是因为可以在 E_1 上任意补充定义都不会影响该函数的 Lebesgue 可测性. 比如, 为了明确起见, 可以对极限函数补充定义, 使得它在 E_1 上取 0 值.

(2) 命题 4.1.1 和推论 4.1.4 的证明中用到 Lebesgue 可测集类的完备性, 由于 Borel 集类不是完备的, 因此这两个结论对 Borel 可测性不成立.

推论 4.1.4 的情况和命题 4.1.1 的情况类似.

4.2 简单函数

和上节相同, 因为本节中的讨论不涉及测度的具体定义, 因此我们先在一般测度空间中讨论. 如无特别声明, 本节的讨论过程中涉及的集合 E 为某个可测空间 (X,Σ) 中可测子集. 最后我们再考察欧氏空间的特殊情形.

定义 4.2.1 设 $\{E_i\}_{i=1}^{N}$ 为 X 中有限个两两不交的可测集, $\{a_i\}_{i=1}^{N}$ 为有限的实数序列. 由公式

$$\varphi(x) = \sum_{i=1}^{N} a_i \chi_{E_i}(x) \tag{4.3}$$

定义的函数称为**简单函数**.

由定义可知简单函数 $\varphi(x)$ 是定义于整个空间 X 上的可测函数. 只不过为了下面讨论简单函数的性质表述方便我们假定函数的定义域为 $E=\bigcup\limits_{i=1}^{N} E_i$(参看下面定理 4.2.1 的证明).

对任意可测集 E 以及 $a \in \mathbf{R}$, 易知 $E(\varphi > a) = \bigcup\limits_{\{a<a_i\}} (E \bigcap E_i)$. 因此 φ 为 E 上可测函数. 即简单函数一定可测.

例 4.2.1 (阶梯函数) 设 $E = \bigcup\limits_{i=1}^{N} E_i$ 为有限个互不相交的区间之并. 则公式 (4.3) 确定的简单函数就是数学分析中的分段常值函数, 也称为**阶梯函数**, 这说明简单函数是阶梯函数的推广.

定理 4.2.1 简单函数的和, 差, 积, 商 (除数非零) 是简单函数.

证明 以和函数为例. 不失一般性, 设

$$\varphi(x) = \sum_{i=1}^{N} a_i \chi_{E_i}(x), \psi(x) = \sum_{j=1}^{M} b_j \chi_{F_j}(x)$$

为 E 上简单函数.

易知对不同的 (i,j), $E_i \bigcap F_j$ 不相交, 由 $E = \bigcup\limits_{i=1}^{N} E_i = \bigcup\limits_{j=1}^{M} F_j$ 知 $E = \bigcup\limits_{i=1}^{N} \bigcup\limits_{j=1}^{M} (E_i \bigcap F_j)$, 从而

$$\begin{aligned}
\varphi(x) + \psi(x) &= \sum_{i=1}^{N} a_i \chi_{E_i}(x) + \sum_{j=1}^{M} b_j \chi_{F_j}(x) \\
&= \sum_{i=1}^{N} a_i \Big(\sum_{j=1}^{M} \chi_{(E_i \bigcap F_j)} \Big)(x) + \sum_{j=1}^{M} b_j \Big(\sum_{i=1}^{N} \chi_{(E_i \bigcap F_j)} \Big)(x) \\
&= \sum_{i=1}^{N} \sum_{j=1}^{M} (a_i + b_j) \chi_{(E_i \bigcap F_j)}(x).
\end{aligned}$$

因为所有 $E_i \bigcap E_j$ 都可测且两两不交, 因此 $\varphi + \psi$ 为简单函数. □

定理 4.2.2 设 f 为可测集 E 上非负可测函数, 则存在 E 上递增的非负简单函数列 $\{\varphi_i\}_{i=1}^{\infty}$ 收敛于 f. 即

$$\varphi_i(x) \leqslant \varphi_{i+1}(x), \lim_{i \to +\infty} \varphi_i(x) = f(x), x \in E.$$

如果 f 为有界函数, 则上述收敛可以为一致收敛.

证明 对任意自然数 k, 将 $[0, k]$ 划分为 $k2^k$ 个等长区间, 令

$$E_{k,j} = E\Big(\frac{j-1}{2^k} \leqslant f < \frac{j}{2^k}\Big), j = 1, 2, \cdots, k \cdot 2^k;$$

$$E_k = E(f \geqslant k), k = 1, 2, \cdots.$$

作函数列如下:

$$\varphi_k(x) = \begin{cases} \dfrac{j-1}{2^k}, & x \in E_{k,j}; \\ k, & x \in E_k. \end{cases} \quad j = 1, 2, \cdots, k \cdot 2^k; k = 1, 2, \cdots.$$

则 φ_k 是简单函数, 且

$$\varphi_k(x) \leqslant \varphi_{k+1}(x) \leqslant f(x), k = 1, 2, \cdots.$$

若 $f(x) = +\infty$, 由 φ_k 的作法知对任意 k, $\varphi_k(x) = k$; 若 $f(x) \neq +\infty$, 则当 $f(x) < k$ 时, $0 \leqslant f(x) - \varphi_k(x) \leqslant \dfrac{1}{2^k}$. 因此 $\lim\limits_{k\to+\infty} \varphi_k(x) = f(x)$.

当 f 为有界可测函数时. 设 $f(x) < M, x \in E$. 则由 φ_k 的作法可知当 $k > M$ 时 $0 \leqslant f(x) - \varphi_k(x) \leqslant \dfrac{1}{2^k}$, 故收敛是一致的. □

定理 4.2.2 可以推广到任意函数情形, 且逆定理也成立. 逆定理的证明留做习题, 请读者自己完成.

定理 4.2.3 定义在可测集 E 上的函数 f 可测的充要条件为存在一列简单函数 ω_k 满足下述条件.

$$|\omega_k(x)| \leqslant |\omega_{k+1}(x)|, |\omega_k(x)| \leqslant |f(x)|, \lim_{k\to+\infty} \omega_k(x) = f(x), x \in E.$$

且当 f 为有界可测函数时这一收敛是一致收敛.

证明 充分性: 由推论 4.1.4 可知.

必要性: 对 f^+, f^- 分别应用定理 4.2.2, 设 φ_k 和 ψ_k 为 E 上递增的非负简单函数列, 使得

$$\lim_{k\to+\infty} \varphi_k(x) = f^+(x), \lim_{k\to+\infty} \psi_k(x) = f^-(x), x \in E.$$

令 $\omega_k(x) = \varphi_k(x) - \psi_k(x), x \in E$, 则 ω_k 满足要求. □

由定理 4.2.1 和定理 4.2.3 立即可得下述:

定理 4.2.4 可测函数类对四则运算封闭. 即, 如果 f, g 为可测集 E 上可测函数, 且 $f+g, f-g, f\times g, f/g$ 有定义 (即不会出现运算无意义情况), 则它们都是 E 上可测函数.

简单函数虽然简单, 但在下一章我们将会看到, 它是我们研究积分的基础. 从简单到复杂也是数学研究的常用方法.

定理 4.2.5 设 f 为 $\mathbf{R}^n$ 上 Lebesgue 可测函数. 则有 $\mathbf{R}^n$ 上 Borel 可测函数 g 使得 $f=g$ a. e. 于 $\mathbf{R}^n$.

证明 由定理 4.2.3, 取一列简单函数 ω_k 递增的收敛到 f. 对每个 k, 设 $\omega_k=\sum\limits_{i=1}^{N_k}a_{k,i}\chi_{E_{k,i}}$.

对每个 (k,i), 取 Borel 集 $F_{k,i}$ 和 $G_{k,i}$ 使得 $F_{k,i}\subset E_{k,i}\subset G_{k,i}$ 且 $m(G_{k,i}\setminus F_{k,i})=0$. 令 $\varphi_k=\sum\limits_{i=1}^{N_k}a_{k,i}\chi_{F_{k,i}}$, 则 φ_k 为 Borel 可测简单函数. 令 $H=\bigcup\limits_{k=1}^{\infty}\bigcup\limits_{i=1}^{N_k}(G_{k,i}\setminus F_{k,i})$, 则 $m(H)=0$ 且 H 为 Borel 可测集, 在 H^c 上 $\varphi_k(x)=\omega_k(x)$. 于是在 H^c 上

$$f(x)=\lim_{k\to+\infty}\omega_k(x).$$

由推论 4.1.3 知 f 是 H^c 上 Borel 可测函数. 令

$$g(x)=\begin{cases}f(x), & x\in H^c;\\ 0, & x\in H.\end{cases}$$

则 g 即为满足定理条件的函数. □

定理 4.2.5 说明 Lebesgue 可测函数“差不多”是 Borel 可测的.

4.3 可测函数的极限性质和构造

虽然可测集和可测函数是研究分析的新工具, 但是也不能忽视它们和分析中已有的相应概念的联系. 换句话说, 当引入新的概念时我们应当清楚我们从最初的起点到底走了多远, 也就是我们在多大程度上推广了已有概念. 在谈到这一问题时, Littlewood 提出的三个原理可以看作这类研究的指导性原则. 这三条原则定义如下:

(1) 每个集合应当差不多是区间的有限并.

(2) 每个函数应当差不多是连续的.

(3) 每个收敛序列应当差不多是一致收敛的.

关于原则 (1), 第 3 章研究测度时已经给出了肯定答案. 这一节中来看原则 (2) 和 (3). 我们将会看到, 这两个问题的答案也是肯定的, 答案即为本节中的 Egoroff 定理和 Lusin 定理.

本节的讨论限于 Lebesgue 测度空间, 因此所有可测集 E 均是 $\mathbf{R}^n$ 中的 Lebesgue 可测集, 函数的可测性是指 Lebesgue 可测. 同时假定所有涉及的函数均是几乎处处取有限值的函数.

数学分析中研究了函数列的处处收敛和一致收敛概念. 即

定义 4.3.1 设 $\{f_k\}_{k=1}^{\infty}$ 是定义在 $\mathbf{R}^n$ 的子集 E 上的函数列, f 为 E 上函数.

(1) 若对任意 $x \in E$, 及 $\varepsilon > 0$, 存在 N, 使得当 $k \geqslant N$ 时

$$|f_k(x) - f(x)| < \varepsilon.$$

则称 $\{f_k\}_{k=1}^{\infty}$ 在 E 上**处处收敛**于 f, 记为 $f_k \to f(k \to +\infty)$ 或 $\lim\limits_{k\to+\infty} f_k(x) = f(x), x \in E$.

(2) 若对任意 $\varepsilon > 0$, 存在 N, 使得当 $k \geqslant N$ 时

$$|f_k(x) - f(x)| < \varepsilon, x \in E.$$

则称 $\{f_k\}_{k=1}^{\infty}$ 在 E 上**一致收敛**于 f, 记为 $f_k \rightrightarrows f(k \to +\infty)$.

第一节中定义了可测集上函数列几乎处处收敛的概念. 下面我们再引入两种实变函数中常用的收敛概念.

定义 4.3.2 设 $\{f_k\}_{k=1}^{\infty}$ 为定义于 $\mathbf{R}^n$ 上可测子集 E 上函数列, f 为 E 上函数. 若对任意 $\delta > 0$, 存在 E 可测子集 A 使得 $m(A) < \delta$, 而在 $E \setminus A$ 上 $\{f_k\}$ 一致收敛于 f, 则称 $\{f_k\}_{k=1}^{\infty}$ 在 E 上**近一致收敛**于 f, 记为 $f_k \overset{\text{a.un}}{\rightrightarrows} f(k \to +\infty)$.

定义 4.3.3 设 $\{f_k\}_{k=1}^{\infty}$ 为定义于 $\mathbf{R}^n$ 上可测子集 E 上函数列, f 为 E 上函数. 若对任意 $\eta > 0$,

$$\lim_{k\to+\infty} m(E(|f_k - f| \geqslant \eta) = 0.$$

则称 $\{f_k\}$ 在 E 上**依测度收敛**于 f, 记为 $f_k \xrightarrow{m} f$.

依测度收敛是概率论中一种常用的收敛, 是研究概率论中的各种大数定律和随机过程问题的基础. 由定义可知, 依测度收敛反映的是函数列和极限函数整体上差别大的“区域”不太大这一事实, 但是这一区域的位置不固定, 这点和在固定点收敛完全不同.

4.3.1 几乎处处收敛与近一致收敛

定理 4.3.1 (Egoroff 定理) 设 $\{f_k\}_{k=1}^{\infty}$ 为定义于 $\mathbf{R}^n$ 上可测子集 E 上函数列, f 为 E 上函数, $m(E) < +\infty$. 若 $f_k \to f$ a. e. 于 E, 则 $f_k \overset{\text{a.un}}{\rightrightarrows} f(k \to +\infty)$.

证明 用 $E_0 = E(f_k \to f)$ 代替 E. 只需对 E_0 来证明定理即可. 因此, 不失一般性, 可设 $f_k(\boldsymbol{x}) \to f(\boldsymbol{x})$ 在 E 上处处成立.

设 $\varepsilon > 0$ 为任意正数. 对每个 (i, k), 令

$$E_k^i = \left\{\boldsymbol{x} \in E \middle| 对所有 j > k, |f_j(\boldsymbol{x}) - f(\boldsymbol{x})| < \frac{1}{i}\right\}.$$

固定 i, 注意 $E_k^i \subset E_{k+1}^i$, 且 $E_k^i \nearrow E(k \to +\infty)$. 由定理 3.2.2 知存在 k_i 使得 $m(E \setminus E_{k_i}^i) < \dfrac{1}{2^i}$. 因此,

$$当 j > k_i 且 \boldsymbol{x} \in E_{k_i}^i 时, |f_j(\boldsymbol{x}) - f(\boldsymbol{x})| < \frac{1}{i}.$$

取 N 使得 $\sum\limits_{i=N}^{\infty} 2^{-i} < \varepsilon$. 令

$$A = \bigcap_{i \geqslant N} E_{k_i}^i.$$

则

$$m(E \setminus A) \leqslant \sum_{i=N}^{\infty} m(E \setminus E_{k_i}^i) < \varepsilon.$$

对任意 $\delta > 0$, 取 $i \geqslant N$ 使得 $\dfrac{1}{i} < \delta$, 注意当 $\boldsymbol{x} \in A$ 时 $\boldsymbol{x} \in E_{k_i}^i$. 因此当 $j > k_i$ 时 $|f_j(\boldsymbol{x}) - f(\boldsymbol{x})| < \delta$. 这就证明了在 A 上 f_k 一致收敛到 f. □

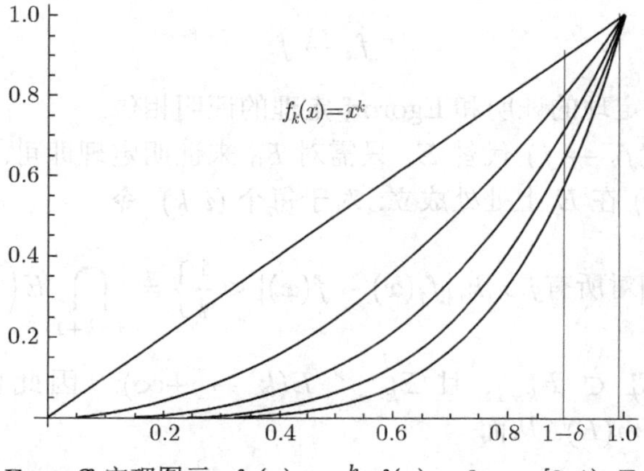

图 4-2 Egoroff 定理图示, $f_k(x) = x^k, f(x) = 0, x \in [0, 1), E = [0, 1)$

例 4.3.1 当 $m(E)=+\infty$ 时定理 4.3.1 结论不一定成立. 例如, 在 $\mathbf{R}$ 中, 令 $E=\mathbf{R}$, $f_n=\chi_{[n,+\infty)}, n\in\mathbf{Z}_+$. 则 f_n 处处收敛到 0 函数. 但是对任意可测集 A, 当 $m(A)<\delta=1$ 时, 必然有 $[n,+\infty)\setminus A\neq\varnothing$, 因此有 $x_n\in E_\delta=E\setminus A$ 使得 $f_n(x_n)=1$ 对每个 n 成立, 这说明 $\{f_n\}$ 在 E_δ 上不一致收敛到 0.

定理 4.3.1 的逆也成立, 且不要求 E 测度有限.

定理 4.3.2 设 $\{f_k\}_{k=1}^{\infty}$ 为定义于 $\mathbf{R}^n$ 上可测子集 E 上函数列, f 为 E 上函数. 若 $f_k \overset{\text{a.un}}{\rightrightarrows} f(k\to+\infty)$, 则 $f_k\to f$ a. e. 于 E.

证明 因为 $\{f_k\}_{k=1}^{\infty}$ 和 f 都是几乎处处有限的函数, $m(E(|f|=+\infty))=m(E(|f_k(\boldsymbol{x})|=+\infty))=0$, 因此不妨设 f 和 f_k 在 E 上处处有限. 由 $f_k \overset{\text{a.un}}{\rightrightarrows} f(k\to+\infty)$ 知, 对任意 $k\in\mathbf{Z}_+$, 有 $E_k\subset E$ 使得 $m(E_k)<\dfrac{1}{k}$, 在 $E\setminus E_k$ 上 $f_k\rightrightarrows f(k\to+\infty)$. 令 $B=\bigcup\limits_{k=1}^{\infty}(E\setminus E_k)$, 则对任意 $\boldsymbol{x}\in B$, $f_k(\boldsymbol{x})\to f(\boldsymbol{x})(k\to+\infty)$. 但 $E\setminus B=\bigcap\limits_{k=1}^{\infty}E_k\subset E_k$, 从而 $m(E\setminus B)\leqslant m(E_k)<\dfrac{1}{k}$ 对任意 k 成立, 因此 $m(E\setminus B)=0$. 这就证明了 $f_k\to f$ a. e. 于 E. □

Egoroff 定理和它的逆定理回答了 Littlewood 提出的第三问题, 即每个收敛序列应当差不多是一致收敛的.

4.3.2 依测度收敛和几乎处处收敛

定理 4.3.3 (Lebesgue 定理) 设 $m(E)<+\infty$, $\{f_k\}_{k=1}^{\infty}$ 是 E 上几乎处处有限的可测函数列, f 为 E 上几乎处处有限的函数. 若 $f_k\to f$ a. e. 于 E, 则

$$f_k \xrightarrow{m} f.$$

证明 这一定理的证明和 Egoroff 定理的证明相仿.

用 $E_0=E(f_k\to f)$ 代替 E. 只需对 E_0 来证明定理即可. 不失一般性, 可设 $f_k(\boldsymbol{x})\to f(\boldsymbol{x})$ 在 E 上处处成立. 对于每个 (i,k), 令

$$E_k^i=\left\{\boldsymbol{x}\in E|\text{对所有}j>k, |f_j(\boldsymbol{x})-f(\boldsymbol{x})|<\frac{1}{i}\right\}=\bigcap_{j=k+1}^{\infty}E\left(|f_j-f|<\frac{1}{i}\right).$$

固定 i, 注意 $E_k^i\subset E_{k+1}^i$, 且 $E_k^i\nearrow E(k\to+\infty)$. 因此由定理 3.2.2 知 $\lim\limits_{k\to+\infty}m(E_k^i)=m(E)$. 从而

$$\lim_{k\to+\infty}m\left(E\left(|f_k-f|<\frac{1}{i}\right)\right)=m(E)$$

对任意 i 成立. 于是

$$\begin{aligned}\lim_{k\to+\infty} m\Big(E\Big(|f_k(\boldsymbol{x})-f(\boldsymbol{x})|\geqslant\frac{1}{i}\Big)\Big) &= \lim_{k\to+\infty} m\Big(E\setminus E\Big(|f_k-f|<\frac{1}{i}\Big)\Big)\\ &= \lim_{k\to+\infty}\Big(m(E)-m\Big(E\Big(|f_k-f|<\frac{1}{i}\Big)\Big)\\ &=0\end{aligned}$$

对任意 i 成立, 即 $f_k \xrightarrow{m} f$. □

例 4.3.2 定理 4.3.3 中条件 $mE<+\infty$ 不能去掉. 反例如下:

设 $E=[0,+\infty), f_k=\chi_{[k,+\infty)}$. 则 f_k 在 E 上处处收敛于 0. 但是当 $0<\eta<1$ 时,

$$m(E(|f_k-0|\geqslant\eta))=m([k,+\infty))=+\infty,\ k\geqslant 1.$$

因此 $f_k \overset{m}{\not\to} 0$.

例 4.3.3 依测度收敛但处处不收敛的例子.

设 $E=[0,1)$. 令

$$A_1=\left[0,\frac{1}{2}\right), A_2=\left[\frac{1}{2},1\right), A_3=\left[0,\frac{1}{4}\right), A_4=\left[\frac{1}{4},\frac{2}{4}\right),\cdots.$$

也就是: 第一步, 将 $[0,1)$ 二等分, 得到 A_1,A_2; 第二步, 将第一步中得到的两个集合二等分, 将这 4 个区间按照从左到右的次序排列, 得到 $A_3,\cdots,A_6$, 依次下去, 第 i 步是将第 $i-1$ 步得到的 2^{i-1} 个半闭半开区间二等分, 得到 2^i 个长度为 2^{-i} 的半闭半开区间, 再按照从左到右的顺序排列, 等等. 令 $f_k=\chi_{A_k}, k\geqslant 1$.

对 $0<\eta<1$, 当 A_k 为第 i 次得到的区间时, $m(E(|f_k|\geqslant\eta))=2^{-i}$, 因此由 $k\to+\infty$ 时 $i\to+\infty$ 知 $m(E(|f_k|\geqslant\eta))\to 0$.

但是对任意 $x\in E$, 有无限多个 $f_k(x)=1$, 同时也有无限多个 $f_k(x)=0$, 因此 f_k 在 $[0,1)$ 上任意点都不收敛.

尽管依测度收敛推不出几乎处处收敛, 但是有下述定理.

定理 4.3.4 (Riesz 定理) 设在可测集 E 上可测函数列 $\{f_k\}$ 依测度收敛于 f, 则存在子列 $\{f_{k_i}\}$ 在 E 上几乎处处收敛于 f.

证明 由依测度收敛定义, 对任意 $i\in\mathbf{Z}_+$, 取 k_i 使得

$$m\Big(E\Big(|f_{k_i}-f|\geqslant\frac{1}{2^i}\Big)\Big)<\frac{1}{2^i}.$$

不妨设对任意 $i\geqslant 1$, $k_i<k_{i+1}$. 以下证明 $f_{k_i}\to f$ a. e. 于 E.

令 $R_j = \bigcup\limits_{i=j}^{\infty} E\left(|f_{k_i} - f| \geqslant \dfrac{1}{2^i}\right)$, 则 $R_{j+1} \subset R_j, j \geqslant 1$ 且

$$m(R_j) < \sum_{i=j}^{\infty} \frac{1}{2^i} \to 0(j \to +\infty).$$

因此由定理 3.2.2 知

$$m\left(\bigcap_{j=1}^{\infty} R_j\right) = \lim_{j \to +\infty} m(R_j) = 0.$$

对任意 $\boldsymbol{x} \in E \setminus \left(\bigcap\limits_{j=1}^{\infty} R_j\right)$, 有 j_0 使得 $\boldsymbol{x} \notin R_{j_0}$, 从而 $\boldsymbol{x} \notin E\left(|f_{k_j} - f| \geqslant \dfrac{1}{2^i}\right)$, $j \geqslant j_0$. 这说明

$$|f_{k_i}(\boldsymbol{x}) - f(\boldsymbol{x})| < \frac{1}{2^i},\ i > j_0.$$

故 $f_{k_i}(\boldsymbol{x}) \to f(\boldsymbol{x})$, 由此可得 $f_{k_i} \to f$ a. e. 于 E. □

由定理 4.3.3 和定理 4.3.4 立即可得下述结论:

推论 4.3.1 设 $m(E) < +\infty$, $\{f_k\}$ 是 E 上几乎处处有限的可测函数列, f 为 E 上几乎处处有限的函数. 则 $f_k \xrightarrow{m} f$ 当且仅当 $\{f_k\}$ 的任一子序列包含子序列 a. e. 收敛于 f.

证明 因为依测度收敛序列的任意子列也依测度收敛于同一函数, 因此由 Riesz 定理知必要性成立.

充分性: 如果 $f_k \overset{m}{\not\to} f$, 则存在 η_0 使得

$$m(E(|f_k - f| \geqslant \eta_0)) \not\to 0,$$

因此存在 $\varepsilon_0 > 0$ 和自然数列 $k_i \nearrow +\infty$ 使得

$$m(E(|f_{k_i} - f| \geqslant \eta_0)) \geqslant \varepsilon_0.$$

于是由定理 4.3.3 知 f_{k_i} 无 E 上几乎处处收敛到 f 的子列, 矛盾于题设条件. □

命题 4.3.1 依测度收敛函数列的极限几乎处处意义下唯一. 即, 如果在可测集 E 上 $f_k \xrightarrow{m} f$, $f_k \xrightarrow{m} g$, 则 $f = g$ a. e. 于 E.

证明 由 Riesz 定理, 设 f_k 子列 $f_{k_i} \to f$ a. e. 于 E, 因为 $f_{k_i} \xrightarrow{m} g$, 从而再由 Riesz 定理知有子列 $f_{k_{i_j}} \to g$ a. e. 于 E. 于是 $f_{k_{i_j}} \to f$ 和 $f_{k_{i_j}} \to g$ 在 E 上同时成立. 而几乎处处收敛序列的极限是几乎处处唯一的, 因此 $f = g$ a. e. 于 E. □

4.3.3 可测函数的构造

本小节中我们考察可测函数和连续函数的关系.

首先我们考察简单函数. 设 $\varphi(\boldsymbol{x}) = \sum\limits_{i=1}^{k} a_i \chi_{E_i}(\boldsymbol{x})$ 为简单函数, 其中 E_i 两两不交.

对任意正数 δ 及每个 $1 \leqslant i \leqslant k$, 取闭集 $F_i \subset E_i$ 使得 $F_i \subset E_i, m(E_i \setminus F_i) < \dfrac{\delta}{k}$, $F = \bigcup\limits_{i=1}^{k} F_i$. 则 F 为闭集, $F \subset E$ 且 $m(E \setminus F) = \sum\limits_{i=1}^{k} m(E_i \setminus F_i) < \delta$.

将 φ 看成 F 上函数, 由于 φ 在每个 F_i 上是常值函数, 因此对任意闭集 $B \subset \mathbf{R}$, $\varphi^{-1}(B)$ 为若干个 F_i 的并, 因此 $\varphi^{-1}(B)$ 为闭集, 从而 φ 为 F 上连续函数. 这就证明了下述引理:

引理 4.3.1 若 $\varphi(\boldsymbol{x}) = \sum\limits_{i=1}^{k} a_i \chi_{E_i}(\boldsymbol{x})$ 为可测集 E 上简单函数, 其中 E_i 为两两不交可测集. 则对任意 $\delta > 0$, 存在闭集 F 使得 $F \subset E, m(E \setminus F) < \delta$, 而 φ 在 F 上连续.

定理 4.3.5 (Lusin 定理) 设 f 为可测集 $E \subset \mathbf{R}^n$ 上几乎处处有限的可测函数, 则对任意 $\delta > 0$, 存在闭集 $F \subset E$ 使得 $m(E \setminus F) < \delta$, 并且 f 在 F 上连续.

证明 由于 $m(E(f = \pm\infty)) = 0$, 因此不妨设 f 处处取有限值. 令

$$g(\boldsymbol{x}) = \frac{f(\boldsymbol{x})}{1 + |f(\boldsymbol{x})|}.$$

则 g 为 E 上有界可测函数. 由定理 4.2.3 知有一列 E 上简单函数 φ_i 一致收敛到 g. 对每个 i, 由引理 4.3.1, 存在闭集 F_i 使得 $m(E \setminus F_i) < \dfrac{\delta}{2^i}$ 且 φ_i 在 F_i 上连续. 令 $F = \bigcap\limits_{i=1}^{\infty} F_i$, 则 F 为闭集, 且

$$m(E \setminus F) = m\left(\bigcup_{i=1}^{\infty} (E \setminus F_i)\right) < \sum_{i=1}^{\infty} \frac{\delta}{2^i} = \delta.$$

因为 φ_i 是 F 上的连续函数列且在 F 上一致收敛于 g, 从而极限函数 g 也在 F 上连续. 于是

$$f(\boldsymbol{x})=\frac{g(\boldsymbol{x})}{1-|g(\boldsymbol{x})|}$$

也在 F 上连续. □

由 Tietze 扩张定理和定理 4.3.3 立即可得下述定理:

定理 4.3.6 (Lusin 定理的连续函数形式) 设 f 为可测集 $E\subset\mathbf{R}^n$ 上几乎处处有限的可测函数. 则对任意 $\delta>0$, 存在闭集 $F\subset E$ 以及整个全空间 $\mathbf{R}^n$ 上连续函数 g 使得在 F 上 $g(\boldsymbol{x})=f(\boldsymbol{x}), m(E\setminus F)<\delta$. 并且当 f 为有界函数时,

$$\sup_{\boldsymbol{x}\in\mathbf{R}^n} g(\boldsymbol{x})=\sup_{\boldsymbol{x}\in F} f(\boldsymbol{x}),\ \inf_{\boldsymbol{x}\in\mathbf{R}^n} g(\boldsymbol{x})=\inf_{\boldsymbol{x}\in F} f(\boldsymbol{x}). \tag{4.4}$$

Lusin 定理回答了 Littlewood 提出的每个函数应当差不多是连续的这一问题.

Lusin 定理只是说明可测函数近似于一个连续函数. 下面我们进一步研究可测函数和连续函数列的关系.

定理 4.3.7 设 f 为可测集 $E\subset\mathbf{R}^n$ 上几乎处处有限的函数, 则 f 为可测函数的充要条件是存在 $\mathbf{R}^n$ 上一列连续函数 $\{g_k\}_{k=1}^{\infty}$ 使得

$$g_k(\boldsymbol{x})\to f(\boldsymbol{x})\ \text{a. e.于}E.$$

当 f 为有界可测函数时, 还可以要求函数列 $\{g_k\}_{k=1}^{\infty}$ 满足式 (4.4).

证明 必要性: 不妨设 f 在 E 上处处有限. 由定理 4.3.6, 对任意 $k\in\mathbf{Z}_+$, 存在 $\mathbf{R}^n$ 上连续函数 g_k 满足 (4.4) 且 $m(E(f\neq g_k))<\dfrac{1}{2^k}$. 令 $E_k=\bigcup\limits_{i=k+1}^{\infty}E(f\neq g_i)$, 则 $m(E_k)<\dfrac{1}{2^k}$ 且 E_k 为单调下降的可测集列. 设 $E_0=\lim\limits_{k\to+\infty}E_k=\bigcap\limits_{k=1}^{\infty}E_k$, 则 $m(E_0)=0$. 对任意 $\boldsymbol{x}\in E\setminus E_0$, 设 $\boldsymbol{x}\notin E_N$, 则当 $k>N$ 时 $g_k(\boldsymbol{x})=f(\boldsymbol{x})$, 从而 $g_k(\boldsymbol{x})\to f(\boldsymbol{x})$.

充分性: 设 $\{g_k\}_{k=1}^{\infty}$ 是 $\mathbf{R}^n$ 上一列连续函数使得 $g_k(\boldsymbol{x})\to f(\boldsymbol{x})$ a. e. 于 E. 令 E_0 为 $\{g_k\}_{k=1}^{\infty}$ 不收敛于 $f(\boldsymbol{x})$ 的点构成集合, 则 $m(E_0)=0$. 在 $E\setminus E_0$ 上, $g_k\to f$. 故由推论 4.1.4 知 f 在 E 上可测. □

注 4.3.1 对 Lebesgue 可测集 E 上 Lebesgue 可测函数 f, 设 $\{g_k\}_{k=1}^{\infty}$ 为定理 4.3.6 中的连续函数列. 尽管在 E 上 $g_k \to f$ a. e., 但是未必在 E 上每一点 $g_k(\boldsymbol{x})$ 都收敛.

例 4.3.4 利用定理 4.3.6 证明定理 4.2.5.

证明 在定理 4.3.6 中, 设函数列 g_k 不收敛到可测函数 f 的点集为 E_0, 取 Borel 集 $F \subset (\mathbf{R}^n \setminus E_0)$, 使得 $m(\mathbf{R}^n \setminus F) = 0$. 在 F 上所有 g_k 为连续函数, 因此为 Borel 可测函数, 由推论 4.1.3 知极限函数 f 也为 F 上 Borel 可测函数, 从而定理 4.2.5 成立. □

本章注记 本章中凡是不涉及几乎处处概念的结论对一般的测度空间均成立. 原因就在于集合可测性关于可列交并补以及取极限等运算下是保持的. 而涉及几乎处处概念的结论在一般测度空间之所以不成立是因为一般测度空间不是完备的.

Lusin 简介 N. Lusin(1883—1950), 苏联数学家, 莫斯科数学学派的中心人物. 1906 年毕业于莫斯科大学, 并留校任教. Lusin 是现代实变函数论的开创者和奠基人之一. 他是描述性函数论的创始人之一, 发现了非常复杂的集合 —— 射影集. 并提出了许多相关的猜测. 此外, 他在解析函数论、微分几何、微分方程等领域都有重要贡献.

习题 4

说明: 本章习题中凡是未特别说明的集合和函数的可测性均指 Lebesgue 可测性.

1. 设 E 为测度空间 (X, Σ) 中可测集.

(1) 证明: f 在 E 上为可测函数的充要条件是对任一有理数 r, $E(f > r)$ 可测.

(2) 如果对任意实数 a, $E(f = a)$ 是可测集, 问 f 是否为可测函数?

2. 设 E 为测度空间 (X, Σ) 中可测集, $\{f_k\}_{k=1}^{\infty}$ 为 E 上可测函数列, 证明它的收敛点集和发散点集都是可测集.

3. 设 E 为测度空间 (X, Σ) 中可测集, f, g 为 E 上可测函数, 证明 $E(f > g)$ 和 $E(f = g)$ 都是可测集.

4. 设 $mE < +\infty$, f 为 E 上几乎处处有限的可测函数. 证明对任意 $\varepsilon > 0$, 都存在闭集 $F \subset E$, 使得 $m(E \setminus F) < \varepsilon$, 而在 F 上 f 是有界函数.

5. (1) 证明定理 4.2.2 的逆定理.

(2) 证明定理 4.2.2 的推广形式: 定义在可测集 E 上的函数 f 为可测函数的充要条件是有 E 上简单函数列 φ_k 处处收敛到 f.

6. 设 f, g 为 $\mathbf{R}$ 上函数, f 在 $\mathbf{R}$ 上 Borel 可测, 而 g 在 $\mathbf{R}$ 上 Lebesgue 可测, 证明 $f\circ g$ 是 $\mathbf{R}$ 上 Lebesgue 可测函数. (应当注意, $g\circ f$ 未必是 $\mathbf{R}$ 上 Lebesgue 可测函数.)

7. 设 f 为 $\mathbf{R}$ 上处处可导的函数. 证明导函数 f' 是可测函数.

8. 设 $mE<+\infty$, $\{f_k\}_{k=1}^{\infty}$ 为 E 上几乎处处有限的可测函数, 并且 $\lim\limits_{k\to+\infty} f_k(x)=0$ a. e. 于 E. 证明存在 E 可测子集列 $\{E_k\}$ 使得 $E_k\subset E_{k+1}$, $\lim\limits_{k\to+\infty} mE_k=mE$, 而在每个 E_k 上 $\{f_k\}_{k=1}^{\infty}$ 都一致收敛到 0.

9. 设 $|f_k(x)|\leqslant K$ a. e. 于 E, $k=1,2,\cdots$, 且在 E 上 $f_k\xrightarrow{m} f$. 证明 $|f(x)|\leqslant K$ a. e. 于 E.

10. 设在可测集 E 上 $f_k\xrightarrow{m} f$, 且 $f_k(x)\leqslant f_{k+1}(x)$ 在 E 上几乎处处成立, $k=1,2,\cdots$. 证明 $f_k\to f$ a. e. 于 E.

11. 设在可测集 E 上 $f_k\xrightarrow{m} f$, 而 $f_k=g_k$ a. e. 于 E, $k=1,2,\cdots$. 则 $g_k\xrightarrow{m} f$.

12. 设 $\{f_k\}_{k=1}^{\infty}$ 为 $[0,1]$ 上一列几乎处处有限的可测函数. 证明存在一列正数 c_k 使得 $\dfrac{f_k(x)}{c_k}\to 0$ a. e.于$[0,1]$.

[提示: 取 c_n 使得 $m(\{x||f_n(x)|/c_n|>1/n\})<2^{-n}$. 应用 Borel-Cantelli 引理.]

13. 证明不存在 $\mathbf{R}$ 上连续函数 f 使得 $f(x)=\chi_{[0,1]}(x)$ 几乎处处在 $\mathbf{R}$ 上成立.

14. Lebesgue 可测函数下 Lebesgue 可测集的原像是否一定 Lebesgue 可测?

15. 设 $\{f_k\}_{k=1}^{\infty}$ 是可测集 E 上有限可测函数列且 $m(E)<+\infty$. 证明 $\lim\limits_{k\to+\infty} f_k(x)=0$ 在 E 上几乎处处成立的充要条件是在 E 上 $g_k\xrightarrow{m} 0$. 其中 $g_k(x)=\sup\limits_{j\geqslant k}|f_j(x)|$.

16. 构造 $[0,1]$ 上连续函数列 $\{f_k\}_{k=1}^{\infty}$ 使得 $\{f_k\}_{k=1}^{\infty}$ 在 $[0,1]$ 上几乎处处收敛于 0. 但是在任何子区间上 $\{f_k\}_{k=1}^{\infty}$ 都不一致收敛到 0.

17. 设 $f, f_k(k\in\mathbf{Z}_+)$ 都是可测集 E 上几乎处处有限的可测函数, 并且 $m(E(f_k\neq f))<\dfrac{1}{2^k}(k\in\mathbf{Z}_+)$. 证明 $f_k\to f$ a. e. 于 E.

18. 对 $k \in \mathbf{Z}_+$, 令

$$\alpha_k = 1 + \frac{1}{2} + \cdots + \frac{1}{k} - \left[1 + \frac{1}{2} + \cdots + \frac{1}{k}\right],$$

其中 $[\alpha]$ 表示数 α 的整数部分. 定义区间列

$$I_k = \begin{cases} [\alpha_k, \alpha_{k+1}), & 若 \alpha_k < \alpha_{k+1}, \\ [\alpha_k, 1) \bigcup [0, \alpha_{k+1}), & 若 \alpha_k > \alpha_{k+1}. \end{cases}$$

再定义 $[0,1)$ 上的函数列 $f_k(x) = \chi_{I_k}(x)$.

(1) 证明 $\{f_k\}_{k=1}^{\infty}$ 依测度收敛于 0 而不几乎处处收敛于 0;

(2) 选出子序列 $\{f_{k_i}\}_{i=1}^{\infty}$ 处处收敛于 0.

$\left[\text{提示: } m(I_k) = \dfrac{1}{k+1}, k \in \mathbf{Z}_+.\right]$

19. 设 $E_k \subset E$, $f_k(x) = \chi_{E_k}(x), k = 1, 2, \cdots, f(x) = \chi_E(x)$. 证明:

(1) $\{f_k(x)\}_{k=1}^{\infty}$ 在 E 上一致收敛于 $f(x)$ 的充要条件为

$$存在 N, 对任意 k \geqslant N, E(|f_k - f| > 0) = \varnothing;$$

(2) $\{f_k(x)\}_{k=1}^{\infty}$ 在 E 上近一致收敛于 $f(x)$ 的充要条件为

$$\lim_{N \to +\infty} m\left(\bigcup_{k=N}^{\infty} E(|f - f_k| > 0)\right) = 0;$$

(3) $\{f_k(x)\}_{k=1}^{\infty}$ 在 E 上 a. e. 收敛于 $f(x)$ 的充要条件为

$$m\left(\bigcap_{N=1}^{\infty} \bigcup_{k=N}^{\infty} E(|f - f_k| > 0)\right) = 0;$$

(4) $\{f_k(x)\}_{k=1}^{\infty}$ 在 E 上依测度收敛于 $f(x)$ 的充要条件为

$$\lim_{k \to +\infty} m(E(|f - f_k| > 0)) = 0.$$

***20.** 设 E 是 $\mathbf{R}$ 上测度有限的可测集, f 是 E 上的可测函数. 证明必存在一列阶梯函数 $\{\varphi_n\}$, 使得 $\{\varphi_n\}$ 既依测度收敛于 f, 又几乎处处收敛于 f.

***21.** 设函数列 $\{f_n\}$ 和 $\{g_n\}$ 是可测集 E 上两列可测函数, $f_n \xrightarrow{m} f, g_n \xrightarrow{m} g$.

(1) 证明: 当 $m(E) < +\infty$ 时, $f_n g_n \xrightarrow{m} fg$.

(2) 当 $m(E) = +\infty$ 时, (1) 是否成立?

第 5 章

Lebesgue 积分

经过漫长的准备工作, 本章终于可以进入到实变函数的主题 —— 建立 Lebesgue 积分.

我们的思想是从简单到一般, 分四个步骤建立一般可测函数的 Lebesgue 积分理论: 先建立简单函数的积分, 再建立测度有界集合上有界可测函数的积分, 然后建立非负实值可测函数的积分, 最后建立一般可测函数的积分. 在每一步都给出积分的基本性质如积分的线性性, 单调性, 适当的收敛定理 (即被积函数的极限和积分次序是否可交换问题) 等.

5.1 Lebesgue 积分的引入: 简单函数的积分

这一节中涉及的可测集为 n 维欧氏空间中的可测集. 函数的可测性是指 Lebesgue 可测.

回忆一下简单函数的概念. 简单函数 φ 为有限和:

$$\varphi(\boldsymbol{x})=\sum_{k=1}^{N}a_k\chi_{E_k}(\boldsymbol{x}), \tag{5.1}$$

其中 $E_k\subset\mathbf{R}^n$ 为可测集, a_k 为常数. 在本章中我们对简单函数作适当限制, 只考虑所有 E_k 是**测度有限集**的简单函数.

需要说明的是, 简单函数的表示方式 (5.1) 不是唯一的. 比如 $\chi_E=\chi_{E_1}+\chi_{E\setminus E_1}$ 对任意 $E_1\subset E$ 成立. 但是任意简单函数有一个唯一的标准表示方式, 即标准型. 标准型定义如下.

简单函数 φ 的**标准型**为唯一的形为式 (5.1) 的分解, 其中 a_k 为两两不同的非零数, 并且 E_k 两两不交.

对一个简单函数 φ 来说, 很容易找出其标准型. 因为 φ 只取有限个不同的非零值, 设其为 $\{c_1, c_2, \cdots, c_M\}$. 令 $F_k = \{\boldsymbol{x} | \varphi(\boldsymbol{x}) = c_k\}$, 易知 F_k 两两不交, 因此 $\varphi = \sum\limits_{k=1}^{M} c_k \chi_{F_k}$ 即为所求的 φ 标准型.

定义 5.1.1 (简单函数的 Lebesgue 积分) 设 φ 为 $\mathbf{R}^n$ 上简单函数. $\varphi(\boldsymbol{x}) = \sum\limits_{k=1}^{M} a_k \chi_{F_k}(\boldsymbol{x})$ 为 φ 标准型, 则

$$\int_{\mathbf{R}^n} \varphi(\boldsymbol{x}) \mathrm{d}\boldsymbol{x} = \sum_{k=1}^{M} a_k m(F_k)$$

称为 φ(在 $\mathbf{R}^n$ 上) 的**Lebesgue 积分**.

当 E 为 $\mathbf{R}^n$ 的有限测度可测子集时, $\varphi(\boldsymbol{x})\chi_E(\boldsymbol{x})$ 也是简单函数, 因此可以定义

$$\int_E \varphi(\boldsymbol{x}) \mathrm{d}\boldsymbol{x} = \int_{\mathbf{R}^n} \varphi(\boldsymbol{x}) \chi_E(\boldsymbol{x}) \mathrm{d}\boldsymbol{x} = \sum_{k=1}^{M} a_k m\left(F_k \bigcap E\right).$$

由定义可知, 当可测子集 $E \supset \bigcup\limits_{k=1}^{M} F_k$ 时, $\int_E \varphi(\boldsymbol{x}) \mathrm{d}\boldsymbol{x} = \int_{\mathbf{R}^n} \varphi(\boldsymbol{x}) \mathrm{d}\boldsymbol{x}$.

注 5.1.1 在 Lebesgue 积分的记号当中, 为了强调是关于 Lebesgue 测度的积分, 积分微元符号也用 $\mathrm{d}m$ 表示. 很多实变函数方面的书籍都采用这一记号.

为了简化记号, 当不致引起混淆时 Lebesgue 积分也用下述几种符号表示:

$$\int_{\mathbf{R}^n} \varphi(\boldsymbol{x}) \mathrm{d}\boldsymbol{x} = \int \varphi(\boldsymbol{x}) = \int \varphi, \int_E \varphi \text{ 等}.$$

定理 5.1.1 简单函数积分的基本性质.

(1) 积分值和表示方式无关. 若 $\varphi = \sum\limits_{k=1}^{N} a_k \chi_{E_k}$ 是简单函数 φ 的任一表示. 则

$$\int \varphi = \sum_{k=1}^{N} a_k m(E_k).$$

(2) (有限) 可加性. 若 E 和 F 为不交的测度有限可测集, 则

$$\int_{E \bigcup F} \varphi = \int_E \varphi + \int_F \varphi.$$

(3) 线性性质. 如果 φ, ψ 为简单函数, a, $b \in \mathbf{R}$, 则

$$\int (a\varphi + b\psi) = a\int \varphi + b\int \psi.$$

(4) 单调性. 如果 φ, ψ 为简单函数, 且 $\varphi \leqslant \psi$, 则

$$\int \varphi \leqslant \int \psi.$$

(5) 三角不等式. 如果 φ 是一个简单函数, 则 $|\varphi|$ 也是简单函数. 且

$$\left|\int \varphi\right| \leqslant \int |\varphi|.$$

证明 (1) 设 E_j 两两不交, 但是 a_j 可以相同, 且可为零. 设 $\{c_k\}_{k=1}^M$ 为 a_j 中所有非零数构成的集合, 对每个 k, 令 $F_k = \bigcup\limits_{a_j=c_k} E_j$, 则

$$\begin{aligned}\sum_{j=1}^N a_j m(E_j) &= \sum_{k=1}^M \Big(\sum_{a_j=c_k} a_j m(E_j)\Big)\\ &= \sum_{k=1}^M c_k\Big(\sum_{a_j=c_k} m(E_j)\Big)\\ &= \sum_{k=1}^M c_k m\Big(\bigcup_{a_j=c_k} E_j\Big)\\ &= \sum_{k=1}^M c_k m(F_k),\end{aligned}$$

因此

$$\int \varphi = \sum_{k=1}^M c_k m(F_k) = \sum_{j=1}^N a_j m(E_j).$$

(2) 设 $\varphi = \sum\limits_{k=1}^N a_k \chi_{E_k}$. 则

$$\begin{aligned}\int_{E\bigcup F} \varphi &= \sum_{k=1}^M c_k m\Big(E_k \bigcap (E \bigcup F)\Big)\\ &= \sum_{k=1}^M c_k\Big(m(E_k \bigcap E) + m(E_k \bigcap F)\Big)\\ &= \sum_{k=1}^M c_k m(E_k \bigcap E) + \sum_{k=1}^M c_k m(E_k \bigcap F)\\ &= \int_E \varphi + \int_F \varphi.\end{aligned}$$

(3) 设 $\varphi=\sum\limits_{k=1}^{N_1}a_{1k}\chi_{E_{1k}}$, $\psi=\sum\limits_{j=1}^{N_2}a_{2j}\chi_{E_{2j}}$, 则 $a\varphi+b\psi$ 也为简单函数.

不妨设 $E=\bigcup\limits_{k=1}^{N_1}E_{1k}=\bigcup\limits_{j=1}^{N_2}E_{2j}$, 否则可令 $E_{1,N_1+1}=\Big(\bigcup\limits_{j=1}^{N_2}E_{2j}\Big)\Big\backslash\Big(\bigcup\limits_{k=1}^{N_1}E_{1k}\Big)$, $E_{2,N_2+1}=\Big(\bigcup\limits_{k=1}^{N_1}E_{1k}\Big)\Big\backslash\Big(\bigcup\limits_{j=1}^{N_2}E_{2j}\Big)$. 令 $a_{1,N_1+1}=0, a_{2,N_2+1}=0$, 对 $\varphi_1=\sum\limits_{k=1}^{N_1+1}a_{1k}\chi_{E_{1k}}$ 及 $\psi_1=\sum\limits_{j=1}^{N_2+1}a_{2j}\chi_{E_{2j}}$ 来证明即可. 显然 $\varphi_1=\varphi$, $\psi_1=\psi$.

对不同的 k, j, $E_{1k}\bigcap E_{2j}$ 互不相交. 且

$$\begin{aligned}\int_{(E_{1k}\bigcap E_{2j})}(a\varphi+b\psi)&=(aa_{1k}+ba_{2j})m(E_{1k}\bigcap E_{2j})\\&=aa_{1k}m(E_{1k}\bigcap E_{2j})+ba_{2j}m(E_{1k}\bigcap E_{2j})\\&=a\int_{(E_{1k}\bigcap E_{2j})}\varphi+b\int_{(E_{1k}\bigcap E_{2j})}\psi,\end{aligned}$$

从而由 (2) 即知

$$\begin{aligned}\int(a\varphi+b\psi)&=\sum_{k,j}\int_{(E_{1k}\bigcap E_{2j})}(a\varphi+b\psi)\\&=\sum_{k,j}\Big(\int_{(E_{1k}\bigcap E_{2j})}a\varphi+\int_{(E_{1k}\bigcap E_{2j})}b\psi\Big)\\&=\sum_{k,j}\int_{(E_{1k}\bigcap E_{2j})}a\varphi+\sum_{k,j}\int_{(E_{1k}\bigcap E_{2j})}b\psi\\&=a\int\varphi+b\int\psi.\end{aligned}$$

(4) 令 $\omega(\boldsymbol{x})=\psi(\boldsymbol{x})-\varphi(\boldsymbol{x})$, 则 ω 为非负简单函数, 因此由积分定义可知 $\int\omega\geqslant0$. 而 $\int\psi=\int(\varphi+\omega)=\int\varphi+\int\omega$, 从而 $\int\varphi\leqslant\int\psi$.

(5) 设 $\varphi=\sum\limits_{k=1}^{N}a_k\chi_{E_k}$, 则 $|\varphi|=\sum\limits_{k=1}^{N}|a_k|\chi_{E_k}$. 因此

$$\Big|\int\varphi\Big|=\Big|\sum_{k=1}^{N}a_km(E_k)\Big|\leqslant\sum_{k=1}^{N}|a_k|m(E_k)=\int|\varphi|.$$

□

注 5.1.2 由积分定义容易验证, 当两个简单函数 f 和 g**几乎处处相等**时, $\int f=\int g$. 后面会看到, 这一性质在一般情形也成立.

5.2 测度有限集合上有界可测函数的积分

设 $E\subset\mathbf{R}^n, m(E)<+\infty$. f 为 E 上的一个有界可测函数. 可以将 f 看作一个定义于全空间的可测函数如下: 当 $\boldsymbol{x}\in E^c$ 时令 $f(\boldsymbol{x})=0$. 因此后面不需要特别指明可测函数的定义域了, 可直接认为所有涉及的可测函数都是定义于全空间 $\mathbf{R}^n$ 上的可测函数. 反之, 任一 $\mathbf{R}^n$ 上可测函数也可以看作 E 上可测函数, 只需限制定义域即可.

首先回顾一下 Riemann 积分的定义.

设 $f(x)$ 为定义于区间 $[a,b]$ 上的函数. 对任意区间 $[a,b]$ 的划分

$$\Delta: a=x_0<x_1<\cdots<x_k=b.$$

对任意 $i(1\leqslant i\leqslant k)$, 令 $\Delta_i=x_i-x_{i-1}$, $|\Delta|=\max_{1\leqslant i\leqslant k}\Delta_i$, $m_i=\inf\{f(x)|x\in[x_{i-1},x_i]\}$, $M_i=\sup\{f(x)|x\in[x_{i-1},x_i]\}$,

$$\sum_{i=1}^{k}m_i\Delta_i, \sum_{i=1}^{k}M_i\Delta_i$$

分别称为 $f(x)$ 关于划分 Δ 的 Darboux(达布) 下和与 Darboux 上和. 若

$$\lim_{|\Delta|\to 0}\sum_{i=1}^{k}m_i\Delta_i=\lim_{|\Delta|\to 0}\sum_{i=1}^{k}M_i\Delta_i,$$

则称 f 在 $[a,b]$ 上 Riemann 可积, 此时上述极限的公共值称为 f 在 $[a,b]$ 上的 Riemann 积分. 记为

$$\int_a^b f(x)\mathrm{d}x.$$

由 Riemann 积分的定义可知, Riemann 积分是采用划分定义域的方式给出的. 对应于一个划分的 Darboux 下和与上和其实就是阶梯函数的 (Lebesgue) 积分.

和 Riemann 积分不同, Lebesgue 积分是采用划分值域的方式给出的.

设 $E\subset\mathbf{R}^n, m(E)<+\infty$, f 为 E 上有界可测函数. 设 $M>0$, 对任意 $\boldsymbol{x}\in E$, $|f(\boldsymbol{x})|\leqslant M$.

对任意 $[-M,M]$ 的划分:

$$\Delta: -M=y_0<y_1<\cdots<y_k=M.$$

和上面定义 Riemann 积分情形类似, 对任意 $i(1\leqslant i\leqslant k)$, 令 $\Delta_i=y_i-y_{i-1}$, $|\Delta|=\max\limits_{1\leqslant i\leqslant k}\Delta_i$,

$$E_i=E(y_{i-1}\leqslant f<y_i), 1\leqslant i\leqslant k, E_{k+1}=E(f=y_k),$$

$$\varphi_\Delta = \sum_{i=1}^{k+1} y_{i-1}\chi_{E_i}, \psi_\Delta = \sum_{i=1}^{k+1} y_i\chi_{E_i}.$$

其中 $y_{k+1} = M$. 则

$$\varphi_\Delta(\boldsymbol{x}) \leqslant f(\boldsymbol{x}) \leqslant \psi_\Delta(\boldsymbol{x}), \boldsymbol{x} \in E, \tag{5.2}$$

且

$$\psi_\Delta(\boldsymbol{x}) - \varphi_\Delta(\boldsymbol{x}) \leqslant |\Delta|, \boldsymbol{x} \in E. \tag{5.3}$$

于是

$$\left|\int_E \varphi_\Delta - \int_E \psi_\Delta\right| = \int_E (\psi_\Delta - \varphi_\Delta) \leqslant |\Delta| m(E),$$

从而

$$\lim_{|\Delta|\to 0}\left|\int_E \varphi_\Delta - \int_E \psi_\Delta\right| = 0. \tag{5.4}$$

对任意两个划分 Δ 和 Δ', 由式 (5.2) 知

$$\int_E \varphi_\Delta \leqslant \int_E \psi_{\Delta'},$$

因此由式 (5.4) 知

$$\sup\left\{\int_E \varphi_\Delta\right\} = \inf\left\{\int_E \psi_\Delta\right\}. \tag{5.5}$$

上面的上下确界是对所有 $[-M, M]$ 的划分 Δ 对应的积分取的上下确界.

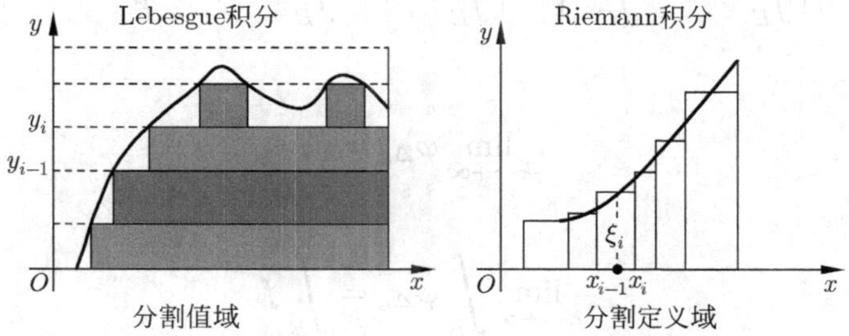

$$(L)\int_{[a,b]} f(x)\mathrm{d}x = \lim_{|\Delta|\to 0}\sum_{i=1}^{n} y_{i-1} mE_i \qquad (R)\int_a^b f(x)\mathrm{d}x = \lim_{|\Delta|\to 0}\sum_{i=1}^{n} f(\xi_i)\Delta x_i$$

图 5-1 两种积分定义比较

基于上面讨论, 我们引入下述定义:

定义 5.2.1 设 f 为测度有限的可测集 E 上的有界可测函数. $|f(\boldsymbol{x})|\leqslant M,\boldsymbol{x}\in E,M>0$. f 在 E 上的**(Lebesgue) 积分**定义为

$$\int_E f=\sup\Big\{\int_E\varphi_\Delta\Big\}\Big(=\inf\Big\{\int_E\psi_\Delta\Big\}\Big).$$

其中上 (下) 确界是对所有 $[-M,M]$ 的划分 Δ 对应的积分取的上 (下) 确界.

定理 5.2.1 设 f 为测度有限的可测集 E 上的有界可测函数. $|f(\boldsymbol{x})|\leqslant M,\boldsymbol{x}\in E,M>0$. 则

$$\int_E f=\sup\Big\{\int_E\varphi\Big\}.$$

其中上确界取自于所有定义于 E 上的小于等于 f 的简单函数 φ.

证明 对任意 $[-M,M]$ 的划分 Δ 和简单函数 $\varphi\leqslant f$, 因为 $\varphi\leqslant f\leqslant\psi_\Delta$, 故由式 (5.5) 知

$$\sup\Big\{\int_E\varphi\Big\}\leqslant\sup\Big\{\int_E\varphi_\Delta\Big\}.$$

因为 $\varphi_\Delta\leqslant f$ 也为简单函数, 因此相反的不等式显然成立. □

例 5.2.1 设 f 为测度有限的可测集 E 上的有界可测函数. $|f(\boldsymbol{x})|\leqslant M,\boldsymbol{x}\in E,M>0$. 对任意 k, 令 $\Delta_k=\Big\{-M,-M+\frac{M}{k},\cdots,\dfrac{iM}{k},\cdots,M\Big\}$. 则

$$\Big|\int_E\varphi_{\Delta_k}-\int_E f\Big|\leqslant\Big|\int_E\varphi_{\Delta_k}-\int_E\psi_{\Delta_k}\Big|\leqslant\frac{M}{k}m(E).$$

从而

$$\lim_{k\to+\infty}\varphi_{\Delta_k}=f,$$

且

$$\lim_{k\to+\infty}\int_E\varphi_{\Delta_k}=\int_E f.$$

引理 5.2.1 设 $\{\varphi_k\}_{k=1}^\infty$ 为测度有限的可测集 E 上的简单函数列, f 为 E 上可测函数. $|\varphi_k(\boldsymbol{x})|<M,\boldsymbol{x}\in E,M>0$, 且 $\varphi_k(\boldsymbol{x})\to f(\boldsymbol{x}),\boldsymbol{x}\in E$. 则

$$\int_E\varphi_k\to\int_E f.$$

证明 对任意 $\varepsilon > 0$, 取自然数 N_1 使得 $\dfrac{1}{N_1} < \varepsilon$. 令 Δ_N 为例 5.2.1 中的划分, $\varphi_{\Delta_{N_1}}$ 为和它对应的简单函数. 由 Egoroff 定理, 有可测集 $F \subset E$ 使得 $m(E \setminus F) < \varepsilon$, 在 F 上 $\varphi_k \rightrightarrows f$. 于是, 有 N_2, 当 $k > N_2$ 且 $\boldsymbol{x} \in F$ 时 $|\varphi_k(\boldsymbol{x}) - f(\boldsymbol{x})| < \varepsilon$. 因此, 当 $\boldsymbol{x} \in F$ 且 $k > N_2$ 时,

$$|\varphi_k(\boldsymbol{x}) - \varphi_{\Delta_{N_1}}(\boldsymbol{x})| \leqslant |\varphi_k(\boldsymbol{x}) - f(\boldsymbol{x})| + |f(\boldsymbol{x}) - \varphi_{\Delta_{N_1}}(\boldsymbol{x})| < \varepsilon + \frac{M}{N_1} < (1+M)\varepsilon.$$

从而当 $k > N = \max\{N_1, N_2\}$ 时,

$$\begin{aligned}\left|\int_E \varphi_k - \int_E f\right| &\leqslant \left|\int_E \varphi_k - \int_E \varphi_{\Delta_{N_1}}\right| + \left|\int_E \varphi_{\Delta_{N_1}} - \int_E f\right| \\ &\leqslant \left|\int_F (\varphi_k - \varphi_{\Delta_{N_1}}) + \int_{(E\setminus F)} (\varphi_k - \varphi_{\Delta_{N_1}})\right| + \frac{M}{N_1} m(E) \\ &\leqslant (1+M)\varepsilon m(F) + 2Mm(E\setminus F) + \varepsilon M m(E) \\ &\leqslant (2M + (2M+1)m(E))\varepsilon.\end{aligned}$$

这就证明了 $\int_E \varphi_k \to \int_E f$. □

定理 5.2.2 设 f, g 为测度有限的可测集 E 上的有界可测函数. 则

(1) $\int_E (af + bg) = a\int_E f + b\int_E g$.

(2) 若 $f \leqslant g$ 几乎处处成立, 则 $\int_E f \leqslant \int_E g$.

(3) $\left|\int_E f\right| \leqslant \int_E |f|$.

(4) 若 $A \leqslant f(\boldsymbol{x}) \leqslant B$, 则 $Am(E) \leqslant \int_E f \leqslant Bm(E)$.

(5) 如果 E 和 F 为有限测度的不交可测集, 则

$$\int_{E\bigcup F} f = \int_E f + \int_F f.$$

证明 定理 5.2.2 可以由引理 5.2.1 结合定理 5.1.1 来直接证明.

比如 (5). 设 $|f(\boldsymbol{x})| \leqslant M$. 由引理 5.2.1, 取 $E \bigcup F$ 上简单函数列 φ_k 使得

$$\varphi_k(\boldsymbol{x}) \to f(\boldsymbol{x}), \boldsymbol{x} \in (E \bigcup F).$$

由定理 5.1.1 知 $\int_{E\cup F} \varphi_k = \int_E \varphi_k + \int_F \varphi_k$, 两边取极限, 由引理 5.2.1 可知

$$\int_{(E\cup F)} f = \int_E f + \int_F f.$$

□

注 5.2.1 由定理 5.2.2(4) 可知, 当 $m(E)=0$ 时, E 上任意有界函数的积分必然为 0(此时 E 上任意函数均可测).

定理 5.2.3 (有界收敛定理) 设 $mE<+\infty$, $\{f_k\}_{k=1}^{\infty}$ 为 E 上可测函数列, 且对任意 $\boldsymbol{x}\in E$, $|f_k(\boldsymbol{x})|\leqslant M, M>0$. 若 $f_k\to f$ a. e. 于 E, 则

$$\int_E |f_k-f|\to 0.$$

从而更有

$$\int_E f_k\to\int_E f.$$

证明 首先, 由条件可知, 若令 $F=E(f_k\to f)$, 则 $m(E\setminus F)=0$. 因而在 F 上 $|f|\leqslant M$ 且 $f=\liminf\limits_{k\to+\infty} f_k$. 因为 $m(E\setminus F)=0$, 因此 f 在 E 上可测. 由定理 5.2.2, 只需在 F 上证明结论成立即可.

这一结论的证明实际上就是重复引理 5.2.1 的证明. 对任意 $\varepsilon>0$, 由 Egoroff 定理, 存在可测集 $A\subset F$ 使得 $m(E\setminus A)<\varepsilon$, 而在 A 上 $f_n(\boldsymbol{x})\rightrightarrows f(\boldsymbol{x})$. 因此, 当 k 充分大时, 对任意 $\boldsymbol{x}\in A$, $|f_k(\boldsymbol{x})-f(\boldsymbol{x})|\leqslant\varepsilon$ 成立. 从而有

$$\begin{aligned}\int_F |f_k(\boldsymbol{x})-f(\boldsymbol{x})|\mathrm{d}\boldsymbol{x}&=\int_A |f_k(\boldsymbol{x})-f(\boldsymbol{x})|\mathrm{d}\boldsymbol{x}+\int_{(F\setminus A)}|f_k(\boldsymbol{x})-f(\boldsymbol{x})|\mathrm{d}\boldsymbol{x}\\&\leqslant \varepsilon m(F)+2Mm(F\setminus A)\\&\leqslant \varepsilon(m(E)+2M).\end{aligned}$$

由 ε 的任意性知定理成立. □

注 5.2.2 定理 5.2.3 说明 Lebesgue 积分和极限交换次序的条件非常弱, “几乎”是没有条件的.

推论 5.2.1 若 f 为测度有限集合 E 上非负有界可测函数且 $\int_E f=0$, 则 $f=0$ a. e. 于 E.

证明 对任意正整数 $k\geqslant 1$, 令 $E_k=\left\{\boldsymbol{x}\in E|f(\boldsymbol{x})\geqslant\dfrac{1}{k}\right\}$, 则 $\dfrac{1}{k}\chi_{E_k}\leqslant f(\boldsymbol{x})$, 因此由积分的单调性可知

$$\frac{1}{k}m(E_k)\leqslant\int_E f,$$

从而 $m(E_k)=0$. 于是由

$$\{\boldsymbol{x}\in E|f(\boldsymbol{x})>0\}=\bigcup_{k=1}^{\infty}E_k,$$

知 $f=0$ a. e. 于 E. □

5.3 Lebesgue 积分和 Riemann 积分的关系

下面我们考虑 Lebesgue 积分和 Riemann 积分的关系. 首先我们来证明 Riemann 可积函数必然 Lebesgue 可积, 也就是 Lebesgue 积分是 Riemann 积分的推广, 从而有界收敛定理表明 Lebesgue 积分克服了 Riemann 积分和极限符号难以交换次序的问题.

定理 5.3.1 设 f 为 $[a,b]$ 上的有界函数.

(1) 若在 $[a,b]$ 上 f Riemann 可积, 则 f 也 Lebesgue 可积, 且

$$(R)\int_a^b f(x)\mathrm{d}x=(L)\int_{[a,b]} f(x)\mathrm{d}x.$$

上式中 (R) 和 (L) 分别表示 Riemann 积分和 Lebesgue 积分.

(2) f 在 $[a,b]$ 上 Riemann 可积的充要条件为存在两列阶梯函数 $\{\varphi_k\}_{k=1}^{\infty}$ 和 $\{\psi_k\}_{k=1}^{\infty}$ 满足条件: $|\varphi_k(x)|\leqslant M, |\psi_k(x)|\leqslant M$, 对任意 $x\in[a,b], k\geqslant 1$ 成立. 且

$$\varphi_1(x)\leqslant\varphi_2(x)\leqslant\cdots\leqslant f(x)\leqslant\cdots\leqslant\psi_2(x)\leqslant\psi_1(x), \tag{5.6}$$

及

$$\lim_{k\to+\infty}\varphi_k(x)=\lim_{k\to+\infty}\psi_k(x)\ \text{a. e.于}[a,b]. \tag{5.7}$$

证明 (1) 由 Riemann 积分的定义可知, Riemann 可积函数必然有界, 设 $|f(x)|\leqslant M$. 下面首先证明 f 可测, 然后再证明关于两种积分的等式.

由 Riemann 可积的定义, f 在 $[a,b]$ 上的上下积分相等, 故存在两列阶梯函数 $\{\varphi_k\}_{k=1}^{\infty}$ 和 $\{\psi_k\}_{k=1}^{\infty}$ 满足条件: $|\varphi_k(x)|\leqslant M, |\psi_k(x)|\leqslant M$, 对任意 $x\in[a,b], k\geqslant 1$ 成立. 且式 (5.6) 以及下式成立:

$$\lim_{k\to+\infty}(R)\int_a^b\varphi_k(x)\mathrm{d}x=\lim_{k\to+\infty}(R)\int_a^b\psi_k(x)\mathrm{d}x=(R)\int_a^b f(x)\mathrm{d}x. \tag{5.8}$$

注意, 对于阶梯函数而言, Riemann 积分和 Lebesgue 积分相同 (这一点事实上是本节讨论的出发点), 因此

$$\begin{aligned}(R)\int_a^b\varphi_k(x)\mathrm{d}x&=(L)\int_{[a,b]}\varphi_k(x)\mathrm{d}x,\\(R)\int_a^b\psi_k(x)\mathrm{d}x&=(L)\int_{[a,b]}\psi_k(x)\mathrm{d}x.\end{aligned} \tag{5.9}$$

对任意 $k \geqslant 1$ 成立. 令

$$\varphi(x)=\lim_{k\to+\infty}\varphi_k(x),\psi(x)=\lim_{k\to+\infty}\psi_k(x),$$

则

$$\varphi \leqslant f \leqslant \psi. \tag{5.10}$$

作为可测函数列的极限, φ 和 ψ 都是可测函数, 由有界收敛定理知

$$\begin{aligned}\lim_{k\to+\infty}(L)\int_{[a,b]}\varphi_k(x)\mathrm{d}x&=(L)\int_{[a,b]}\varphi(x)\mathrm{d}x,\\ \lim_{k\to+\infty}(L)\int_{[a,b]}\psi_k(x)\mathrm{d}x&=(L)\int_{[a,b]}\psi(x)\mathrm{d}x.\end{aligned} \tag{5.11}$$

由式 (5.8), 式 (5.9) 和式 (5.11) 可得

$$(L)\int_{[a,b]}(\psi(x)-\varphi(x))\mathrm{d}x=0.$$

因为 $\psi_k-\varphi_k\geqslant 0$, 因此 $\psi-\varphi\geqslant 0$, 从而由推论 5.2.1 知 $\psi=\varphi$ a. e. 于 $[a,b]$, 于是由式 (5.10) 知 $f=\varphi$ a. e. 于 $[a,b]$, 这说明 f 在 $[a,b]$ 上可测. 最后, 由式 (5.8), 式 (5.9) 和式 (5.11) 知 $(R)\int_a^b f(x)\mathrm{d}x=(L)\int_{[a,b]}f(x)\mathrm{d}x$. 从而 (1) 成立.

(2) 必要性已在 (1) 的证明中给出. 下面来证充分性.

设阶梯函数列 $\{\varphi_k\}_{k=1}^{\infty}$ 和 $\{\psi_k\}_{k=1}^{\infty}$ 满足式 (5.6) 和式 (5.7), 则对任意 k,

$$(R)\int_a^b\varphi_k(x)\mathrm{d}x\leqslant\underline{\int_a^b}f(x)\mathrm{d}x,(R)\int_a^b\psi_k(x)\mathrm{d}x\geqslant\overline{\int_a^b}f(x)\mathrm{d}x.$$

上式中的 $\underline{\int_a^b}f(x)\mathrm{d}x$ 和 $\overline{\int_a^b}f(x)\mathrm{d}x$ 分别为 $f(x)$ 的上积分和下积分. 由式 (5.7) 知式 (5.11) 中的两个积分极限相等, 从而由式 (5.9) 和上式知

$$\overline{\int_a^b}f(x)\mathrm{d}x\leqslant\lim_{k\to+\infty}(L)\int_{[a,b]}\psi_k(x)\mathrm{d}x=\lim_{k\to+\infty}(L)\int_{[a,b]}\varphi_k(x)\mathrm{d}x\leqslant\underline{\int_a^b}f(x)\mathrm{d}x.$$

这说明 f Riemann 可积. □

注 5.3.1 定理 5.3.1 证明的关键是利用阶梯函数既是 Riemann 可积也是 Lebesgue 可积且两种积分相等这一简单事实.

定理 5.3.2 区间 $[a,b]$ 上的有界函数 f Riemann 可积当且仅当 f 在 $[a,b]$ 上几乎处处连续.

证明 必要性: 由定理 5.3.1, 存在阶梯函数列 $\{\varphi_k\}_{k=1}^{\infty}$ 和 $\{\psi_k\}_{k=1}^{\infty}$ 满足式 (5.6) 和式 (5.7). 令 F 为 $\lim\limits_{k\to+\infty}\varphi_k(x)$或者 $\lim\limits_{k\to+\infty}\psi_k(x)$ 不存在或者存在但是极限不相等的点构成集合, D 为所有阶梯函数列 φ_k 和 ψ_k 的不连续点的集合之并. 则 $m(F)=0$ 而 D 为至多可数集. 从而 $m(F\bigcup D)=0$. 令

$$E=[a,b]\setminus(F\bigcup D),$$

则 $m(E)=m([a,b])=b-a$. 对任意 $x_0\in E$,

$$\lim_{k\to+\infty}\varphi_k(x_0)=\lim_{k\to+\infty}\psi_k(x_0)=f(x_0).$$

从而对任意 $\varepsilon>0$, 有 $N>0$, 使得

$$\psi_N(x_0)-\varphi_N(x_0)<\varepsilon.$$

因为 x_0 是阶梯函数 ψ_N 和 φ_N 的连续点, 因此有 $\delta>0$ 使得 ψ_N 和 φ_N 在 $(x_0-\delta,x_0+\delta)$ 上为常值函数. 于是对任意 $x\in(x_0-\delta,x_0+\delta)$, 由

$$\varphi_N(x_0)=\varphi_N(x)\leqslant f(x)\leqslant\psi_N(x)\leqslant\varphi_N(x)+\varepsilon=\varphi_N(x_0)+\varepsilon,$$

知 $|f(x)-f(x_0)|<\varepsilon$, 即 $f(x)$ 在 E 中每点连续. 这就证明了 f 在 $[a,b]$ 上几乎处处连续.

充分性: 设 $|f(x)|\leqslant M, x\in[a,b]$, $E\subset(a,b)$ 为 f 的连续点集, $m(E)=b-a$. 对任意 $\varepsilon>0$, 以及 $x\in E$, 存在 $\delta_x>0$ 使得 $(x-\delta_x,x+\delta_x)\subset(a,b)$ 且当 $y\in(x-\delta_x,x+\delta_x)$ 时,

$$|f(y)-f(x)|<\varepsilon. \tag{5.12}$$

取紧集 $F\subset E$ 使得 $m(E\setminus F)<\varepsilon$.

因为 $E\subset\bigcup\limits_{x\in E}\left(x-\dfrac{\delta_x}{2},x+\dfrac{\delta_x}{2}\right)$, 故有有限个 $x_1,x_2,\cdots,x_N$ 使得

$$F\subset\bigcup_{k=1}^{N}\left(x_k-\frac{\delta_{x_k}}{2},x_k+\frac{\delta_{x_k}}{2}\right)=U.$$

则 $m([a,b]\setminus U)\leqslant m([a,b]\setminus F)<\varepsilon$.

令 Δ 为分点为 a,b 以及所有 $x_k-\dfrac{\delta_{x_k}}{2}, x_k+\dfrac{\delta_{x_k}}{2}(k=1,2,\cdots,N)$ 确定的 $[a,b]$ 划分. 设 $\Delta: a=y_0<y_1<y_2\cdots<y_K=b$. 对任意一个小区间 (y_{i-1},y_i), 若 $(y_{i-1},y_i)\subset U$, 则 $[y_{i-1},y_i]$ 完全包含于某个 $(x-\delta_x,x+\delta_x)$ 当中. 令 $m_i=\inf\{f(x)|x\in[y_{i-1},y_i]\}, M_i=\sup\{f(x)|x\in[y_{i-1},y_i]\}$, 由式 (5.12) 知

$$0\leqslant M_i-m_i\leqslant 2\varepsilon.$$

从而关于划分 Δ 的 Darboux 大小和之差为

$$\begin{aligned}
&\sum_{i=1}^{K}(M_i-m_i)(y_i-y_{i-1})\\
=&\sum_{(y_{i-1},y_i)\subset U}(M_i-m_i)(y_i-y_{i-1})+\sum_{(y_{i-1},y_i)\not\subset U}(M_i-m_i)(y_i-y_{i-1})\\
\leqslant& 2\varepsilon m(U)+2Mm([a,b]\setminus U)\\
\leqslant& 2\varepsilon(b-a)+2M\varepsilon\\
=&2(b-a+M)\varepsilon.
\end{aligned}$$

故 f 在 $[a,b]$ 上 Riemann 可积. □

定理 5.3.2 是实变函数论对数学分析的重要贡献之一.

例 5.3.1 (1) Dirichlet 函数 $D(x)$ 在 $[0,1]$ 上处处不连续, 因而不是 Riemann 可积函数;

(2) 回忆一下 $[0,1]$ 上 Riemann 函数 $R(x)$ 的定义.

$$R(x)=\begin{cases}0, & x\in[0,1]\bigcap\mathbf{Q}^{\mathrm{c}};\\ \dfrac{1}{q}, & x\in([0,1]\bigcap\mathbf{Q})\setminus\{0\}, x=\dfrac{p}{q}, p,q\in\mathbf{Z}_+,(p,q)=1;\\ 1, & x=0.\end{cases}$$

$R(x)$ 在 $[0,1]$ 中的有理点不连续, 但是在无理点连续, 因此它在 $[0,1]$ 上 Riemann 可积. 易知 $(R)\int_0^1 R(x)\mathrm{d}x=(L)\int_{[0,1]}R(x)\mathrm{d}x=0$.

5.4 非负可测函数的积分

本小节我们建立非负可测函数的积分. 所讨论函数不一定有界, 积分的集合测度也可以为无限大.

首先, 我们定义一个 E 上可测函数 f 的**支集**为 $supp(f)=\{\boldsymbol{x}|f(\boldsymbol{x})\neq 0\}$. f 称为**支集测度有限**, 若 $m(supp(f))<+\infty$. 设 f 为支集测度有限的有界可测函数, 若 $supp(f)\subset E$, E 也为测度有限可测集, 只需在 $E\setminus supp(f)$ 上令 $f(\boldsymbol{x})=0$, 则 f 可以看作 E 上可测函数. 易知

$$\int_E f=\int_{supp(f)} f.$$

下面讨论中当碰到积分域超出函数定义域时都采用上述扩充定义方式.

定义 5.4.1 (非负可测函数的 Lebesgue 积分) 如果 E 为一可测集. f 在 E 上非负可测. 这里 E 测度不必有限, f 也可以为无界函数. 定义 f 在 E 上的**Lebesgue 积分**为

$$\int_E f=\sup_h \int_{supp(h)} h.$$

其中上确界是对所有满足条件 $0\leqslant h\leqslant f$ 且支集 $supp(h)$ 测度有限的有界可测函数所作的运算.

由积分定义可以看出, 一个非负可测函数 f 的积分有可能为有限值, 也有可能为 $+\infty$. 当其值为有限数时称 f 为 E 上的**非负 (Lebesgue) 可积函数**. 非负可测函数的积分类似于数学分析中的广义积分.

定理 5.4.1 设 f 和 g 为可测集 E 上非负可测函数, a 和 b 为正数, E 和 F 为 $\mathbf{R}^+$ 中不交可测集. 则关于函数 f 和 g 积分的下述结论成立.

(1) 线性性. $\int_E(af+bg)=a\int_E f+b\int_E g$.

(2) 可加性. $\int_{(E\cup F)} f=\int_E f+\int_F f$.

(3) 单调性. 若 $f\leqslant g$ a. e. 于 E, 则 $\int_E f\leqslant\int_E g$.

(4) 若 g 在 E 上可积而 $0\leqslant f\leqslant g$, 则 f 也在 E 上可积.

(5) 若 f 在 E 上可积, 则 $f(\boldsymbol{x})\neq+\infty$ a. e. 于 E.

(6) 若 $\int_E f=0$, 则 $f(\boldsymbol{x})=0$ a. e. 于 E.

证明 这一定理可利用关于测度有限集合上有界函数积分的相应结论即定理 5.2.2 来进行证明.

(1) 先看 $a=b=1$ 情形. 设 $\varphi\leqslant f,\psi\leqslant g$, 其中 φ,ψ 为支集测度有限的非负有界可测函数, 则 $\varphi+\psi\leqslant f+g$, 且 $\varphi+\psi$ 也是支集测度有限的非负有界可测函数, 因此

$$\int_E f+\int_E g\leqslant\int_E(f+g).$$

反之, 设支集测度有限的非负有界可测函数 $\eta \leqslant f+g$, 定义 $\eta_1 = \min\{f,\eta\}, \eta_2 = \eta - \eta_1$, 则

$$\eta_1 \leqslant f, \eta_2 \leqslant g.$$

易知 η_1 和 η_2 都是支集测度有限的非负有界可测函数, 因此

$$\int_{supp(\eta)} \eta = \int_{supp(\eta)} (\eta_1+\eta_2) = \int_{supp(\eta)} \eta_1 + \int_{supp(\eta)} \eta_2 \leqslant \int_E f + \int_E g.$$

再对所有 η 取上确界即知 $\int_E (f+g) \leqslant \int_E f + \int_E g$.

对任意 $a>0$, 以及支集测度有限的有界可测函数 φ, 易知 $a\varphi \leqslant af$ 当且仅当 $\varphi \leqslant f$. 因此 $\int_E af = a\int_E f$. 从而 (1) 成立.

(2)~(4) 可由定理 5.2.2 和积分定义直接得到.

(5) 令 $E_k = E(f \geqslant k)$, 则

$$\int_E f \geqslant \int_E f\chi_{E_k} \geqslant \int_E k\chi_{E_k} = km(E_k),$$

从而 $m(E_k) \to 0$. 因为 $E_k \searrow E_{+\infty}$, 故由定理 3.2.2 知 $m(E_{+\infty}) = 0$.

(6) 是推论 5.2.1 的推论. □

下面讨论非负可测函数积分的收敛性质. 首先, 我们看下述问题: 若 $f_n \geqslant 0$ 且在可测集 E 上 $f_n(\boldsymbol{x}) \to f(\boldsymbol{x})$ 几乎处处成立, 是否 $\int_E f_n \to \int_E f$? 下面的例子说明这一结论一般不成立. 因此我们必须对这一问题作适当调整以得到肯定的答案.

例 5.4.1 设 $E = \mathbf{R}$.

$$f_n(x) = \begin{cases} n, & 0 < x < \dfrac{1}{n}; \\ 0, & \text{其他}. \end{cases}$$

则 $f_n(x) \to 0$ 对任意 $x \in \mathbf{R}$ 成立, 但是 $\int_{\mathbf{R}} f_n(x)\mathrm{d}x = 1$. 在这一例子当中函数列积分的极限严格大于极限函数的积分. 下面我们就来证明这一结果在一般情形恒成立.

定理 5.4.2 (Fatou 引理) 如果 $\{f_n\}_{n=1}^{\infty}$ 为可测集 E 上非负可测函数列, 且 $\lim\limits_{n\to+\infty} f_n(\boldsymbol{x}) = f(\boldsymbol{x})$ a. e. 于 E, 则

$$\int_E f \leqslant \liminf_{n\to+\infty} \int_E f_n.$$

证明 设 $0 \leqslant g \leqslant f$, 其中 g 为 E 上支集测度有限的有界可测函数. 设 $g(\boldsymbol{x}) \leqslant M$. 令 $g_n = \min\{g(\boldsymbol{x}), f_n(\boldsymbol{x})\}$, 则 g_n 为 $supp(g)$ 上可测函数, 且 $|g_n(\boldsymbol{x})| \leqslant g(\boldsymbol{x}) \leqslant M$, $g_n(\boldsymbol{x}) \to g(\boldsymbol{x})$ a. e. 于 $supp(g)$. 因此由有界收敛定理可知

$$\int_E g_n = \int_{supp(g)} g_n \to \int_{supp(g)} g = \int_E g.$$

由 g_n 定义可知 $g_n \leqslant f_n$, 因此 $\int_E g_n \leqslant \int_E f_n$, 从而

$$\int_E g \leqslant \liminf_{n\to+\infty} \int_E f_n.$$

对 g 取上确界即可得要证明的不等式. □

注 5.4.1 在 Fatou 引理中允许 $\int_E f = +\infty$ 或者 $\liminf\limits_{n\to+\infty} \int_E f_n = +\infty$.

由 Fatou 引理可得下述非负可测函数积分的一系列基本性质.

推论 5.4.1 设 f_n 为可测集 E 上非负可测函数列, 且 $f_n(\boldsymbol{x}) \leqslant f(\boldsymbol{x})$ 及 $f = \lim\limits_{n\to+\infty} f_n$ a. e. 于 E. 则

$$\lim_{n\to+\infty} \int_E f_n = \int_E f.$$

证明 因为 $f_n(\boldsymbol{x}) \leqslant f(\boldsymbol{x})$ a. e. 于 E, 因此 $\int_E f_n \leqslant \int_E f$ 对所有 n 成立, 故

$$\limsup_{n\to+\infty} \int_E f_n \leqslant \int_E f.$$

再结合 Fatou 引理即知结论成立. □

由推论 5.4.1 立即可得下述结论.

推论 5.4.2 (单调收敛定理, Levi 定理) 设 f_n 为可测集 E 上单调递增的非负可测函数列, $f = \lim\limits_{n\to+\infty} f_n$ a. e. 于 E. 则

$$\int_E f = \lim_{n\to+\infty} \int_E f_n.$$

推论 5.4.3 (逐项积分公式) 若 a_n 为 E 上非负可测函数列, $f=\sum\limits_{n=1}^{\infty} a_n$. 则

$$\int_E f=\sum_{n=1}^{\infty}\int_E a_n.$$

如果 $\sum\limits_{n=1}^{\infty}\int_E a_n<+\infty$, 则级数 $\sum\limits_{n=1}^{\infty} a_n(\boldsymbol{x})$ 在 E 上几乎处处收敛.

证明 令 $f_n(\boldsymbol{x})=\sum\limits_{k=1}^{n} a_k(\boldsymbol{x})$, $f(\boldsymbol{x})=\sum\limits_{k=1}^{\infty} a_k(\boldsymbol{x})$. 则 f_n 为可测函数, $f_n(\boldsymbol{x})\leqslant f_{n+1}(\boldsymbol{x})$, 且 $f_n(\boldsymbol{x})\to f(\boldsymbol{x})(n\to+\infty)$. 因为

$$\int_E f_n=\sum_{k=1}^{n}\int_E a_k(\boldsymbol{x})\mathrm{d}\boldsymbol{x},$$

因此由单调收敛定理可知

$$\sum_{k=1}^{\infty}\int_E a_k(\boldsymbol{x})\mathrm{d}\boldsymbol{x}=\int_E\sum_{k=1}^{\infty} a_k(\boldsymbol{x})\mathrm{d}\boldsymbol{x}.$$

如果 $\sum\limits_{n=1}^{\infty}\int_E a_n<+\infty$, 由上式知 $\sum\limits_{k=1}^{\infty} a_k(\boldsymbol{x})$ 是可积的, 因此 $\sum\limits_{k=1}^{\infty} a_k(\boldsymbol{x})$ 几乎处处有限. □

推论 5.4.4 (积分关于积分区域可加性) 若 $E=\bigcup\limits_{n=1}^{\infty} E_n$, E_n 为一列两两不交的可测集列. f 在 E 上非负可测. 则

$$\int_E f=\sum_{n=1}^{\infty}\int_{E_n} f.$$

证明 对任意 n, 令 $a_n(\boldsymbol{x})=f(\boldsymbol{x})\chi_{E_n}(\boldsymbol{x})$, 则 $a_n(\boldsymbol{x})$ 为 E 上可测函数列, 且

$$\int_E a_n(\boldsymbol{x})\mathrm{d}\boldsymbol{x}=\int_E f(\boldsymbol{x})\chi_{E_n}(\boldsymbol{x})\mathrm{d}\boldsymbol{x}=\int_{E_n} f(\boldsymbol{x})\mathrm{d}\boldsymbol{x}, f(\boldsymbol{x})=\sum_{n=1}^{\infty} a_n(\boldsymbol{x}).$$

因此由推论 5.4.3 知,

$$\int_E f=\sum_{n=1}^{\infty}\int_E a_n(\boldsymbol{x})\mathrm{d}\boldsymbol{x}=\sum_{n=1}^{\infty}\int_{E_n} f.$$

□

5.5 一般可测函数的积分

本节我们讨论一般可测函数的 Lebesgue 积分. 和上一节类似, 所讨论函数不一定有界, 甚至可以取 $\pm\infty$ 为函数值, 定义积分的集合测度也可以为无限大.

回忆 4.1 节有关函数正部和负部的概念, 对任意函数 f, $f^+ = \max\{f, 0\}$, $f^- = (-f)^+$. 且有如下分解式:

$$f = f^+ - f^-, |f| = f^+ + f^-. \tag{5.13}$$

定义 5.5.1 对定义在可测集 E 上的可测函数 f, 若 f^+ 和 f^- 均可积, 则称 f **可积**, 其积分定义为

$$\int_E f = \int_E f^+ - \int_E f^-.$$

E **上可积函数**全体用 $L(E)$表示.

对于可测集 E 上可积函数 f, 若 g_1, g_2 为 E 上非负可积函数, 使得 $f = g_1 - g_2$, 则由式 (5.13) 知 $f^+ + g_2 = f^- + g_1$. 从而

$$\int_E f^+ + \int_E g_2 = \int_E g_1 + \int_E f^-.$$

因为上式中的 4 个积分均有限, 因此

$$\int_E f = \int_E f^+ - \int_E f^- = \int_E g_1 - \int_E g_2.$$

命题 5.5.1 对定义在可测集 E 上的可测函数 f, 若 $f = g_1 - g_2$, 其中 g_1, g_2 为 E 上非负可积函数, 则 f 在 E 上可积, 且

$$\int_E f = \int_E f^+ - \int_E f^- = \int_E g_1 - \int_E g_2.$$

证明 由上述讨论, 我们仅需证明 f^+ 和 f^- 的可积性. 易证 $0 \leqslant f^+(\boldsymbol{x}) \leqslant g_1(\boldsymbol{x})$ 及 $0 \leqslant f^-(\boldsymbol{x}) \leqslant g_2(\boldsymbol{x})$, 从而 f^+ 和 f^- 都可积. □

需要说明的是, 当可测集 E 上可测函数 f 可积时, 改变 E 在任意零测度集上的函数值不会改变 f 的可积性和积分值, 因此我们甚至可以要求 f 在某零测度集上无定义. 换句话说, 当我们提到一个函数时, 我们实际上指的是所有和该函数几乎处处相等的所有函数, 因为这一族函数的可测性, 可积性和积分值

等完全相同. 当 f 可积时, 由定理 5.4.1(6) 知 f 几乎处处取有限值. 基于上述原因, 对于任意两个可积函数 f 和 g, $f+g$ 最多在某个零测度集上无定义, 因此我们总可以作和函数 $f+g$.

对于可积函数, 类似于非负可测函数的情形, 我们有下述定理.

定理 5.5.1 若 f 和 g 均在 E 上可积, $c\in\mathbf{R}$. 则

(1) cf 可积, 且 $\int_E cf = c\int_E f$.

(2) $f+g$ 在 E 上可积, 且 $\int_E (f+g) = \int_E f + \int_E g$.

(3) 若 $f\leqslant g$ a. e.于 E, 则 $\int_E f \leqslant \int_E g$.

(4) 若 $A, B\subset E$ 不相交, 则 $\int_{(A\bigcup B)} f = \int_A f + \int_B f$.

(5) $|\int_E f| \leqslant \int_E |f|$.

证明 这一定理可利用命题 5.5.1 和定理 5.4.1 来证.

(1) 当 $c\geqslant 0$ 时, $cf = cf^+ - cf^-$, 由定理 5.4.1 知 cf^+ 和 cf^- 均在 E 上可积, 故 cf 也在 E 上可积, 且

$$\int_E cf = \int_E cf^+ - \int_E cf^- = c\int_E f^+ - c\int_E f^- = c\Big(\int_E f^+ - \int_E f^-\Big) = c\int_E f.$$

而当 $c<0$ 时 $cf = (-c)f^- - (-c)f^+$,

$$\begin{aligned}\int_E cf &= \int_E (-c)f^- - \int_E (-c)f^+ = (-c)\int_E f^- - (-c)\int_E f^+ \\ &= c\Big(\int_E f^+ - \int_E f^-\Big) = c\int_E f.\end{aligned}$$

(2) 由分解式 (5.13) 和定理 5.4.1 知 $f = f^+ - f^-, g = g^+ - g^-$, 故 $f+g = (f^+ + g^+) - (f^- + g^-)$, 由定理 5.4.1 知 $f^+ + g^+, f^- + g^-$ 在 E 上可积, 从而由命题 5.5.1 知 $f+g = (f^+ + g^+) - (f^- + g^-)$ 也在 E 上可积, 且

$$\int_E (f+g) = \Big(\int_E f^+ + \int_E g^+\Big) - \Big(\int_E f^- + \int_E g^-\Big) = \int_E f + \int_E g.$$

(3)、(4) 由定理 5.4.1 和式 (5.13) 直接可得.

(5) $|\int_E f| = |\int_E f^+ - \int_E f^-| \leqslant \int_E f^+ + \int_E f^- = \int_E |f|$. □

定理 5.5.2 若可测函数 f 在 E 上可积, 则对任意 $\varepsilon>0$, 下列结论成立:

(1) **(积分的近有界性)** 存在有界可测集 $B\subset E$ 使得

$$\int_{E\setminus B} |f| < \varepsilon.$$

(2) **(积分的绝对连续性)** 存在 $\delta>0$, 使得当 $A\subset E$ 且 $m(A)<\delta$ 时

$$\left|\int_A f\right|\leqslant\int_A|f|<\varepsilon.$$

证明 因为我们只讨论非负可积函数 $|f|$ 的积分, 为了表述简单起见, 我们不妨设 f 非负可积. 由非负可积函数积分的定义知, 存在 E 上有界可测函数 h 使得 $0\leqslant h\leqslant f$, $m(supp(h))<+\infty$, 且 $\int_E f<\int_E h+\frac{\varepsilon}{2}$.

对任意 n, 令 $E_n=B(0,n)\bigcap E$, $g_n(\boldsymbol{x})=h(\boldsymbol{x})\chi_{E_n}$, 则 $g_n(\boldsymbol{x})$ 单调递增, 且对任意 $\boldsymbol{x}\in E$, $\lim\limits_{n\to+\infty}g_n(\boldsymbol{x})=h(\boldsymbol{x})$. 故由单调收敛定理知有 n 使得

$$\int_{supp(h)}h<\int_{supp(h)}g_n+\left[\frac{\varepsilon}{2}-\left(\int_E f-\int_E h\right)\right],$$

令 $g=g_n$, 则

$$\int_E f<\int_E g+\frac{\varepsilon}{2}.$$

(1) 令 $B=supp(g)$, 则 B 为有界集, 且

$$\varepsilon>\int_E f-\int_E g=\int_B(f-g)+\int_{(E\setminus B)}(f-g)=\int_B(f-g)+\int_{(E\setminus B)}f.$$

因为上式中最后一项为非负和, 因此 $\int_{(E\setminus B)}f<\varepsilon$.

(2) 设 $0\leqslant g(\boldsymbol{x})\leqslant M,\boldsymbol{x}\in E$, 则当 $A\subset E$ 为可测集且 $m(A)<\delta=\dfrac{\varepsilon}{2M+1}$ 时,

$$\begin{aligned}\int_A f&=\int_A((f-g)+g)=\int_A(f-g)+\int_A g\leqslant\int_E(f-g)+Mm(A)\\&<\frac{\varepsilon}{2}+\frac{M\varepsilon}{2M+1}<\varepsilon.\end{aligned}$$

□

有界收敛定理可以推广为下述控制收敛定理.

定理 5.5.3 (控制收敛定理) 设 g 为可测集 E 上可积函数, $\{f_n\}_{n=1}^{\infty}$ 为 E 上可积函数列使得在 E 上 $|f_n|\leqslant g$(即 f_n 受 g 控制), $f(\boldsymbol{x})=\lim\limits_{n\to+\infty}f_n(\boldsymbol{x})$ a. e. 于 E. 则

$$\lim_{n\to+\infty}\int_E|f_n-f|=0.$$

从而更有

$$\lim_{n\to+\infty}\int_E f_n=\int_E f.$$

证明 首先, 由 $|f_n|\leqslant g$ 和 $f(\boldsymbol{x})=\lim\limits_{n\to+\infty}f_n(\boldsymbol{x})$ a. e. 于 E 可知 f 也在 E 上可测且 $|f(\boldsymbol{x})|\leqslant g(\boldsymbol{x})$ a. e. 于 E, 因此 f 也在 E 上可积.

其次, 对任意 n, 令 $E_n=\{\boldsymbol{x}\in E|\boldsymbol{x}\in B(0,n)\text{且}g(\boldsymbol{x})\leqslant n\}$, 再令 $g_n(\boldsymbol{x})=g(\boldsymbol{x})\chi_{E_n}(\boldsymbol{x})$. 则 g_n 为单调递增列且由定理 5.4.1(5) 知 $g(\boldsymbol{x})<+\infty$ a. e. 于 E, 从而 $g_n(\boldsymbol{x})\to g(\boldsymbol{x})$ a. e. 于 E. 由单调收敛定理知, 对任意 $\varepsilon>0$, 有 N_1 使得 $\int_E(g-g_{N_1})<\dfrac{\varepsilon}{3}$, 而 $\int_E(g-g_{N_1})=\int_E(g-g\chi_{E_{N_1}})=\int_{(E\setminus E_{N_1})}g$.

在 E_{N_1} 上 $|f_n(\boldsymbol{x})|\leqslant g(\boldsymbol{x})\leqslant N_1$, $E_{N_1}\subset B(0,N_1)$ 为有界集, 从而由有界收敛定理知 $\int_{E_{N_1}}|f_n-f|\to 0$. 于是有 N_2, 使得当 $n>N_2$ 时

$$\int_{E_{N_1}}|f_n-f|<\frac{\varepsilon}{3}.$$

因此, 当 $n>N_2$ 时,

$$\begin{aligned}\int_E|f_n-f|&=\int_{E_{N_1}}|f_n-f|+\int_{(E\setminus E_{N_1})}|f_n-f|\\&\leqslant\int_{E_{N_1}}|f_n-f|+2\int_{(E\setminus E_{N_1})}g<\frac{\varepsilon}{3}+\frac{2\varepsilon}{3}=\varepsilon.\end{aligned}$$

□

定理 5.5.4 (控制收敛定理的依测度收敛形式) 设 g 为可测集 E 上可积函数, $\{f_n\}_{n=1}^{\infty}$ 为 E 上可积函数列. f 为 E 上可测函数, 在 E 上 $|f_n|\leqslant g$(即 f_n 受 g 控制), $f_n\xrightarrow{m}f$. 则

$$\lim_{n\to+\infty}\int_E|f_n-f|=0.$$

从而更有

$$\lim_{n\to+\infty}\int_E f_n=\int_E f.$$

证明 由 Riesz 定理, f_n 有子列在 E 上几乎处处收敛到 f, 故 $|f|\leqslant g$ a. e. 于 E, 从而 f 在 E 上可积.

若 $\lim\limits_{n\to+\infty}\int_E|f_n-f|=0$ 不成立, 则有 f_n 子列 f_{n_k} 以及 $\varepsilon_0>0$ 使得对任意 k,

$$\int_E|f_{n_k}-f|\geqslant\varepsilon_0. \tag{5.14}$$

但由 Riesz 定理, f_{n_k}有子列 $f_{n_{k_i}}$在 E 上几乎处处收敛到 f, 于是由定理 5.5.3 知

$$\int_E|f_{n_{k_i}}-f|\to 0.$$

这和式 (5.14) 矛盾. □

作为控制收敛定理的应用, 下面我们看一个含参数积分的例子.

考虑含参数积分

$$\varphi(y)=\int_E f(\boldsymbol{x},y)\mathrm{d}\boldsymbol{x} \tag{5.15}$$

其中 E 为 $\mathbf{R}^n$ 中可测集, $f(\boldsymbol{x},y)$ 为定义于 $E\times[a,b]$ 上实函数. 对每个 $y\in[a,b]$, $f(\cdot,y)\in L(E)$.

推论 5.5.1 对形如式 (5.15) 的积分, 以下结论成立.

(1) 若存在 $g(\boldsymbol{x})\in L(E)$ 使得 $|f(\boldsymbol{x},y)|\leqslant g(\boldsymbol{x})$, 对任意 $\boldsymbol{x}\in E,y\in[a,b]$ 成立, 且 $\lim\limits_{y\to y_0}f(\boldsymbol{x},y)$ 在 E 上几乎处处存在, 则

$$\lim_{y\to y_0}\varphi(y)=\int_E\lim_{y\to y_0}f(\boldsymbol{x},y)\mathrm{d}\boldsymbol{x}. \tag{5.16}$$

(2) 若函数 $f(\boldsymbol{x},y)$ 的偏导数 $f'_y(\boldsymbol{x},y)$ 存在, 且存在 $g(\boldsymbol{x})\in L(E)$, 使得 $|f'_y(\boldsymbol{x},y)|\leqslant g(\boldsymbol{x})$, 对任意 $\boldsymbol{x}\in E,y\in[a,b]$ 成立. 则

$$\varphi'(y)=\int_E f'_y(\boldsymbol{x},y)\mathrm{d}\boldsymbol{x}. \tag{5.17}$$

证明 (1) 对收敛到 y_0 的任意序列 $\{y_n\}_{n=1}^{\infty}\subset[a,b]$, 有

$$\lim_{y\to y_0}\varphi(y)=\lim_{n\to+\infty}\varphi(y_n).$$

由于序列 $f_n(\boldsymbol{x})=f(\boldsymbol{x},y_n)$ 在 E 上几乎处处收敛, 而且 $|f_n(\boldsymbol{x})|\leqslant g(\boldsymbol{x})$, 由控制收敛定理可得

$$\lim_{n\to+\infty}\varphi(y_n)=\lim_{n\to+\infty}\int_E f(\boldsymbol{x},y_n)\mathrm{d}\boldsymbol{x}=\int_E\lim_{n\to+\infty}f(\boldsymbol{x},y_n)\mathrm{d}\boldsymbol{x}.$$

这一等式和极限等式 (5.16) 等价, 从而式 (5.16) 成立.

(2) 对任意 $y\in[a,b]$, 令

$$g(\boldsymbol{x},z)=\frac{f(\boldsymbol{x},z)-f(\boldsymbol{x},y)}{z-y},z\in[a,b],$$

则式 (5.17) 即下式

$$\lim_{z\to y}\int_E g(\boldsymbol{x},z)\mathrm{d}\boldsymbol{x}=\int_E\lim_{z\to y}g(\boldsymbol{x},z)\mathrm{d}\boldsymbol{x}.$$

由微分中值定理, 存在 $\overline{z}\in[a,b]$ 使得

$$|g(\boldsymbol{x},z)|=|f'_y(\boldsymbol{x},\overline{z})|\leqslant g(\boldsymbol{x}),\boldsymbol{x}\in E.$$

从而由结论 (1) 知式 (5.17) 成立. □

在 Riemann 积分中, 只有函数列一致收敛时极限运算才能和积分运算交换次序. 而控制收敛定理要求存在控制函数这一条件显然要弱得多. 这充分说明了 Lebesgue 积分的优越性. 控制收敛定理在应用上非常广泛, 它被成功地应用到随机过程和控制论等学科当中.

本节最后讨论 Lebesgue 积分和广义 Riemann 积分的关系.

定理 5.5.5 设 $f(x)$ 为 $[a,+\infty)$ 上的非负函数. 如果对任意 $A>a$, $f(x)$ 在 $[a,A]$ 上 Riemann 可积, 则 $f(x)$ 在 $[a,+\infty)$ 上 Lebesgue 可测, 且

$$(L)\int_{[a,+\infty)}f(x)\mathrm{d}x=(R)\int_a^{+\infty}f(x)\mathrm{d}x. \tag{5.18}$$

证明 首先, 因为 f 在每个 $[a,A]$ 上 Riemann 可积, 因而也 Lebesgue 可积, 从而 f 在 $[a,A]$ 上可测, 因此 f 也在 $[a,+\infty)=\bigcup\limits_{n=1}^{\infty}[a,a+n]$ 上可测. 对任意 $n\in\mathbf{N}$, 令

$$f_n(x)=f(x)\chi_{[a,a+n]},$$

则 $f_n\nearrow f$, 因此

$$\begin{aligned}(L)\int_{[a,+\infty)}f(x)\mathrm{d}x&=\lim_{n\to+\infty}(L)\int_{[a,+\infty)}f_n(x)\mathrm{d}x\\&=\lim_{n\to+\infty}(L)\int_{[a,a+n]}f(x)\mathrm{d}x\\&=\lim_{n\to+\infty}(R)\int_a^{a+n}f(x)\mathrm{d}x\\&=(R)\int_a^{+\infty}f(x)\mathrm{d}x.\end{aligned}$$

从而式 (5.18) 成立. □

例 5.5.1 令

$$f(x)=\begin{cases}\dfrac{\sin x}{x}, & x>0;\\ 1, & x=0,\end{cases}$$

则 $f(x)$ 在 $[0,+\infty)$ 上连续, 于是 $f(x)$ 在 $[0,+\infty)$ 上广义可积, 且

$$(R)\int_0^{+\infty} f(x)\mathrm{d}x=\frac{\pi}{2}.$$

但是

$$\begin{aligned}(L)\int_{[0,+\infty)} f^+(x)\mathrm{d}x&=\sum_{n=0}^{\infty}(L)\int_{[2n\pi,(2n+1)\pi]}\frac{\sin x}{x}\mathrm{d}x\\&=\sum_{n=0}^{\infty}(R)\int_{2n\pi}^{(2n+1)\pi}\frac{\sin x}{x}\mathrm{d}x\\&=\sum_{n=0}^{\infty}(R)\int_0^{\pi}\frac{\sin t}{2n\pi+t}\mathrm{d}t\\&\geqslant\sum_{n=0}^{\infty}\frac{1}{(2n+1)\pi}\int_0^{\pi}\sin t\mathrm{d}t\\&=\sum_{n=0}^{\infty}\frac{2}{(2n+1)\pi}\\&=+\infty.\end{aligned}$$

因此 $f(x)$ 在 $[0,+\infty)$ 上不是 Lebesgue 可积的.

定理 5.5.5 说明对非负函数而言, Lebesgue 积分是广义 Riemann 积分的推广. 而例 5.5.1 说明对一般函数而言, Lebesgue 积分不是广义 Riemann 积分的推广.

类似地可以证明, 当 $f(x)$ 是区间 $[a,b]$ 上的非负无界函数时, 如果 $f(x)$ 在 $[a,b]$ 上 (Riemann 意义下) 的瑕积分存在, 则 $f(x)$ 是 $[a,b]$ 上的 Lebegue 可积函数, 且

$$(L)\int_{[a,b]} f(x)\mathrm{d}x=(R)\int_a^b f(x)\mathrm{d}x.$$

但是对一般函数而言, Lebesgue 积分不是瑕积分的推广 (留作习题, 请读者自己验证).

5.6 乘积测度与 Fubini 定理

重积分化累次积分是数学分析中非常重要的内容. 这一节对 Lebesgue 积分考虑类似问题. 和第 3 章讨论测度一样, 只考虑二维情形, 所得结果可以毫无困难地推广到高维情形. 我们的思路是首先将二维欧氏空间看成两个一维空间的乘积, 简单介绍乘积测度的基本性质, 然后再展开关于重积分的 Fubini 定理的证明.

这样做的目的首先是几何意义较直观, 另外乘积测度的处理方法可以容易地推广到一般测度空间, 便于读者学习一般测度论的相关内容.

5.6.1 二维乘积测度空间

用 $\mathscr{T}_n(n=1,2,\cdots)$ 表示 $\mathbf{R}^n$ 中开集全体 (拓扑). 回忆 Borel 集类的概念 (定义 2.3.4), $\mathscr{B}_n=\sigma(\mathscr{T}_n)(n=1,2,\cdots)$, 即 n 维空间中的 Borel 集类是 n 维开集全体构成集族生成的 σ 代数.

令

$$\mathscr{O}=\{(a,b)|a,b\in\mathbf{R},a<b\}.$$

为 $\mathbf{R}$ 中非空开区间全体构成集合. 由引理 4.1.1 可知 $\mathscr{T}_1\subset\sigma(\mathscr{O})=\mathscr{B}_1$.

定理 5.6.1 $\mathscr{B}_2=\sigma(\mathscr{O}\times\mathscr{O})$.

证明 首先, 由定理 2.2.2 知 $\mathscr{O}\times\mathscr{O}\subset\mathscr{T}_2$, 因此 $\sigma(\mathscr{O}\times\mathscr{O})\subset\sigma(\mathscr{T}_2)=\mathscr{B}_2$.

反之, 令 $\mathscr{O}_1=\{(a,b)|a,b\in\mathbf{Q},a<b\}$, 则 $\mathscr{O}_1$ 为可数集且 $\mathscr{O}_1\subset\mathscr{O}$.

对任意 $\mathbf{R}^2$ 中开集 G, 以及 $\boldsymbol{x}=(x_1,x_2)\in G$, 取 $\varepsilon>0$ 使得 $B(x,\varepsilon)\subset G$. 由有理数的稠密性, 取 $r_1,r_2\in\mathbf{Q}$ 使得 $\dfrac{\varepsilon}{8}<|x_i-r_i|<\dfrac{\varepsilon}{4}$, 再取 $r\in\mathbf{Q}\bigcap\left[\dfrac{\varepsilon}{8},\dfrac{\varepsilon}{4}\right]$. 则

$$x=(x_1,x_2)\in(r_1-r,r_1+r)\times(r_2-r,r_2+r)\subset B(x,\varepsilon)\subset G.$$

注意, $(r_1-r,r_1+r)\times(r_2-r,r_2+r)\in\mathscr{O}_1\times\mathscr{O}_1$, 从而 G 可表示为 $\mathscr{O}_1\times\mathscr{O}_1$ 中若干成员之并, 再由 $\mathscr{O}_1\times\mathscr{O}_1$ 为可数集知上述并是可列并, 这就证明了 $G\in\sigma(\mathscr{O}_1\times\mathscr{O}_1)\subset\sigma(\mathscr{O}\times\mathscr{O})$, 于是 $\mathscr{B}_2=\sigma(\mathscr{T}_2)\subset\sigma(\mathscr{O}\times\mathscr{O})$. □

因为半开半闭区间为 Borel 集, 且开区间也可以由半开半闭区间通过可列交并运算表示, 因此, 令

$$\mathscr{S}O=\{[a,b)|a,b\in\mathbf{R},a<b\}.$$

则 $\sigma(\mathscr{S}O)=\sigma(\mathscr{O})$. 从而有

推论 5.6.1 $\mathscr{B}_2=\sigma(\mathscr{S}O\times\mathscr{S}O)$.

由定理 5.6.1 和 $\sigma(\mathscr{O})=\mathscr{B}_1$ 立即可得下述.

推论 5.6.2 $\mathscr{B}_2=\sigma(\mathscr{B}_1\times\mathscr{B}_1)$.

换句话说, 平面中的二维 Borel 集类恰是直线上一维 Borel 集的乘积构成集类生成的 σ 代数.

下面考虑 $\mathbf{R}^2$ 中的 Lebesgue 可测集. 对任意 n, 用 $\mathscr{L}_{n,0}$ 表示 n 维零测度集全体.

首先, 由定理 3.2.2 可知 (参看 3.3.4 节)

$$\mathscr{L}_1=\{B\bigcup S|B\in\mathscr{B}_1,S\in\mathscr{L}_{1,0}\}. \tag{5.19}$$

由定理 3.2.2, 式 (5.19) 中的 Borel 可测集 B 实际上可以取为 F_σ 集. 故 $(\mathbf{R},\mathscr{L}_1)$ 称为 $(\mathbf{R},\mathscr{B}_1)$ 的完备化.

因为定理 3.2.2 对任意维欧氏空间都成立, 因此式 (5.19) 也对任意维数 n 均成立. 下面我们以二维情形为例给出详细证明.

对任意 $\mathbf{R}^2$ 中 (Lebesgue) 可测集 E, 由定理 3.2.2, 有 F_σ 集 F 使得 $m(E\setminus F)=0$, 从而 $E\setminus F\in\mathscr{L}_{2,0},E=F\bigcup(E\setminus F)$. 于是有

$$\mathscr{L}_2\subset\{B\bigcup S|B\in\mathscr{B}_2,S\in\mathscr{L}_{2,0}\}.$$

相反的包含关系显然成立, 从而

$$\mathscr{L}_2=\{B\bigcup S|B\in\mathscr{B}_2,S\in\mathscr{L}_{2,0}\}. \tag{5.20}$$

综上, 我们证明了下面推论.

推论 5.6.3

$$\mathscr{L}_2=\{B\bigcup S|B\in\sigma(\mathscr{B}_1\times\mathscr{B}_1),S\in\mathscr{L}_{2,0}\}.$$

例 5.6.1 设 $E_1,E_2\subset\mathbf{R}$. 若 $m(E_1)=0$ 或者 $m(E_2)=0$, 则 $E_1\times E_2\subset\mathbf{R}^2$ 可测且 $m(E_1\times E_2)=0$.

证明 以 $m(E_1)=0$ 为例来证. 只需证明 $m^*(E_1\times\mathbf{R})=0$.

对任意 n, 令 $F_n=(E_1\times\mathbf{R})\bigcap[-n,n]^2=(E_1\bigcap[-n,n])\times[-n,n]$.

因为 $m(E_1\bigcap[-n,n])\leqslant m(E_1)=0$, 故对任意 $\varepsilon>0$, 存在可数个区间 $\{J_k\}_{k=1}^\infty$ 使得

$$E_1\bigcap[-n,n]\subset\bigcup_{k=1}^\infty J_k,\ \sum_{k=1}^\infty|J_k|<\frac{\varepsilon}{2n}.$$

于是

$$F_n = (E_1 \bigcap [-n,n]) \times [-n,n] \subset \bigcup_{k=1}^{\infty} (J_k \times [-n,n]).$$

且

$$\sum_{k=1}^{\infty} |J_k| \cdot |[-n,n]| < 2n \cdot \frac{\varepsilon}{2n} = \varepsilon.$$

从而由 ε 的任意性知 $m^*(F_n)=0$. 再由 $F_n \nearrow E_1 \times \mathbf{R}$ 即知 $m^*(E_1 \times \mathbf{R}) = 0$. □

例 5.6.2 设 I_1, I_2 为区间. 则 $m(I_1 \times I_2) = m(I_1) \cdot m(I_2) = |I_1| \cdot |I_2|$.

证明 首先, 考虑 I_1, I_2 为闭区间情形. 由外测度定义 (参看定义 3.1.1),

$$m(I_1 \times I_2) = \inf \left\{ \sum_{n=1}^{\infty} |J_{1n}| \cdot |J_{2n}|, \bigcup_{n=1}^{\infty} J_{1n} \times J_{2n} \supset I_1 \times I_2 \right\},$$

其中所有 J_{ik} 全部为闭区间.

类似于推论 3.1.1 可证上述闭区间 J_{ik} 可取为开区间. 对任意 $\varepsilon > 0$, 设有开区间列 $\{J_{1n}\}$ 和 $\{J_{2n}\}$ 使得

$$\bigcup_{n=1}^{\infty} (J_{1n} \times J_{2n}) \supset I_1 \times I_2,$$

且

$$\sum_{n=1}^{\infty} |J_{1n}| \cdot |J_{2n}| < m(I_1 \times I_2) + \varepsilon.$$

由定理 2.2.3 知 $I_1 \times I_2$ 为紧集, 因此有 N 使得 $I_1 \times I_2 \subset \bigcup\limits_{n=1}^{N} J_{1n} \times J_{2n}$. 从而由面积具有有限次可加性知

$$|I_1| \cdot |I_2| \leqslant \sum_{n=1}^{N} |J_{1n}| \cdot |J_{2n}|.$$

因此

$$|I_1| \cdot |I_2| - \varepsilon \leqslant \sum_{n=1}^{N} |J_{1n}| \cdot |J_{2n}| - \varepsilon \leqslant m(I_1 \times I_2).$$

由 ε 任意性知

$$|I_1| \cdot |I_2| \leqslant m(I_1 \times I_2).$$

相反的不等式由 $I_1 \cdot I_2$ 为包含自身的矩形可知.

当 I_1, I_2 为任意区间时, 用 I_1^-, I_2^- 分别表示 I_1, I_2 在 $\mathbf{R}$ 中的闭包, 则 I_1^-, I_2^- 为闭区间,

$$(I_1^- \times I_2^-) \setminus (I_1 \times I_2) \subset (b(I_1) \times I_2^-) \bigcup (I_1^- \times b(I_2)).$$

其中 $b(I_1)$ 和 $b(I_2)$ 为两点集, 因此为零测度集. 由例 5.6.1 知 $m((b(I_1) \times I_1^-) \bigcup (I_1^- \times b(I_2))) = 0$. 因此

$$m(I_1 \times I_2) = m(I_1^- \times I_2^-) = |I_1| \times |I_2|.$$

□

5.6.2 Fubini 定理

考虑定义于 $\mathbf{R}^2$ 中某个可测集 E 上的可测函数 $f(x,y)$. 设 $f(x,y)$ 在 E 上积分有意义, 即至少 f^+ 和 f^- 之一可积. 下面我们考虑积分 $\int_E f(x,y)\mathrm{d}\boldsymbol{x}$ 化为累次积分的问题. 为了表述清楚起见, 将 f 扩张为全空间 $\mathbf{R}^2$ 上的可测函数, 即在 E 补集上令 $f(x)=0$. 因此我们只需考虑整个空间上定义的积分即可, 也就是考虑等式

$$\int_{\mathbf{R}^2} f(x,y)\mathrm{d}\boldsymbol{x} = \int_{\mathbf{R}} \Big(\int_{\mathbf{R}} f(x,y)\mathrm{d}x \Big)\mathrm{d}y = \int_{\mathbf{R}} \Big(\int_{\mathbf{R}} f(x,y)\mathrm{d}y \Big)\mathrm{d}x, \tag{5.21}$$

其中 $\boldsymbol{x} = (x,y)$. 下面为了方便起见, $\mathrm{d}\boldsymbol{x}$ 记为 $\mathrm{d}x\mathrm{d}y$.

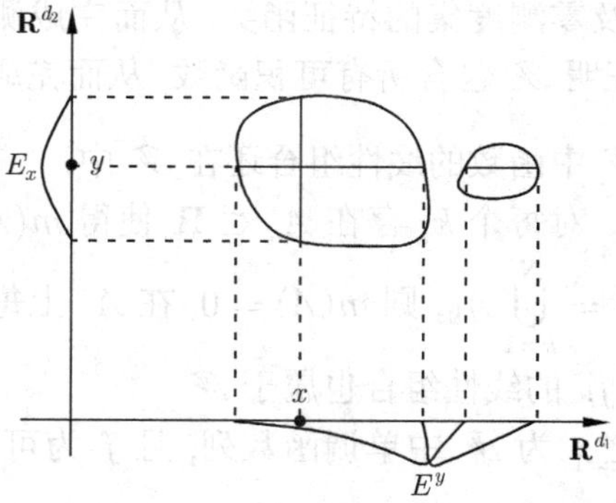

图 5-2 集合 E 的截口 E_x 和 E^y

定义 5.6.1 (1) 设 $E \subset \mathbf{R}^2$ 为可测集. 定义 E 的截口为

$$E^y = \{x \in \mathbf{R} | (x,y) \in E\}, E_x = \{y \in \mathbf{R} | (x,y) \in E\}.$$

(2) 对 $\mathbf{R}^2$ 上的可测函数 $f(x,y)$, 定义 f 的截函数如下:

$$f^y(x)=f_x(y)=f(x,y).$$

定理 5.6.2 (Fubini 定理) 设 $f(x,y)$ 为 $\mathbf{R}^2$ 上可积函数, 则对几乎所有 $y\in\mathbf{R}$,

(1) 截函数 f^y 在 $\mathbf{R}$ 上可积.

(2) 函数 $\int_{\mathbf{R}} f^y(x)\mathrm{d}x$ 在 $\mathbf{R}$ 上可积.

(3) $\int_{\mathbf{R}^2} f=\int_{\mathbf{R}}(\int_{\mathbf{R}} f(x,y)\mathrm{d}x)\mathrm{d}y$.

注 5.6.1 定理 5.6.2 关于 x 和 y 是对称的, 因此也有下述结论: $\int_{\mathbf{R}} f_x(y)\mathrm{d}y$ 可积, 且

$$\int_{\mathbf{R}^2} f=\int_{\mathbf{R}}\left(\int_{\mathbf{R}} f(x,y)\mathrm{d}y\right)\mathrm{d}x.$$

从而

$$\int_{\mathbf{R}}\left(\int_{\mathbf{R}} f(x,y)\mathrm{d}x\right)\mathrm{d}y=\int_{\mathbf{R}}\left(\int_{\mathbf{R}} f(x,y)\mathrm{d}y\right)\mathrm{d}x=\int_{\mathbf{R}^2} f.$$

Fubini 定理证明比较长, 因此我们分若干步骤, 按照可测函数的复杂程度逐步深入进行证明.

首先用 $\mathscr{F}$ 表示使得 Fubini 定理中三条结论成立的可积函数构成的集合, 我们来证明 $\mathscr{F}$ 包含所有的可积函数.

先证明 $\mathscr{F}$ 对有限线性组合运算封闭, 然后证明 $\mathscr{F}$ 对极限运算封闭; 再从最简单的函数着手, 先证明 $\mathscr{F}$ 包含所有半开半闭矩形的特征函数, 逐步过渡到一般开集, G_δ 集, 以及零测度集的特征函数, 从而完成测度有限可测集的特征函数的证明; 最后再证明 $\mathscr{F}$ 包含所有可积函数, 从而完成证明.

证明 第 1 步. $\mathscr{F}$ 中函数的线性组合还在 $\mathscr{F}$ 中.

设 $\{f_k\}_{k=1}^N\subset\mathscr{F}$. 对每个 k, 存在 $A_k\subset\mathbf{R}$ 使得 $m(A_k)=0$, 当 $y\notin A_k$ 时 f_k^y 在 $\mathbf{R}$ 上可积. 令 $A=\bigcup\limits_{k=1}^N A_k$, 则 $m(A)=0$, 在 A^{c} 上每个 f_k^y 可测且可积. 由积分的线性性质可知 f_k 的线性组合也属于 $\mathscr{F}$.

第 2 步. 若 $\{f_k\}_{k=1}^\infty$ 为 $\mathscr{F}$ 中单调函数列, 且 f 为可积函数, $\lim\limits_{k\to+\infty} f_k=f$, 则 $f\in\mathscr{F}$.

设 $\{f_k\}_{k=1}^\infty$ 单调递增, $\lim\limits_{k\to+\infty} f_k=f$, 令 $g_k=f_k-f_1\geqslant 0$, 则由单调收敛定理可知

$$\lim_{k\to+\infty}\int_{\mathbf{R}^2}(f_k(x,y)-f_1(x,y))\mathrm{d}x\mathrm{d}y=\int_{\mathbf{R}^2}(f(x,y)-f_1(x,y))\mathrm{d}x\mathrm{d}y.$$

因此由积分的线性性质可得

$$\lim_{k\to+\infty}\int_{\mathbf{R}^2} f_k(x,y)\mathrm{d}x\mathrm{d}y-\int_{\mathbf{R}^2} f_1(x,y)\mathrm{d}x\mathrm{d}y=\int_{\mathbf{R}^2} f(x,y)\mathrm{d}x\mathrm{d}y-\int_{\mathbf{R}^2} f_1(x,y))\mathrm{d}x\mathrm{d}y.$$

从而有

$$\lim_{k\to+\infty}\int_{\mathbf{R}^2} f_k(x,y)\mathrm{d}x\mathrm{d}y=\int_{\mathbf{R}^2} f(x,y)\mathrm{d}x\mathrm{d}y. \tag{5.22}$$

由假设, 对每个 k, 存在零测度集 A_k 使得 f_k^y 当 $y\notin A_k$ 时可积. 令 $A=\bigcup\limits_{k=1}^{\infty}A_k$, 则 $m(A)=0$, 当 $y\notin A$ 时所有 f_k^y 均可积. 于是由单调收敛定理可知, 当 $k\to+\infty$ 时 $g_k(y)=\int_{\mathbf{R}} f_k^y(x)\mathrm{d}x$ 递增地收敛到极限 $g(y)=\int_{\mathbf{R}} f^y(x)\mathrm{d}x$.

由假设, 每个 $g_k(y)$ 可积, 因此再次由单调收敛定理可得

$$\lim_{k\to+\infty}\int_{\mathbf{R}} g_k(y)\mathrm{d}y=\int_{\mathbf{R}} g(y)\mathrm{d}y. \tag{5.23}$$

因为 $f_k\in\mathscr{F}$, 故

$$\int_{\mathbf{R}} g_k(y)\mathrm{d}y=\int_{\mathbf{R}^2} f_k(x,y)\mathrm{d}x\mathrm{d}y.$$

由式 (5.22) 和式 (5.23) 可得

$$\int_{\mathbf{R}} g(y)\mathrm{d}y=\int_{\mathbf{R}^2} f(x,y)\mathrm{d}x\mathrm{d}y.$$

因为 $f(x,y)$ 可积, 因此上式中的积分值为有限值, 从而 g 为可积函数.

这说明 $g(y)<+\infty$ a. e. 于 $\mathbf{R}$, 因此 f^y 关于 y 几乎处处可积, 且

$$\int_{\mathbf{R}}\left(\int_{\mathbf{R}} f(x,y)\mathrm{d}x\right)\mathrm{d}y=\int_{\mathbf{R}^2} f.$$

于是 $f\in\mathscr{F}$.

当 $\{f_k\}_{k=1}^{\infty}$ 单调递减时, $\{-f_k\}_{k=1}^{\infty}$ 单调递增, 因此由第 1 步和上述已证结果知此时结论也成立.

第 3 步. 设 $E=I_1\times I_2$ 为半闭半开区间的乘积, 则 $\chi_E\in\mathscr{F}$.

显然

$$\int_{\mathbf{R}^2}\chi_E(x,y)\mathrm{d}x\mathrm{d}y=m(E)=m(I_1)\cdot m(I_2).$$

另一方面, $\chi_E^y(x)=\chi_{I_1}(x)\chi_{I_2}(y)$, 因此, 固定 y, $\chi_E^y(x)$ 是关于 x 的阶梯函数. 因此可积, 且

$$g(y) = \int_{\mathbf{R}} \chi_E(x,y)\mathrm{d}x = \begin{cases} m(I_1), & y \in I_2; \\ 0, & \text{其他}. \end{cases}$$

从而 $g(y) = m(I_1)\chi_{I_2}(y)$ 为可积函数, 且

$$\int_{\mathbf{R}} g(y)\mathrm{d}y = m(I_1) \cdot m(I_2).$$

这说明 $\chi_E \in \mathscr{F}$.

第 4 步. 设 E 为有限测度的开集, 则 $\chi_E \in \mathscr{F}$.

由定理 2.3.2 知 $E = \bigcup\limits_{k=1}^{\infty} J_k$, 其中 J_k 互不相交, 每个 J_k 均为左闭右开区间的乘积. 令 $E_n = \bigcup\limits_{k=1}^{n} J_k$, 由第 1 步和第 3 步可知 $\chi_{E_n} = \sum\limits_{k=1}^{n} \chi_{J_k} \in \mathscr{F}$. 显然,

$$\chi_{E_n} \leqslant \chi_{E_{n+1}}, \lim_{n\to+\infty} \chi_{E_n}(x,y) = \chi_E(x,y).$$

因此由第 2 步可知 $\chi_E \in \mathscr{F}$.

第 5 步. 设 E 为有限测度的 G_δ 集, 则 $\chi_E \in \mathscr{F}$.

设 $E = \bigcap\limits_{k=1}^{\infty} G_k$, G_k 为开集. 因为 $m(E) < +\infty$, 存在测度有限的开集 G_0 使得 $E \subset G_0$. 令

$$H_n = \bigcap_{k=0}^{n} G_k.$$

则 H_n 为测度有限的开集构成的下降集列, 且

$$E = \bigcap_{n=1}^{\infty} H_n.$$

因此函数列 $f_n = \chi_{H_n}$ 递减的收敛到 $f = \chi_E$. 由第 4 步, $\chi_{H_n} \in \mathscr{F}$. 再由第 2 步可得 $\chi_E \in \mathscr{F}$.

第 6 步. 若 $m(E) = 0$, 则 $\chi_E \in \mathscr{F}$.

由定理 3.3.2 知有 G_δ 集 G 使得 $E \subset G, m(G) = 0$. 由第 5 步知 $\chi_G \in \mathscr{F}$. 因此

$$\int_{\mathbf{R}} \Big(\int_{\mathbf{R}} \chi_G(x,y)\mathrm{d}x \Big) \mathrm{d}y = \int_{\mathbf{R}^2} \chi_G = 0.$$

故

$$\int_{\mathbf{R}} \chi_G(x,y)\mathrm{d}x = 0 \text{ a. e.于 } \mathbf{R}.$$

换句话说, $m(G^y)=0$ a. e. 于 $\mathbf{R}$. 因为 $E^y\subset G^y$, 因此 $m(E^y)=0$ a. e. 于 $\mathbf{R}$, 从而 $\int_{\mathbf{R}}\chi_E(x,y)\mathrm{d}x=0$ a. e. 于 $\mathbf{R}$. 故

$$\int_{\mathbf{R}}\Big(\int_{\mathbf{R}}\chi_E(x,y)\mathrm{d}x\Big)\mathrm{d}y=0=\int_{\mathbf{R}^2}\chi_E,$$

这说明 $\chi_E\in\mathscr{F}$.

第 7 步. 设 E 为任意测度有限可测集, 则 $\chi_E\in\mathscr{F}$.

取 G_δ 集 G 使得 $E\subset G$, $m(G)=m(E)$. 因为 $\chi_E=\chi_G-\chi_{G\setminus E}$, 由第 2 步知 $\chi_E\in\mathscr{F}$.

第 8 步. 最后, 若 f 可积, 则 $f\in\mathscr{F}$.

因为 $f=f^+-f^-$, f^+ 和 f^- 均为非负可积函数, 由第 1 步, 不妨设 f 本身非负可积. 取一列非负可积的简单函数 $\{\varphi_k\}_{k=1}^\infty$ 递增的收敛到 f. 因为每个 φ_k 都是测度有限的可测集的特征函数的有限线性组合, 由第 1 步和第 7 步可知 $\varphi_k\in\mathscr{F}$, 再由第 2 步可知 $f\in\mathscr{F}$. □

定理 5.6.3 (Tonelli 定理) 设 $f(x,y)$ 为 $\mathbf{R}^2$ 上非负可测函数. 则对几乎所有 $y\in\mathbf{R}$,

(1) 截函数 f^y 在 $\mathbf{R}$ 上非负可测.

(2) $\int_{\mathbf{R}}f^y(x)\mathrm{d}x$ 为关于 y 非负广义可测函数.

(3) $\int_{\mathbf{R}^2}f=\int_{\mathbf{R}}(\int_{\mathbf{R}}f(x,y)\mathrm{d}x)\mathrm{d}y$.

证明 考虑截断函数

$$f_k(x,y)=\begin{cases}f(x,y), & 若\|(x,y)\|<k且f(x,y)<k;\\ 0, & 其他.\end{cases}$$

则每个 f_k 可积, $f_k\leqslant f_{k+1}$, 且 $\lim\limits_{k\to+\infty}f_k(x,y)=f(x,y)$ 对任意 (x,y) 成立. 由 Fubini 定理 (1) 可知存在零测度集 $E_k\subset\mathbf{R}$ 使得对所有 $y\in E_k^{\mathrm{c}}$, 截函数 $f_k^y(x)$ 可测. 令 $E=\bigcup\limits_{k=1}^\infty E_k$, 则对任意 $y\in E^{\mathrm{c}}$, f_k^y 可测. 因为 f_k^y 单调递增的收敛到 f^y, 因此由单调收敛定理可知, 当 $y\notin E^{\mathrm{c}}$ 时,

$$\lim_{k\to+\infty}\int_{\mathbf{R}}f_k(x,y)\mathrm{d}x=\int_{\mathbf{R}}f(x,y)\mathrm{d}x.$$

再由 Fubini 定理可知, 当 $y\notin E^{\mathrm{c}}$ 时 $\int_{\mathbf{R}}f_k(x,y)\mathrm{d}x$ 可测, 因此 $\int_{\mathbf{R}}f(x,y)\mathrm{d}x$ 也可测. 再次由单调收敛定理可知

$$\int_{\mathbf{R}}\Big(\int_{\mathbf{R}}f_k(x,y)\mathrm{d}x\Big)\mathrm{d}y\to\int_{\mathbf{R}}\Big(\int_{\mathbf{R}}f(x,y)\mathrm{d}x\Big)\mathrm{d}y. \tag{5.24}$$

由 Fubini 定理 (3) 知

$$\int_{\mathbf{R}}\left(\int_{\mathbf{R}} f_k(x,y)\mathrm{d}x\right)\mathrm{d}y=\int_{\mathbf{R}^2} f_k. \tag{5.25}$$

最后再应用一次单调收敛定理于 f_k 可得

$$\int_{\mathbf{R}^2} f_k\to\int_{\mathbf{R}^2} f. \tag{5.26}$$

由式 (5.24), 式 (5.25) 和式 (5.26) 知 Tonelli 定理成立. □

在实际应用中, Tonelli 定理总是和 Fubini 定理一起运用的. 事实上, 给定一个 $\mathbf{R}^n$ 上可测函数, 当我们需要计算累次积分 $\int_{\mathbf{R}^n} f$ 时, 可以先利用 Tonelli 定理求 $\int_{\mathbf{R}^n}|f|$, 这一运算过程不需要 $|f|$ 积分的有限性. 而当 $|f|$ 积分有限时, Tonelli 定理保证了 f 可积, 此时就可以应用 Fubini 定理计算 f 的累次积分了.

推论 5.6.4 若 E 为 $\mathbf{R}^2$ 中可测子集, 则几乎对所有 $y\in\mathbf{R}$, 截口

$$E^y=\{x\in\mathbf{R}|(x,y)\in E\}$$

是 $\mathbf{R}$ 中可测子集. 此外, $m(E^y)$ 为关于 y 的可测函数, 且

$$m(E)=\int_{\mathbf{R}} m(E^y)\mathrm{d}y.$$

同理, 有下述对称结论:

$$m(E)=\int_{\mathbf{R}} m(E_x)\mathrm{d}x.$$

证明 令 $f=\chi_E$, 由 Tonelli 定理直接可得. □

例 5.6.3 设 $\mathscr{N}\subset\mathbf{R}$ 为不可测子集, $E=[0,1]\times\mathscr{N}$, 则

$$E^y=\begin{cases}[0,1], & y\in\mathscr{N};\\ \varnothing, & y\notin\mathscr{N}.\end{cases}$$

因此对每个 y, E^y 可测. 若 E 可测, 则由推论 5.6.4 知 E_x 几乎处处对所有 $x\in\mathbf{R}$ 可测, 但是对 $x\in[0,1]$, $E_x=\mathscr{N}$, 因此不可测. 这说明推论 5.6.4 的逆不成立.

例 5.6.4 (一个平面上不可测集合的例子) 假设连续统假设成立, 即 $\aleph=\aleph_1$. 再假设选择公理也成立, 则存在 $\mathbf{R}$ 上一个良序 $\prec$, 使得对任意 $x\in\mathbf{R}$, $\prec_x=\{y\in\mathbf{R}|y\prec x \text{ 且 } y\neq x\}$ 是可数集. 令

$$E=\{(x,y)\in[0,1]^2|x\prec y \text{ 且 } y\neq x\}.$$

则对任意 $y \in [0,1]$, $E^y = \prec_y$, 因此 E^y 可测且为零测度集; 而 $E_x = [0,1] \bigcap (\prec_x)^c$ 为 $[0,1]$ 与可数集 $\prec_x$ 的补集的交, 故也为可测集且 $m(E_x) = 1$. 若 E 可测, 则由推论 5.6.4 可知

$$1 = \int_{[0,1]} 1 \cdot \mathrm{d}x = \int_{\mathbf{R}} m(E_x)\mathrm{d}x = m(E) = \int_{\mathbf{R}} m(E^y)\mathrm{d}y = \int_{\mathbf{R}} 0\mathrm{d}y = 0.$$

矛盾! 从而 E 不可测.

5.6.3 乘积集合的可测性

前面已经证明了 $\mathbf{R}$ 中两个 Borel 可测集的乘积是 Borel 可测的, 但是并没有计算乘积的测度. 下面我们考虑更一般情况下两个集合乘积的 Lebesgue 可测性并当其可测时计算乘积集合的测度.

命题 5.6.1 设 $E_1, E_2 \subset \mathbf{R}$, 若 E_1, E_2 均可测, 则 $E_1 \times E_2$ 可测且 $m(E_1 \times E_2) = m(E_1) \cdot m(E_2)$.

证明 分别取 $\mathbf{R}$ 中的 F_σ 集 F_1, F_2 使得 $F_k \subset E_k, k = 1, 2$ 且 $m(E_k \setminus F_k) = 0, k = 1, 2$. 则

$$E_1 \times E_2 = (F_1 \times F_2) \bigcup ((E_1 \setminus F_1) \times E_2) \bigcup (E_1 \times (E_2 \setminus F_2)).$$

这一等式右面表达式中第一个集合为 Borel 集, 因而可测, 由例 5.6.1 知后面两个集合也可测, 因此 $E_1 \times E_2$ 可测.

下面我们来计算 $E_1 \times E_2$ 的测度:

$$\begin{aligned}
m(E_1 \times E_2) &= \int_{\mathbf{R}^2} \chi_{E_1 \times E_2}(x, y)\mathrm{d}x\mathrm{d}y \\
&= \int_{\mathbf{R}^2} \chi_{E_1}(x) \cdot \chi_{E_2}(y)\mathrm{d}x\mathrm{d}y \\
&= \int_{\mathbf{R}} \left(\int_{\mathbf{R}} \chi_{E_1}(x) \cdot \chi_{E_2}(y)\mathrm{d}x \right) \mathrm{d}y \\
&= \int_{\mathbf{R}} \chi_{E_2}(y) \left(\int_{E_1} \mathrm{d}x \right) \mathrm{d}y \\
&= \int_{E_2} m(E_1)\mathrm{d}y \\
&= m(E_1) \cdot m(E_2).
\end{aligned}$$

□

推论 5.6.5 若 f 为 $\mathbf{R}$ 上可测函数, 则由 $g(x,y)=f(x)$ 确定的函数 g 为 $\mathbf{R}^2$ 上可测函数.

证明 对任意 $a\in\mathbf{R}$,

$$\mathbf{R}^2(g>a)=\{(x,y)\in\mathbf{R}^2|f(x)>a\}=\mathbf{R}(f>a)\times\mathbf{R}.$$

故由命题 5.6.1 知 g 可测. □

命题 5.6.2 (Lebesgue 积分的几何意义) 若 $f(x)$ 为 $\mathbf{R}$ 上非负函数, 令

$$Gr_+(f)=\{(x,y)\in\mathbf{R}^2|0\leqslant y\leqslant f(x)\},$$

$Gr_+(f)$ 称为 f 的**正下方图**. 则

(1) f 在 $\mathbf{R}$ 上可测当且仅当 $Gr_+(f)$ 在 $\mathbf{R}^2$ 中可测.

(2) 当 f 可测时,

$$\int_{\mathbf{R}}f(x)\mathrm{d}x=m(Gr_+(f)).$$

证明 (1) 若 f 可测, 由推论 5.6.5 知函数 $f(x)$ 作为二元函数可测; 同理, 函数 y 作为二元函数也可测. 因此由可测函数类对线性运算封闭性知 $g(x,y)=y-f(x)$ 定义了一个可测的二元函数. 故

$$Gr_+(f)=\mathbf{R}^2(y\geqslant 0)\bigcap\mathbf{R}^2(g\leqslant 0)$$

可测.

反之, 若 $Gr_+(f)$ 可测, 则对任意 $x\in\mathbf{R}$, $(Gr_+(f))_x=\{y\in\mathbf{R}|(x,y)\in Gr_+(f)\}=[0,f(x)]$, 因此由推论 5.6.4(需要 x 和 y 互换) 知 $m((Gr_+(f))_x)=f(x)$ 为关于 x 可测函数.

(2) 当 f 可测时,

$$m(Gr_+(f))=\int_{\mathbf{R}^2}\chi_{(Gr_+(f))}(x,y)\mathrm{d}x\mathrm{d}y=\int_{\mathbf{R}}m((Gr_+(f))_x)\mathrm{d}x=\int_{\mathbf{R}}f(x)\mathrm{d}x.$$

□

本章小结 关于 Lebesgue 积分的定义方式, 大多数教材都是直接对非负可测函数利用简单函数来定义积分. 这样作的好处是简捷, 不需要分多种情况. 但是因为 Riemann 积分是针对有限区间上的有界函数定义的, 因此上述定义方式和 Riemann 积分不易比较. 因此我们采用逐步展开的方式, 先讨论有限测度

集上有界可测函数的积分, 再逐步过渡到非负可测函数和一般函数. 这样做的好处是在讨论的每一步 Lebesgue 积分和 Riemann 积分以及广义 Riemann 积分的联系都可以看得非常清楚, 尤其是有界收敛定理和 Riemann 积分的关系就显得非常自然了. 关于一般函数的积分最重要的是单调收敛定理, Fatou 引理和控制收敛定理, 这几个结论反映了 Lebesgue 积分的优越性, 它们在其他学科中的应用非常广泛, 在应用这些定理时要特别注意检验条件是否成立.

习题 5

1. 在康托集 $\mathcal{C}$ 上令 $f(x)=0$, 而在 $\mathcal{C}$ 的关于 $[0,1]$ 补集长度为 $\dfrac{1}{3^n}$ 的构成区间上令 $f(x)=n, n=1,2,\cdots$. 证明 $f(x)$ 在 $[0,1]$ 上可积, 并求积分值.

2. 在 $[0,1]$ 中取出 n 个可测子集 $E_1,E_2,\cdots,E_n$. 若 $[0,1]$ 中任一点至少属于这 n 个集合中的 q 个, 试证必有一集, 它的测度不小于 $\dfrac{q}{n}$.

3. 试从 $\dfrac{1}{1+x}=(1-x)+(x^2-x^3)+\cdots, 0<x<1$ 出发证明

$$\ln 2=1-\frac{1}{2}+\frac{1}{3}-\frac{1}{4}+\cdots.$$

4. 设 f_k 为可测集 E 上非负可积函数列, 且 $\lim\limits_{k\to+\infty}\int_E f_k=0$. 证明 $f_k\xrightarrow{m}0$.

5. 求极限:

$$\lim_{n\to+\infty}\int_{[0,1]}\sqrt{1+\pi\sin^n x}\,\mathrm{d}x.$$

6. 求极限:

$$\lim_{n\to+\infty}\int_{[0,1]}\frac{nx^{\frac{3}{2}}}{1+n^2x^2}\sin^2(nx)\mathrm{d}x.$$

7. 设 $\{f_n\}$ 为 $[a,b]$ 上 Riemann 可积函数列, 且存在 $M>0$ 使得对任意 $x\in[a,b], n\in\mathbf{N}, |f_n(x)|\leqslant M, f_n(x)\to f(x)$, 且极限函数 f 在 $[a,b]$ 上 Riemann 可积. 证明:

$$\lim_{n\to+\infty}(R)\int_a^b f_n(x)\mathrm{d}x=(R)\int_a^b f(x)\mathrm{d}x.$$

8. 证明 Tchebyshev 不等式: 设 f 为 E 可积函数. $\alpha>0, E_\alpha=\{x\in E|f(x)>\alpha\}$. 证明

$$m(E_\alpha)\leqslant\frac{1}{\alpha}\int_E f.$$

9. 设 E 可测, $f(\boldsymbol{x})$ 在 E 上可积, $E_k=E(|f|\geqslant k)$, 则

$$\lim_{k\to+\infty} km(E_k)=0.$$

10. 设 $mE<+\infty$, $f(\boldsymbol{x})$ 为 E 上可测函数, $E_k=E(k-1\leqslant f<k)$. 则 $f(\boldsymbol{x})$ 在 E 上可积的充要条件是

$$\sum_{k=-\infty}^{\infty}|k|m(E_k)<+\infty.$$

11. 设 $f(x)$ 在 $[a,b]$ 上的 R 反常积分存在 (可积). 证明 $f(x)$ 在 $[a,b]$ 上 Lebesgue 可积的充要条件为 $|f|$ 在 $[a,b]$ 上 R 反常积分存在 (可积). 并证明此时以下等式成立:

$$(L)\int_{[a,b]}f(x)\mathrm{d}x=(R)\int_a^b f(x)\mathrm{d}x.$$

12. 设 $mE\neq 0$, $f(\boldsymbol{x})$ 在 E 上可积. 如果对于任意有界可测函数 $\varphi(\boldsymbol{x})$, 都有 $\int_E f(\boldsymbol{x})\varphi(\boldsymbol{x})\mathrm{d}\boldsymbol{x}=0$, 则 $f(\boldsymbol{x})=0$, a. e. 于 E.

13. 证明:

$$\lim_{k\to+\infty}\int_{(0,+\infty)}\frac{\mathrm{d}x}{\left(1+\dfrac{x}{k}\right)^k x^{\frac{1}{k}}}=1.$$

14. 证明:

$$\int_0^1\frac{x^p}{1-x}\ln\frac{1}{x}\mathrm{d}x=\sum_{k=1}^{\infty}\frac{1}{(p+k)^2}(p>-1).$$

15. 设 $\{f_k\}_{k=1}^{\infty}$ 为 E 上的可积函数列, $\lim\limits_{k\to+\infty}f_k(\boldsymbol{x})=f(\boldsymbol{x})$ a. e. 于 E, 且 $\int_E|f_k(\boldsymbol{x})|\mathrm{d}\boldsymbol{x}<K$, K 为常数, 则 $f(\boldsymbol{x})$ 在 E 上可积.

16. 设 $f(x)$ 在 $(0,+\infty)$ 上可积且一致连续, 则

$$\lim_{x\to+\infty}f(x)=0.$$

17. 设 $0<\alpha<1$, 证明 $x^{-\alpha}\in L([0,1])$ 并计算积分值.

18. 设 $f\in L(\mathbf{R})$, $f(0)=0$, $f'(0)$ 存在且有限, 证明:

$$\frac{f(x)}{x}\in L(\mathbf{R}).$$

19. 设 E 为可测集, $\{f_k\}_{k=1}^{\infty}$ 是 E 上一列可积函数, $f(\boldsymbol{x})$ 是 E 上的非负 L 可积函数且 $|f_k(\boldsymbol{x})| \leqslant f(\boldsymbol{x})$ a. e. 于 E, 证明:

$$\begin{aligned}\int_E \liminf_{k\to+\infty} f_k(\boldsymbol{x})\mathrm{d}\boldsymbol{x} &\leqslant \liminf_{k\to+\infty}\int_E f_k(\boldsymbol{x})\mathrm{d}\boldsymbol{x}\\ &\leqslant \limsup_{k\to+\infty}\int_E f_k(\boldsymbol{x})\mathrm{d}\boldsymbol{x}\\ &\leqslant \int_E \limsup_{k\to+\infty} f_k(\boldsymbol{x})\mathrm{d}\boldsymbol{x}.\end{aligned}$$

20. 设 f 和 $f_k(k=1,2,\cdots)$ 都是可测集 E 上 L 可积函数. 若 $\lim\limits_{k\to+\infty}\int_E |f_k - f| = 0$, 证明存在 $\{f_k\}_{k=1}^{\infty}$ 子列 $\{f_{k_i}\}_{i=1}^{\infty}$, 使得

$$\lim_{i\to+\infty} f_{k_i}(\boldsymbol{x}) = f(\boldsymbol{x})\,\text{a. e. 于}E.$$

21. 设 $E\subset \mathbf{R}^n$ 为可测子集, $f,g,f_k,g_k(k=1,2,\cdots)$ 都是 E 上的 L 可积函数. 当 $k\to+\infty$ 时, $f_k(\boldsymbol{x})\to f(\boldsymbol{x})$ a. e. 于 E, $g_k(\boldsymbol{x})\to g(\boldsymbol{x})$ a. e. 于 E. 若对任意自然数 k, $|f_k(\boldsymbol{x})|\leqslant |g_k(\boldsymbol{x})|$ a. e. 于 E, 且 $\lim\limits_{k\to+\infty}\int_E |g_k| = \int_E |g|$. 证明:

$$\lim_{k\to+\infty}\int_E f_k = \int_E f.$$

22. 设 $f(x)$ 在 $[a-\varepsilon, b+\varepsilon]$ 上可积, 则

$$\lim_{t\to 0}\int_{[a,b]} |f(x+t)-f(x)|\mathrm{d}x = 0.$$

上述结论对 Riemann 积分是否成立?

23. 假设 f 是 $(-\pi,\pi]$ 上的可积函数, 将其扩张为 $\mathbf{R}$ 上的周期为 2π 的函数. 证明:

$$\int_{[-\pi,\pi]} f(x)\mathrm{d}x = \int_I f(x)\mathrm{d}x,$$

其中 I 为 $\mathbf{R}$ 中任意长度为 2π 的区间.

24. 设 f 是 $[0,b]$ 上的可积函数,

$$g(x) = \int_{[x,b]} \frac{f(t)}{t}\mathrm{d}t, 0 < x \leqslant b.$$

证明 g 在 $[0,b]$ 上可积, 且

$$\int_{[0,b]} g(x)\mathrm{d}x = \int_{[0,b]} f(t)\mathrm{d}t.$$

*25. 设 F 是 $\mathbf{R}$ 中闭集, 其补集的测度有限, $\delta(x) = d(x, F)$. 考虑

$$I(x) = \int_{\mathbf{R}} \frac{\delta(y)}{|x-y|^2}\mathrm{d}y.$$

(1) 证明 $I(x) = +\infty$, $x \in F^{\mathrm{c}}$.

(2) 证明 $I(x) < +\infty$ a. e. 于 F.

[提示: 考虑 $\int_F I(x)\mathrm{d}x$.]

26. (1) 举例说明存在 $\mathbf{R}$ 上的可积正值连续函数 f, 满足条件

$$\limsup_{x\to+\infty} f(x) = +\infty.$$

(2) 如果 f 是 $\mathbf{R}$ 上的一致连续的可积函数, 则 $\lim\limits_{|x|\to+\infty} f(x) = 0$.

27. 设 $\Gamma = \{(x,y) \in \mathbf{R}^2 | y = f(x)\}$, 且 f 在 $\mathbf{R}$ 上连续. 证明 Γ 在 $\mathbf{R}^2$ 中可测, 且 $m(\Gamma) = 0$.

***28.** 考虑定义在 $\mathbf{R}$ 上的如下函数:

$$f(x) = \begin{cases} x^{-\frac{1}{2}}, & 0 < x < 1; \\ 0, & 其他. \end{cases}$$

将有理数集 $\mathbf{Q}$ 排成一列:$\{r_n\}$. 令

$$F(x) = \sum_{n=1}^{\infty} 2^{-n} f(x - r_n).$$

证明 F 可积, 因此 F 定义中的级数对 $x \in \mathbf{R}$ 几乎处处收敛. 但是这一级数在每个区间上都是无界级数. 事实上, 和 F 几乎处处相等的函数都在任意区间上是无界函数.

29. 设 f 是定义于 $[0,1]$ 上的有限值可测函数, 且 $|f(x) - f(y)|$ 在 $[0,1] \times [0,1]$ 上可积. 证明 $f(x)$ 在 $[0,1]$ 上可积.

30. 设 f 在 $\mathbf{R}$ 上可积. 对任意 $\alpha > 0$, 令 $E_\alpha = \{x || f(x)| > \alpha\}$. 证明:

$$\int_{\mathbf{R}} |f(x)|\mathrm{d}x = \int_{(0,+\infty)} m(E_\alpha)\mathrm{d}\alpha.$$

31. 若 $f(x)$ 和 $g(x)$ 均在 $\mathbf{R}$ 上可积, 证明 $f(x)g(y)$ 在 $\mathbf{R}^2$ 上可积.

32. 在 $[-1,1]^2$ 上定义

$$f(x,y)=\begin{cases}\dfrac{xy}{(x^2+y^2)^2}, & x^2+y^2\neq 0;\\ 0, & x=y=0.\end{cases}$$

则 $f(x,y)$ 的两个累次积分存在且相等, 但 $f(x,y)$ 在 $[-1,1]^2$ 上不可积.

33. 证明下列集合为 $\mathbf{R}^2$ 中零测度集.

(1) $\{(x,y)\in\mathbf{R}^2|xy=1\}$.

(2) $\{(x,y)|y=\sin(1/x),x\in(0,+\infty)\}$.

(3) $Gr(f)=\{(x,f(x))|x\in\mathbf{R}\}$, 其中 $f(x)$ 为 $\mathbf{R}$ 上一可测函数 ($Gr(f)$ 称为函数 f 的图像).

第 6 章

微　分

微积分基本定理无疑是数学分析中最重要的结果. 需要说明的是数学分析中的微积分基本定理是针对连续函数的一个结论. 在分析中积分和微分是一对互逆的运算. 这一章中在 Lebesgue 积分的意义下研究微分和积分的联系. 准确来说, 将考虑如下的两个互逆问题:

1. 设 f 在 $[a,b]$ 上可积, F 为 f 的不定积分, 即 $F(x)=\int_{[a,x]}f(y)\mathrm{d}y$. F 是否可导 (至少对几乎所有 x), $F'=f$?

我们将会看到, 这一问题的答案是肯定的. 将问题 1 中的微分和积分次序颠倒一下, 自然地可提出下述问题:

2. 区间 $[a,b]$ 上的函数 F 满足什么条件时 F' 存在 (对几乎所有 x), 使得 F' 可积且 Newton-Leibniz 公式成立? 即

$$F(b)-F(a)=\int_{[a,b]}F'\mathrm{d}x?$$

本章的讨论就是围绕以上两个问题展开的.

6.1　积分的微分

首先考虑积分的微分问题. 设 f 为定义于 $[a,b]$ 上的可积函数. 令

$$F(x)=\int_{[a,x]}f(y)\mathrm{d}y.$$

回忆导数的定义, 它是下述商当 $h\to 0$ 时的极限:

$$\frac{F(x+h)-F(x)}{h}.$$

注意这一商可以写成下述形式 (若 $h>0$):

$$\frac{1}{h}\int_{[x,x+h]} f(y)\mathrm{d}y=\frac{1}{|I|}\int_I f(y)\mathrm{d}y.$$

其中 $I=[x,x+h]$. 也就是说, 上述表达式为 f 在 I 上的“平均”值. 当 $|I|\to 0$ 时我们期望这一平均值的极限为 $f(x)$, 从而问题转化为等式

$$\lim_{|I|\to 0, x\in I}\frac{1}{|I|}\int_I f(y)\mathrm{d}y=f(x),$$

对适当的 x 成立. 比如, 上式是否在 $[a,b]$ 上几乎处处成立? 这一问题称为**均值问题**.

注 6.1.1 当 $f(x)$ 在点 x 连续时, 上述极限等式的确成立. 事实上, 当 $f(x)$ 在 x 点连续时, 对任意 $\varepsilon>0$, 存在 $\delta>0$ 使得当 $|y-x|<\delta$ 时 $|f(y)-f(x)|<\varepsilon$ 成立. 因为

$$f(x)-\frac{1}{|I|}\int_I f(y)\mathrm{d}y=\frac{1}{|I|}\int_I (f(x)-f(y))\mathrm{d}y.$$

因此当 $|I|<\dfrac{\delta}{2}$ 且 $x\in I$ 时

$$|f(x)-\frac{1}{|I|}\int_I f(y)\mathrm{d}y|\leqslant\frac{1}{|I|}\int_I |f(x)-f(y)|\mathrm{d}y<\varepsilon.$$

从而均值问题的答案是肯定的.

为了在一般情形证明这一结论, 需要对 f 的均值作一宏观上的估值. 下面利用 $|f|$ 的极大函数来研究这一问题.

6.1.1 Hardy-Littlewood 极大函数

如题所述, 这一函数最早是 Hardy(哈代) 和 Littlewood(李特尔伍德) 提出的. 他们二人在讨论棒球运动中一个击球手如何安排他的得分以达到最优结果时提出了这一函数. 现在这一函数已被广泛地应用到分析问题当中, 成为一个分析中非常重要的概念. 极大函数的具体定义如下.

设 f 是 $\mathbf{R}$ 上的可积函数, f 的 Hardy-Littlewood**极大函数**(简称为极大函数)f^* 定义如下:

$$f^*(x)=\sup_{x\in I}\frac{1}{|I|}\int_I |f(y)|\mathrm{d}y, x\in\mathbf{R}.$$

其中上确界取自所有包含 x 的开区间. 换句话说, 我们把导数定义中的极限用上确界代替而 f 用 $|f|$ 代替即可得到极大函数.

下述定理是极大函数 f^* 的主要性质.

定理 6.1.1 设 f 在 $\mathbf{R}$ 上可积, 则

(1) f^* 可测.

(2) $f^*(x) < +\infty$ a. e. 于 $\mathbf{R}$.

(3) 对任意 $\alpha > 0$, f^* 满足条件:

$$m(\mathbf{R}(f^* > \alpha)) \leqslant \frac{3}{\alpha}||f||_{L^1(\mathbf{R})}, \tag{6.1}$$

其中 $||f||_{L^1(\mathbf{R})} = \int_{\mathbf{R}} |f|$, $||f||_{L^1(\mathbf{R})}$ 称为函数 f 的 L_1 范数.

注 6.1.2 (1) 因为可测函数是几乎处处连续的, 因此上面关于连续函数的讨论表明 $f^*(x) \geqslant f(x)$ 几乎处处成立. 而式 (6.1) 说明 f^* 不会比 $|f|$ 大太多.

(2) 和 Tchebyshev 不等式

$$m(\mathbf{R}(|g| > \alpha)) \leqslant \frac{1}{\alpha}\|g\|_{L^1(\mathbf{R})}, \alpha > 0$$

相比, 式 (6.1) 的结论要弱一些. 因此式 (6.1) 形式的不等式称为**弱型不等式**.

(1) 的证明比较简单. 事实上, $E_\alpha = \mathbf{R}(f^* > \alpha)$ 为开集. 这是因为当 $x \in E_\alpha$ 时, 有 I 使得 $x \in I$ 且

$$\frac{1}{|I|}\int_I |f(y)|\mathrm{d}y > \alpha.$$

因此, 当 $x' \in I$ 时 $x \in E_\alpha$, 即 $I \subset E_\alpha$. 故 E_α 为开集.

(2) 和 (3) 的证明比较麻烦. (2) 是 (3) 的简单推论.

事实上, 当 (3) 成立时, 对任意 $\alpha \in \mathbf{R}$, $\mathbf{R}(f^* = +\infty) \subset \mathbf{R}(f^* > \alpha)$, 从而在 (3) 中令 $\alpha \to +\infty$ 立即可得 $m(\mathbf{R}(f^* = +\infty)) = 0$.

(3) (也就是 (6.1) 式) 的证明需要用到下述 Vitali 覆盖定理的初等形式:

引理 6.1.1 设 $\mathscr{I} = \{I_1, I_2, \cdots, I_N\}$ 为 $\mathbf{R}$ 中开区间族. 则有不交子族 $\{I_{i_1}, I_{i_2}, \cdots, I_{i_k}\}$ 使得

$$m\Big(\bigcup_{l=1}^{N} I_l\Big) \leqslant 3\sum_{j=1}^{k} m(I_{i_j}).$$

证明 这一证明基于下面的简单结论: 若 I 与 I' 为两个相交的开区间, I' 的长度不超过 I 的长度, 则 I' 包含于和 I 中点相同的 3 倍长度区间当中.

首先, 我们选取一个长度最大的区间 I_{i_1}, 然后在 $\mathscr{I}$ 中去掉和 I_{i_1} 相交 (包括 I_{i_1} 本身) 的所有区间. 于是所有去掉的区间都包含于和 I_{i_1} 中点相同的 3 倍长度区间当中.

然后对剩下的区间族 $\mathscr{I}'$ 重复上述过程, 可得 I_{i_2}. 同理, 与 I_{i_2} 中点相同的 3 倍长度的区间包含 $\mathscr{I}'$ 中所有与 I_{i_2} 相交的区间.

重复上述过程, 因为 $\mathscr{I}$ 为有限族, 故最终可得 $I_{i_1}, I_{i_2}, \cdots, I_{i_k}$.

将和每个 I_{i_j} 中点相同的 3 倍长度的区间记为 $\widetilde{I_{i_j}}$. 最后只需证明所得的 k 个区间 $\{I_{i_j}\}_{j=1}^k$ 满足要求即可.

因为 $\mathscr{I}$ 中每个区间 I 都和某个 I_{i_j} 相交, 且其长度不超过 I_{i_j} 长度, 故 I 必包含于 $\widetilde{I_{i_j}}$ 当中. 从而

$$m\Big(\bigcup_{l=1}^{N} I_l\Big) \leqslant m\Big(\bigcup_{j=1}^{k} \widetilde{I_{i_j}}\Big) \leqslant \sum_{j=1}^{k} m(\widetilde{I_{i_j}}) = 3\sum_{j=1}^{k} m(I_{i_j}).$$

□

定理 1.1(3) 的证明.

证明 令 $E_\alpha = \{x | f^*(x) > \alpha\}$, 则对每个 $x \in E_\alpha$, 有开区间 I_x 使得 $x \in I_x$, 且

$$\frac{1}{|I_x|}\int_{I_x} |f(y)|\mathrm{d}y > \alpha.$$

因此

$$|I_x| < \frac{1}{\alpha}\int_{I_x} |f(y)|\mathrm{d}y. \tag{6.2}$$

设 $K \subset E_\alpha$ 为任意紧集, 则 $K \subset \bigcup\limits_{x\in E_\alpha} I_x$. 由紧致性, 设 $K \subset \bigcup\limits_{l=1}^{N} I_l$. 由引理 6.1.1 知存在不交子集族 $I_{i_1}, \cdots, I_{i_k}$ 使得

$$m\Big(\bigcup_{l=1}^{N} I_l\Big) \leqslant 3\sum_{j=1}^{k} m(I_{i_j}). \tag{6.3}$$

从而

$$m(K) \leqslant m\Big(\bigcup_{l=1}^{N} I_l\Big) \leqslant 3\sum_{j=1}^{k} |I_{i_j}| \leqslant \frac{3}{\alpha}\sum_{j=1}^{k}\int_{I_{i_j}} |f(y)|\mathrm{d}y \leqslant \frac{3}{\alpha}\int_{\mathbf{R}} |f(y)|\mathrm{d}y.$$

因而由

$$m(E_\alpha) = \sup_{K\subset E_\alpha, K\text{为紧集}} m(K)$$

知 $m(E_\alpha) \leqslant \dfrac{3}{\alpha}\displaystyle\int_{\mathbf{R}} |f(y)|\mathrm{d}y.$ □

6.1.2 Lebesgue 微分定理

由极大函数可得下述均值问题的解.

定理 6.1.2 (Lebesgue 微分定理) 若 f 为 $\mathbf{R}$ 上可积函数, 则

$$\lim_{|I|\to 0, x\in I} \frac{1}{|I|}\int_I f(y)\mathrm{d}y = f(x), \text{a. e.于 } \mathbf{R}. \tag{6.4}$$

证明 对任意 $\alpha > 0$, 令

$$E_\alpha = \left\{x \left| \varlimsup_{|I|\to 0, x\in I} \left|\frac{1}{|I|}\int_I f(y)\mathrm{d}y - f(x)\right| > 2\alpha \right.\right\}.$$

只需证 $m(E_\alpha) = 0$, 则 $E = \bigcup\limits_{n=1}^{\infty} E_{\frac{1}{n}}, m(E) = 0$. 而对 E^c 中的元素式 (6.4) 成立.

对任意 $\alpha > 0$ 及 $\varepsilon > 0$, 由 Lusin 定理, 有连续函数 g 使得 g 的支集$\mathrm{supp}(g)$ 为紧集, 且 $\|f - g\|_{L^1(\mathbf{R})} < \varepsilon$.

显然, 对连续函数 g, 式 (6.4) 成立. 因为

$$\frac{1}{|I|}\int_I f(y)\mathrm{d}y - f(x) = \frac{1}{|I|}\int_I (f(y)-g(y))\mathrm{d}y + \frac{1}{|I|}\int_I g(y)\mathrm{d}y - g(x) + g(x) - f(x),$$

因此

$$\varlimsup_{|I|\to 0, x\in I} \left|\frac{1}{|I|}\int_I f(y)\mathrm{d}y - f(x)\right| \leqslant (f-g)^*(x) + |g(x) - f(x)|.$$

令

$$F_\alpha = \{x|(f-g)^*(x) > \alpha\}, G_\alpha = \{x||f(x) - g(x)| > \alpha\},$$

则 $E_\alpha \subset (F_\alpha \bigcup G_\alpha)$. 另一方面, 由 Tchebyshev 不等式可知

$$m(G_\alpha) < \frac{1}{\alpha}\|f - g\|_{L^1(\mathbf{R})},$$

由极大函数的弱型不等式可知

$$m(F_\alpha) \leqslant \frac{3}{\alpha}\|f - g\|_{L^1(\mathbf{R})}.$$

因为 $||f-g||_{L^1(\mathbf{R})}<\varepsilon$, 故

$$m(E_\alpha)<\frac{3}{\alpha}\varepsilon+\frac{1}{\alpha}\varepsilon.$$

由 ε 的任意性可知 $m(E_\alpha)=0$. □

注 6.1.3 (1) 对 $|f|$ 应用上述定理可得 $f^*(x)\geqslant|f(x)|$ a. e. 于 $\mathbf{R}$.

(2) 式 (6.4) 左边的极限很像函数在一点的导数. 但是, 由于式 (6.4) 中的极限涉及的区间为开区间, 因此, 严格来说, 这一极限值现在我们还不能说就是导数. 在本节最后我们将证明这一极限的确就是导数, 这也是定理 6.1.2 称为微分定理的原因.

需要说明的是, 定理 6.1.2 是在 f 是在 $\mathbf{R}$ 上可积函数这一“整体”条件下给出的, 这点和微分 (导数) 的“局部”性质不太相符. 由 Lebesgue 微分定理中的极限可以看出, 该极限只和点的局部性质有关, 和远离该点的函数取值无关, 因此实际上导数和均值是局部性质. 下面我们就来详细说明这一点.

$\mathbf{R}$ 上可测函数 f 称为**局部可积函数**, 若对任意有限区间 I, f 在 I 上可积. 用 $L^1_{Loc}(\mathbf{R})$表示 $\mathbf{R}$ 上局部可积函数全体. 直观上可以看出, f 在无穷远处的取值不影响它的局部可积性. 例如, $\mathrm{e}^{|x|}$ 和 $|x|^{-\frac{1}{2}}$ 都是局部可积函数, 但是它们在整个 $\mathbf{R}$ 上都不可积. 易知定理 6.1.2 在局部可积条件下也成立. 即有下述:

定理 6.1.3 若 $f\in L^1_{Loc}(\mathbf{R})$, 则式 (6.4) 成立.

作为定理 6.1.2 的应用, 我们考察可测集的下述性质.

设 $E\subset\mathbf{R}$ 为可测集, $x\in\mathbf{R}$. 若

$$\lim_{|I|\to0,x\in I}\frac{m(I\bigcap E)}{|I|}=1,$$

则称 x 为 E 的**Lebesgue 密度点**. 直观上看, 点 x 为 Lebesgue 密度点是指包含 x 的小区间几乎整个包含在 E 当中. 即是对任意 $\alpha<1$, 如果 α 和 1 任意接近, 则对长度充分小的包含 x 的区间 I,

$$m(I\bigcap E)\geqslant\alpha\cdot|I|.$$

从而 E 至少包含 I 的比例为 α 的部分.

令 $f=\chi_E$, 由定理 6.1.3 立即可得下述结论:

推论 6.1.1 设 $E\subset\mathbf{R}$ 为可测子集. 则

(1) 几乎 E 中所有的点都是 E 的 Lebesgue 点.

(2) 几乎所有 E^c 中的点都不是 E 的 Lebesgue 点.

设 f 是 $\mathbf{R}$ 上局部可积函数, 若点 $x\in\mathbf{R}$ 满足条件

$$\lim_{|I|\to 0, x\in I}\frac{1}{|I|}\int_I |f(y)-f(x)|\mathrm{d}y=0.$$

则称 x 为 f 的**Lebesgue 点**. 由定义立即可知, x 为 f 的 Lebesgue 点当且仅当

$$\lim_{|I|\to 0, x\in I}\frac{1}{|I|}\int_I f(y)\mathrm{d}y=f(x).$$

推论 6.1.2 若 f 局部可积, 则几乎所有点 $x\in\mathbf{R}$ 都是 f 的 Lebesgue 点.

证明 对每个有理数 r, 考虑函数 $|f(y)-r|$. 由定理 6.1.3, 存在零测度集 E_r, 使得当 $x\notin E_r$ 时,

$$\lim_{|I|\to 0, x\in I}\frac{1}{|I|}\int_I |f(y)-r|\mathrm{d}y=|f(x)-r|.$$

令 $E=\bigcup\limits_{r\in\mathbf{Q}}E_r$, 则 $m(E)=0$. 当 $x\notin E$ 且 $f(x)<+\infty$ 时, 对任意 $\varepsilon>0$, 存在有理数 r 使得 $|f(x)-r|<\varepsilon$. 因此

$$\frac{1}{|I|}\int_I |f(y)-f(x)|\mathrm{d}y\leqslant\frac{1}{|I|}\int_I |f(y)-r|\mathrm{d}y+|f(x)-r|.$$

从而

$$\lim_{|I|\to 0, x\in I}\int_I |f(y)-f(x)|\mathrm{d}y\leqslant 2\varepsilon.$$

故 x 为 f 的 Lebesgue 点. □

现在回到本章开头提到的积分导数的存在性问题. 利用可积函数几乎所有点为 Lebesgue 点这一结论可以给出这一问题一个圆满的答案.

定理 6.1.4 设 f 为区间 $[a,b]$ 上的可积函数, $F(x)=\int_{[a,x]}f(y)\mathrm{d}y$. 则对 f 的 Lebesgue 点 $x\in(a,b)$,

$$F'(x)=f(x).$$

从而 $F'(x)=f(x)$ a. e. 于 $[a,b]$.

证明 对任意 $x\in(a,b)$, 设 x 为 (a,b) 中 f 的 Lebesgue 点. 对任意 $\delta>0$, 设 $B(x,\delta)\subset(a,b)$, 令 $I_1=[x,x+\delta]$, $I_2=(x-\delta,x+\delta)$, 则 I_2 为包含 x 的开区间, 从而

$$\frac{1}{|I_1|}\int_{I_1}|f(y)-f(x)|\mathrm{d}y=\frac{2}{|I_2|}\int_{I_1}|f(y)-f(x)|\mathrm{d}y\leqslant\frac{2}{|I_2|}\int_{I_2}|f(y)-f(x)|\mathrm{d}y.$$

由推论 6.1.2, 上式右边表达式当 $\Delta x \to 0^+$ 时的极限为 0. 故

$$\lim_{\Delta x\to 0^+}\frac{1}{|I_1|}\int_{I_1}|f(y)-f(x)|\mathrm{d}y=0.$$

从而由

$$\left|\frac{1}{|I_1|}\int_{I_1}f(y)\mathrm{d}y-f(x)\right|\leqslant\frac{1}{|I_1|}\int_{I_1}|f(y)-f(x)|\mathrm{d}y$$

知

$$\lim_{\Delta x\to 0^+}\left|\frac{1}{\Delta x}\int_{[x,x+\Delta x]}f(y)\mathrm{d}y-f(x)\right|=0.$$

同理可知, 当 $\Delta x\to 0^-$ 时上式也成立. 从而

$$\lim_{\Delta x\to 0}\frac{F(x+\Delta x)-F(x)}{\Delta x}=f(x).$$

□

6.2 函数的微分

现在回到本章开始提到的第二个问题, 也就是 Newton-Leibniz 公式

$$F(b)-F(a)=\int_a^b F'(x)\mathrm{d}x \tag{6.5}$$

成立的一般条件.

需要说明的是, 一般情况下建立这一公式是件非常麻烦的事情.

首先, 因为存在连续但处处不可导的函数, 因此等式右端一般情况下可能无意义. 其次, 即便 $F'(x)$ 处处存在, 导函数 $F'(x)$ 也不一定可积 (留作习题).

基于上述原因, 我们应当对所讨论的函数作适当限制. 比如, 我们只讨论可积函数的不定积分. 但是这又需要我们去刻画这类函数. 因此我们从研究较广泛的一类函数 —— 有界变差函数入手.

6.2.1 有界变差函数

我们先看一下数学分析中曲线弧长的概念. 设 C 为平面上一条连续曲线, 其参数表达式为 $x=x(t), y=y(t), a\leqslant t\leqslant b$, 其中 $x(t)$ 和 $y(t)$ 都是连续函数.

$[a,b]$ 的任意一个划分

$$T: a=t_0<t_1<\cdots<t_n=b,$$

对应曲线上一组分点

$$P_i = (x(t_i), y(t_i)), i = 0, 1, \cdots, n.$$

依次连接各分点所得折线的长度记为 $L(T)$. 如果对于 $[a,b]$ 的一切划分, 对应的折线长度构成的数集有上界, 则称 C 为可求长的 (见图 6-1), 并称其上确界

$$L = \sup_T L(T)$$

为 C 的弧长.

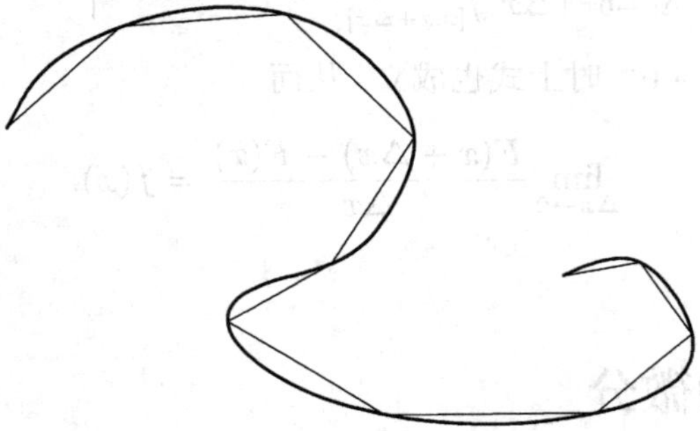

图 6-1 用折线逼近可求长度曲线

下面我们研究连续曲线可求长度的解析条件. 易知对任意 $[a,b]$ 的划分 $T: a = t_0 < t_1 < \cdots < t_n = b$, 和 T 对应的折线长度为

$$L(T) = \sum_{i=1}^{n} ((x(t_i) - x(t_{i-1}))^2 + (y(t_i) - y(t_{i-1}))^2)^{\frac{1}{2}}.$$

因为

$$\begin{aligned}
&\max\left\{\sum_{i=1}^{n} |x(t_i) - x(t_{i-1})|, \sum_{i=1}^{n} |y(t_i) - y(t_{i-1})|\right\} \\
\leqslant\ & L(T) = \sum_{i=1}^{n} ((x(t_i) - x(t_{i-1}))^2 + (y(t_i) - y(t_{i-1}))^2)^{\frac{1}{2}} \\
\leqslant\ & \sum_{i=1}^{n} |x(t_i) - x(t_{i-1})| + \sum_{i=1}^{n} |y(t_i) - y(t_{i-1})|.
\end{aligned}$$

因此集合 $\{L(T)\}$ 为有界集的充要条件为 $[a,b]$ 的一切划分 T 都能够使得

$$\sum_{i=1}^{n} |x(t_i) - x(t_{i-1})| \text{和} \sum_{i=1}^{n} |y(t_i) - y(t_{i-1})|$$

成为有界数集.

受上述概念启发, 我们引入下述定义:

定义 6.2.1 设 $F(x)$ 为定义在区间 $[a,b]$ 上的实值函数. $a=x_0<x_1<\cdots<x_N=b$ 为区间 $[a,b]$ 的一个划分. $F(x)$ 关于这一划分的**变差**定义如下:

$$\sum_{j=1}^{N}|F(x_j)-F(x_{j-1})|.$$

函数 F 称为**有界变差函数**, 若 F 关于 $[a,b]$ 的所有划分的变差有界. 也就是存在 $M<+\infty$, 使得

$$\sum_{j=1}^{N}|F(x_j)-F(x_{j-1})|\leqslant M,$$

对所有划分 $a=x_0<x_1<\cdots<x_N=b$ 成立.

(1) 由定义可知, 平面曲线 C 可求长当且仅当与 C 对应的函数 $x(t)$ 和 $y(t)$ 均为 $[a,b]$ 上的有界变差函数.

(2) 由变差的定义可知, 若划分 P_1 为划分 P_2 的加细, 即划分 P_2 中的分点全是 P_1 中的分点, 则 F 关于 P_1 的变差比关于 P_2 的变差大.

(3) 直观上看, 一个函数的有界变差性等价于它不会以较大的振幅震荡地太过频繁. 以下我们用例子说明这点.

回忆数学分析中递增函数的概念, 一个定义在区间 $[a,b]$ 上的实值函数 F 称为**递增函数**, 如果当 $t_1<t_2$ 时 $F(t_1)\leqslant F(t_2)$. 若上述不等式是严格不等式, 则称 F 为**严格递增函数**.

例 6.2.1 若 F 为实值单调有界函数, 则 F 是有界变差函数. 以递增函数为例说明. 事实上, 设 $|F(x)|\leqslant M$ 其中 $M\in\mathbf{R}$. 则

$$\sum_{j=1}^{N}|F(t_j)-F(t_{j-1})|=\sum_{j=1}^{N}(F(t_j)-F(t_{j-1}))=F(b)-F(a)\leqslant 2M.$$

例 6.2.2 设 F 为 $[a,b]$ 上处处可导的函数, 且 $F'(x)$ 有界. 则 F 为有界变差函数.

事实上, 设 $|F'(x)|\leqslant M$, 则由微分中值定理可知, 对任意 $x,y\in[a,b]$,

$$|F(x)-F(y)|\leqslant M|x-y|.$$

因此 $\sum\limits_{j=1}^{N}|F(t_j)-F(t_{j-1})|\leqslant M|a-b|$.

例 6.2.3 设

$$F(x)=\begin{cases} x^a\sin(x^{-b}), & x<0\leqslant 1;\\ 0, & x=0. \end{cases}$$

则 F 为有界变差函数当且仅当 $a>b$(留作习题).

图 6-2 为 $a=1,b=1$ 和 $a=\frac{1}{2},b=1$ 的情形.

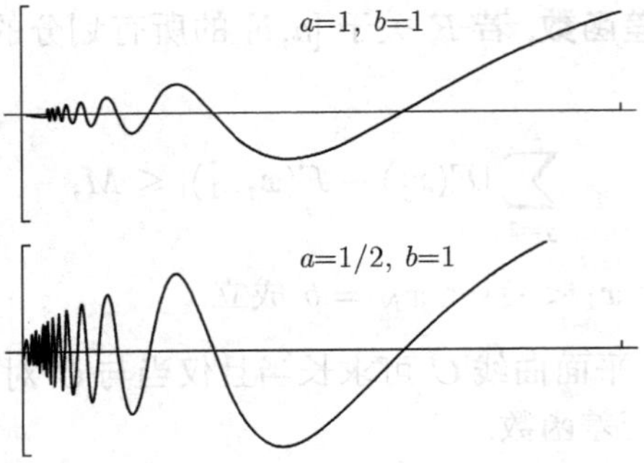

图 6-2 函数 $y=x^a\sin(x^{-b})$ 当 $(a=1,b=1)$ 以及 $\left(a=\frac{1}{2},b=1\right)$ 时的图像

下一结果表明, 从某种意义上来说, 例 6.2.1 给出了所有的有界变差函数. 为了证明这一结论, 我们引入全变差和正负变差的定义.

定义于 $[a,b]$ 上的函数 F 在 $[a,x](x\in[a,b])$ 上的**全变差**定义如下:

$$T_F(a,x)=\sup\sum_{j=1}^{N}|F(t_j)-F(t_{j-1})|.$$

上式中的上确界是对所有 $[a,x]$ 的划分而作的运算. 同理, F 在 $[a,x]$ 上的**正变差**定义为

$$P_F(a,x)=\sup\sum_{(+)}(F(t_j)-F(t_{j-1})).$$

上式中的上确界同样是对所有 $[a,x]$ 的划分而作的运算, 但是仅对满足 $F(t_j)\geqslant F(t_{j-1})$ 的 j 求和. 最后, F 在 $[a,x]$ 上的**负变差**定义为

$$P_F(a,x)=\sup\sum_{(+)}-[F(t_j)-F(t_{j-1})].$$

上式中的上确界同样是对所有 $[a,x]$ 的划分而作的运算, 只不过现在是仅对满足 $F(t_j)\leqslant F(t_{j-1})$ 的 j 进行求和.

引理 6.2.1 设 F 为 $[a,b]$ 上的有界变差函数. 则对任意 $x\in[a,b]$,

$$F(x)-F(a)=P_F(a,x)-N_F(a,x).$$

而

$$T_F(a,x)=P_F(a,x)+N_F(a,x).$$

证明 对任意 $\varepsilon>0$, 存在 $[a,x]$ 划分 $a=t_0<\cdots<t_N=x$, 使得

$$\left|P_F-\sum_{(+)}(F(t_j)-F(t_{j-1}))\right|<\varepsilon,\ \left|N_F-\sum_{(-)}-[F(t_j)-F(t_{j-1})]\right|<\varepsilon.$$

(为了证明这一点, 只需对 P_F 和 N_F 分别取一个划分满足上述条件, 再取它们的一个公共加细即可.)

因为

$$F(x)-F(a)=\sum_{(+)}(F(t_j)-F(t_{j-1}))-\sum_{(-)}-[F(t_j)-F(t_{j-1})],$$

故

$$|F(x)-F(a)-P_F(a,x)+N_F(a,x)|<2\varepsilon.$$

这就证明了第一式. 为证明第二个等式, 注意到对任意 $[a,x]$ 划分 $a=t_0<\cdots<t_N=x$,

$$\sum_{j=1}^{N}|F(t_j)-F(t_{j-1})|=\sum_{(+)}(F(t_j)-F(t_{j-1}))+\sum_{(-)}-[F(t_j)-F(t_{j-1})],$$

因此 $T_F\leqslant P_F+N_F$. 由上式同理可得

$$\sum_{(+)}(F(t_j)-F(t_{j-1}))+\sum_{(-)}-[F(t_j)-F(t_{j-1})]\leqslant T_F.$$

再次利用证明第一式的公共加细方法可知 $P_F+N_F\leqslant T_F$. □

定理 6.2.1 $[a,b]$ 上函数 f 为有界变差函数当且仅当它是两个 $[a,b]$ 上单调递增有界函数的差.

证明 显然, 如果 $F=F_1-F_2$, 其中 F_1 和 F_2 都是 $[a,b]$ 上单递增有界函数, 则 F 为有界变差函数.

反之, 设 F 为有界变差函数. 令 $F_1(x)=P_F(a,x)+F(a)$, $F_2(x)=N_F(a,x)$. 显然 F_1 和 F_2 均为递增的有界函数, 由引理 6.2.1 知 $F(x)=F_1(x)-F_2(x)$. □

下述结果是微分理论的核心结论.

定理 6.2.2 若 F 为 $[a,b]$ 上有界变差函数, 则 F 几乎处处可导.

由定理 6.2.1, 为了证明定理 6.2.2, 只需就递增情形证明即可. 首先证明 F 为连续函数的情形, 这一证明比较简单. 一般情形的证明将在后面通过引入跳跃函数来给出.

为了证明定理 6.2.2, 首先给出 F. Riesz 的一个引理, 这一引理具有覆盖方法的效果.

引理 6.2.2 设 G 为 $\mathbf{R}$ 上的实值连续函数. 令

$$E=\{x\in\mathbf{R}|\text{存在}h=h_x>0,\text{使得}G(x+h)>G(x)\}.$$

若 E 为非空集, 则 E 必为开集, 因此 E 可以表示为至多可数多个不交开区间的并: $E=\bigcup(a_k,b_k)$. 如果 (a_k,b_k) 为这一并当中的一个有限区间, 则

$$G(b_k)-G(a_k)=0.$$

证明 由 G 的连续性易知 E 为开集, 因此由开集构造定理可知, 若 E 非空, 则它可以表示为至多可数多个不交开区间的并. 如果 (a_k,b_k) 是这一分解中的一个有限区间, 则 $a_k\notin E$, 故 $G(b_k)>G(a_k)$ 不可能成立. 若 $G(b_k)<G(a_k)$, 由连续性和介值定理知, 存在 $a_k<c<b_k$, 使得

$$G(c)=\frac{G(a_k)+G(b_k)}{2}.$$

因为 G 连续, 因此我们可取 c 使得它离区间的右端点 b_k 最近. 因为 $c\in E$, 存在 $d>c$ 使得 $G(d)>G(c)$. 又 $b_k\notin E$, 因此对任意 $x>b_k$, $G(x)\leqslant G(b_k)$; 故 $d<b_k$. 因为 $G(d)>G(c)$, 由 G 连续性可知存在 c' 满足 $d<c'<b_k$ 且 $G(c')=G(c)$, 这和 c 为区间 (a_k,b_k) 中满足条件的离右端点 b_k 最近这一性质矛盾. 这就证明了 $G(b_k)=G(a_k)$. □

注 6.2.1 上述引理也称为"太阳升引理". 设想太阳刚从东方 (右端) 升起, 太阳的光线平行于地平线 (x 轴), 则 E 中的点 x 对应的 G 的图像上的点 $(x,G(x))$ 恰好为阴影中的点. 如图 6-3 中粗线所示.

类似于引理 6.2.2, 可证下述结论:

推论 6.2.1 设 G 为 $[a,b]$ 上的实值连续函数. 令

$$E=\{x\in\mathbf{R}|\text{存在}h>0,\text{使得}G(x+h)>G(x)\}.$$

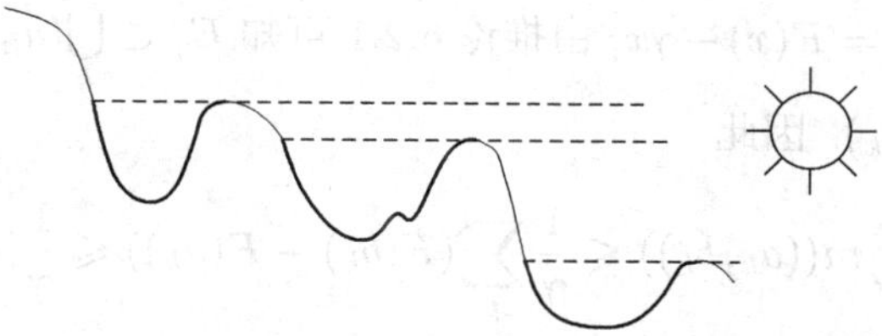

图 6-3 太阳升引理示意图: 太阳刚好在地平线上

则 E 为开集. 若 E 非空, 则 E 为至多可数个互不相交开区间 (a_k, b_k) 的并. 当 $a_k \neq a$ 时, $G(a_k) = G(b_k)$; 若 $a_k = a$, 则 $G(a_k) \leqslant G(b_k)$.

现在我们来看定理 6.2.2 的证明.

证明 定义

$$\Delta_h(F)(x) = \frac{F(x+h) - F(x)}{h}.$$

考虑在 x 点处的 Dini 数

$$D^+(F) = \limsup_{h \to 0^+} \Delta_h(F)(x),$$
$$D_+(F) = \liminf_{h \to 0^+} \Delta_h(F)(x),$$
$$D^-(F) = \limsup_{h \to 0^-} \Delta_h(F)(x),$$
$$D_-(F) = \liminf_{h \to 0^-} \Delta_h(F)(x).$$

显然, $D_+ \leqslant D^+$, $D_- \leqslant D^-$. 因此为了证明定理, 只需证明:

(i) $D^+(F) < +\infty$ a. e.,

(ii) $D^+(F) \leqslant D_-(F)$ a. e..

事实上, 如果上述结论成立, 那么对函数 $-F(-x)$ 应用 (ii) 式可得 $D^-(F)(x) \leqslant D_+(F)(x)$ a. e.. 因此

$$D^+ \leqslant D_- \leqslant D^- \leqslant D_+ \leqslant D^+ < +\infty \text{ a.e..}$$

故所有四个 Dini 数均相等且几乎处处有限, 从而 $F'(x)$ 几乎处处存在.

现在我们就 F 为 $[a, b]$ 上单调递增有界且连续的情形来证明定理 6.2.2.

对固定的 $\gamma > 0$, 令

$$E_\gamma = \{x | D^+(F)(x) > \gamma\}.$$

易知 E_γ 为可测集 (留作习题, 请读者自己证明).

对函数 $G(x)=F(x)-\gamma x$, 由推论 6.2.1 可知 $E_\gamma\subset\bigcup\limits_k(a_k,b_k)$, 其中 $F(b_k)-F(a_k)\geqslant\gamma(b_k-a_k)$. 因此

$$m(E_\gamma)\leqslant\sum_k m((a_k,b_k))\leqslant\frac{1}{\gamma}\sum_k(F(b_k)-F(a_k))\leqslant\frac{1}{\gamma}(F(b)-F(a)).$$

从而 $m(E_\gamma)\to 0(\gamma\to+\infty)$. 因为 $\{D^+F(x)=+\infty\}\subset E_\gamma$ 对所有 γ 成立, 从而 $D^+F(x)<+\infty$ 几乎处处成立.

固定实数 r 和 R, 使得 $R>r$, 令

$$E=\{x\in[a,b]|D^+(F)(x)>R \text{ 且 } r>D_-(F)(x)\}.$$

以下只需证明 $m(E)=0$, 则由 R 和 r 的任意性可知 $D^+(F)(x)\leqslant D_-(F)(x)$ 几乎处处成立.

用反证法. 若 $m(E)>0$, 因为 $R/r>1$, 故有开集 U 使得 $E\subset U\subset(a,b)$ 且 $m(U)<m(E)\cdot R/r$.

设 $U=\bigcup\limits_n I_n$, 其中 I_n 为两两不交的开区间. 对固定的 n 对函数 $G(x)=-F(x)+rx$ 在区间 $-I_n$ 上应用推论 6.2.1, 将这些由推论 6.2.1 得到的开区间再关于原点反射可得开集 $\bigcup\limits_k(a_k,b_k)\subset I_n$. 则 (a_k,b_k) 两两不交, 且

$$F(b_k)-F(a_k)\leqslant r(b_k-a_k).$$

再在区间 (a_k,b_k) 上对函数 $G(x)=F(x)-Rx$ 应用推论 6.2.1 可得开集 $U_n=\bigcup\limits_{k,j}(a_{k,j},b_{k,j})$, 其中对任意 j, $(a_{k,j},b_{k,j})\subset(a_k,b_k)$, 但

$$F(b_{k,j})-F(a_{k,j})\geqslant R(b_{k,j}-a_{k,j}).$$

因为 F 为单调递增函数, 因此

$$\begin{aligned}m(U_n)&=\sum_{k,j}(b_{k,j}-a_{k,j})\\&\leqslant\frac{1}{R}\sum_{k,j}(F(b_{k,j})-F(a_{k,j}))\\&\leqslant\frac{1}{R}\sum_k(F(b_k)-F(a_k))\\&\leqslant\frac{r}{R}\sum_k(b_k-a_k)\\&\leqslant\frac{r}{R}m(I_n).\end{aligned}$$

注意到 $U_n \supset E \bigcap I_n$, 因为对任意 $x \in E$, $D^+(F)(x) > R$ 而 $r > D_-(F(x))$, 又 $I_n \supset U_n$, 故对 n 求和可得

$$m(E) = \sum_n m(E \bigcap I_n) \leqslant \sum_n m(U_n) \leqslant \frac{r}{R} \sum m(I_n) = \frac{r}{R} m(U) < m(E).$$

矛盾! 从而当 F 连续时定理 6.2.2 成立. □

现在我们看一下关于 Newton-Leibniz 公式 (6.5) 对于单调函数我们的讨论进行到了什么程度.

推论 6.2.2 如果 F 为递增的单调连续函数. 则 F' 几乎处处存在. 此外, F' 非负可测, 且

$$\int_a^b F'(x)\mathrm{d}x \leqslant F(b) - F(a).$$

特别地, 当 F 在 $\mathbf{R}$ 上有界时 F' 在 $\mathbf{R}$ 上可积.

证明 对 $n \geqslant 1$, 考虑商

$$G_n(x) = \frac{F(x + 1/n) - F(x)}{1/n}.$$

由定理 6.2.2 可知 $G_n(x) \to F'(x)$ a. e., 故 F' 非负可测.

将 F 扩张为 R 上连续函数, 由 Fatou 引理可知

$$\int_a^b F'(x)\mathrm{d}x \leqslant \liminf_{n\to+\infty} \int_a^b G_n(x)\mathrm{d}x.$$

于是

$$\begin{aligned}
\textstyle\int_a^b G_n(x)\mathrm{d}x &= \frac{1}{1/n}\int_a^b F\left(x + \frac{1}{n}\right)\mathrm{d}x - \frac{1}{1/n}\int_a^b F(x)\mathrm{d}x \\
&= \frac{1}{1/n}\int_{a+1/n}^{b+1/n} F(y)\mathrm{d}y - \frac{1}{1/n}\int_a^b F(x)\mathrm{d}x \\
&= \frac{1}{1/n}\int_b^{b+1/n} F(x)\mathrm{d}x - \frac{1}{1/n}\int_a^{a+1/n} F(x)\mathrm{d}x.
\end{aligned}$$

因为 F 连续, 故上式最后一行中的第一式和第二式分别收敛于 $F(b)$ 和 $F(a)$. □

一般来说, 如果仅假定函数 F 为单调递增的连续函数, 推论 6.2.2 中的不等式不一定为等式. 反例如下.

例 6.2.4 (Cantor-Lebesgue 函数) 下面给出一个单调递增的连续函数 $F:[0,1]\to[0,1]$ 满足条件 $F(0)=0$, $F(1)=1$, 但 $F'(x)=0$ a. e.! 从而 F 为有界变差函数, 但是

$$\int_0^1 F'(x)\mathrm{d}x \neq F(1)-F(0).$$

回忆 Cantor 三分集 $\mathcal{C}$ 的构造,

$$\mathcal{C}=\bigcap_{k=1}^{\infty} C_k.$$

其中每个 C_k 是 2^k 个闭区间的并. 例如 $C_1=\left[1,\frac{1}{3}\right]\bigcup\left[\frac{2}{3},1\right]$. 令 $F_1(x)$ 为 $[0,1]$ 上单调递增的连续函数, 满足条件

$$F_1(x)=\begin{cases}0, & x=0;\\ \dfrac{1}{2}, & x\in\left[\dfrac{1}{3},\dfrac{2}{3}\right];\\ 1, & x=1.\end{cases}$$

而在 C_1 上 F_1 为线性函数.

同理, $F_2(x)$ 为 $[0,1]$ 上单调递增的连续函数, 满足条件

$$F_2(x)=\begin{cases}0, & x=0,\\ \dfrac{1}{4}, & x\in\left[\dfrac{1}{9},\dfrac{2}{9}\right],\\ \dfrac{1}{2}, & x\in\left[\dfrac{1}{3},\dfrac{2}{3}\right],\\ \dfrac{3}{4}, & x\in\left[\dfrac{7}{9},\dfrac{8}{9}\right],\\ 1, & x=1.\end{cases}$$

而在 C_2 上 F_2 为线性函数. 见图 6-4.

这样我们可得一列单调递增的连续函数 $\{F_n\}_{n=1}^{\infty}$. 显然

$$|F_{n+1}(x)-F_n(x)|\leqslant 2^{-n-1}.$$

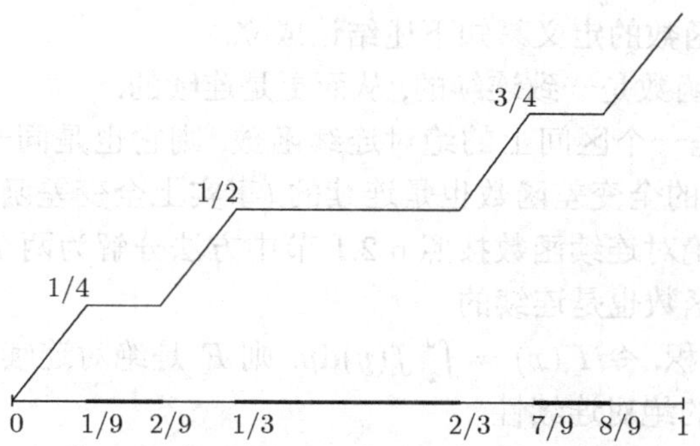

图 6-4 函数 F_2

因此 $\{F_n\}_{n=1}^{\infty}$ 一致收敛到一个连续函数 F, F 称为**Cantor–Lebesgue 函数** (见图 6-5). 由 F 的构造可知 F 是单调递增的函数, $F(0)=0$, $F(1)=1$. 而 F 在 Cantor 集补集的每个构成区间上为常值函数. 因为 $m(\mathcal{C})=0$, 因此 $F'(x)=0$ a. e..

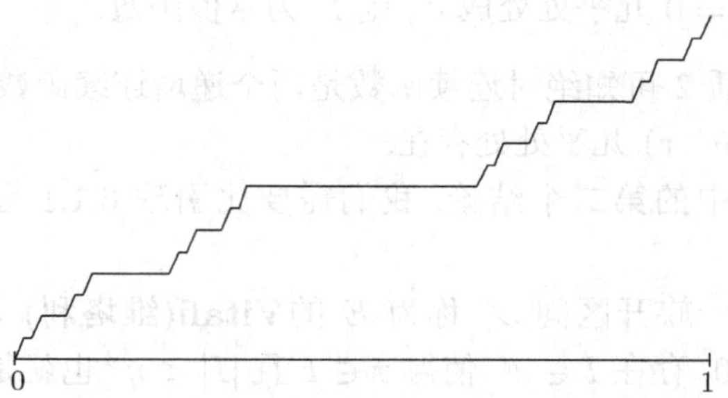

图 6-5 Cantor-Lebesgue 函数

注 6.2.2 这一小节的讨论说明函数的有界变差性只能保证其导数处处存在, 但是不能保证 Newton-Leibniz 公式成立. 下一小节中将给出函数的一个条件完全解决 Newton–Leibniz 公式是否成立的问题.

6.2.2 绝对连续函数

一个定义于 $[a,b]$ 上的函数称为**绝对连续函数**, 如果对任意 $\varepsilon>0$, 存在 $\delta>0$, 使得对任意有限个互不相交的区间 $\{(a_k,b_k)\}_{k=1}^{N}$, 若 $\sum\limits_{k=1}^{N}(b_k-a_k)<\delta$, 则

$$\sum_{k=1}^{N}|F(b_k)-F(a_k)|<\varepsilon.$$

由绝对连续函数的定义易知下述结论成立.

1. 绝对连续函数是一致连续的, 从而更是连续的.

2. 如果 F 是一个区间上的绝对连续函数, 则它也是同一区间上的有界变差函数. 此外, 它的全变差函数也是连续的 (事实上全变差函数是绝对连续的). 作为推论可知将绝对连续函数按照 6.2.1 节中方法分解为两个递增函数的差后, 所得的两个递增函数也是连续的.

3. 如果 f 可积, 令 $F(x)=\int_a^x f(y)\mathrm{d}y$, 则 F 是绝对连续的. 这一结论正是第 5 章讲的积分的绝对连续性.

由积分的绝对连续性和性质 3 可知, 如果我们希望等式

$$\int_a^b F'(x)\mathrm{d}x = F(b)-F(a)$$

成立, F 必须是绝对连续的. 即绝对连续性是这一等式成立的必要条件.

定理 6.2.3 若 F 为区间 $[a,b]$ 上的绝对连续函数, 则 F' 几乎处处存在. 此外, 如果 $F'(x)=0$ 几乎处处成立, 则 F 为常值函数.

由上面的性质 2 可知绝对连续函数是两个递增连续函数的差, 因此由上一小节的结论可知 $F'(x)$ 几乎处处存在.

为证明定理中的第二个结论, 我们需要比引理 6.1.1 还复杂一些的覆盖论证.

设 $E\subset\mathbf{R}$, 一族开区间 $\mathscr{I}$ 称为 E 的**Vitali(维塔利) 覆盖**, 如果对任意 $x\in E$, 以及 $\eta>0$, 存在 $I\in\mathscr{I}$ 使得 $x\in I$ 且 $|I|<\eta$. 也就是 E 中每个点可由 $\mathscr{I}$ 中长度任意小的区间覆盖.

引理 6.2.3 设 E 为 $\mathbf{R}$ 中测度有限集, $\mathscr{I}$ 为 E 的 Vitali 覆盖. 则对任意 $\delta>0$, 存在 $\mathscr{I}$ 中有限个互不相交的开区间 $I_1,I_2,\cdots,I_N$, 使得

$$\sum_{i=1}^N |I_i| \geqslant m(E)-\delta.$$

证明 我们反复应用引理 6.1.1 来穷尽 E 中的元素. 显然, 只需对充分小的 δ 来证明即可. 比如, 可设 $m(E)>0$ 且 $\delta<m(E)$. 首先, 取紧致子集 $F\subset E$ 使得 $m(F)\geqslant\delta$. 由 F 的紧致性可知存在 F 的有限子覆盖, 再由引理 6.1.1, 存在这一有限覆盖中的互不相交的开区间 $I_1,I_2,\cdots,I_{N_1}$ 使得

$$\sum_{i=1}^{N_1}|I_i|\geqslant\frac{1}{3}m(F)\geqslant\frac{1}{3}\delta.$$

考虑 $\sum_{i=1}^{N_1}|I_i|$ 与 $m(E)-\delta$ 的大小关系. 若 $\sum_{i=1}^{N_1}|I_i|\geqslant m(E)-\delta$, 取 $N=N_1$ 即可. 否则, 令

$$E_2=E\setminus\Big(\bigcup_{i=1}^{N_1}\overline{I_i}\Big).$$

则 $m(E_2)>\delta$. 对 E_2 重复上述关于 E 的过程: 取紧致子集 $F_2\subset E_2$ 使得 $m(F_2)\geqslant\delta$. 注意到 $\mathscr{I}$ 中和 $\bigcup_{i=1}^{N_1}\overline{I_i}$ 不交的开区间仍然构成 E_2 的一个 Vitali 覆盖, 因此也为 F_2 的 Vitali 覆盖, 故可取出有限个互不相交的开区间 $I_i(N_1<i\leqslant N_2)$ 构成的 F_2 开覆盖使得 $\sum_{i=N_1+1}^{N_2}|I_i|\geqslant\dfrac{\delta}{3}$. 从而 $\sum_{i=1}^{N_2}|I_i|\geqslant\dfrac{2\delta}{3}$. 显然 $I_i(1\leqslant i\leqslant N_2)$ 互不相交.

再考虑 $\sum_{i=1}^{N_2}|I_i|$ 与 $m(E)-\delta$ 的大小关系. 若 $\sum_{i=1}^{N_2}|I_i|\geqslant m(E)-\delta$, 取 $N=N_2$ 即可. 否则, $\sum_{i=1}^{N_2}|I_i|<m(E)-\delta$.

对 $E\setminus\Big(\bigcup_{i=1}^{N_2}\overline{I_i}\Big)$ 继续重复上述过程……这样一直下去, 我们必然可以经过有限步, 比如 k 步后可取出两两不交的开区间使得它们的长度之和大于等于 $\dfrac{k\delta}{3}$. 因此, 无论何种情况, 当 $k\geqslant 3(m(E)-\delta)/\delta$ 时可得所需互不相交的开区间 I_i 使得

$$\sum_{i=1}^{N_k}|I_i|\geqslant m(E)-\delta.$$

□

推论 6.2.3 条件同引理 6.2.2. 可以适当选取区间 I_i, 使得

$$m\Big(E\setminus\Big(\bigcup_{i=1}^{N}I_i\Big)\Big)<2\delta.$$

证明 事实上, 令 U 为一个开集, 使得 $U\supset E$, $m(U\setminus E)<\delta$. 因为所讨论的覆盖为 Vitali 覆盖, 因此可要求上述过程中选取的区间全部包含在 U 中. 于是

$$\Big(E\setminus\Big(\bigcup_{i=1}^{N}I_i\Big)\Big)\bigcup\Big(\bigcup_{i=1}^{N}I_i\Big)\subset U.$$

因为这一包含关系中左边的两个集合不相交, 故

$$m\Big(E\setminus\Big(\bigcup_{i=1}^{N}I_i\Big)\Big)\leqslant m(U)-m\Big(\bigcup_{i=1}^{N}I_i\Big)\leqslant m(E)+\delta-(m(E)-\delta)=2\delta.$$

□

现在我们回到定理 6.2.3 的证明.

证明 只需证 $F(b)=F(a)$. 再用任意 (a,b) 的子区间代替证明中的区间 (a,b) 即可得到定理的证明. 令 $E=\{x\in(a,b)|F'(x)=0\}$. 则 $m(E)=b-a$. 固定 $\varepsilon>0$, 对任意 $x\in E$, 因为

$$\lim_{h\to 0}\left|\frac{F(x+h)-F(x)}{h}\right|=0,$$

因此对任意 $\eta>0$, 存在 $x\in I=(a_x,b_x)\subset[a,b]$ 使得 $b_x-a_x<\eta$, 且

$$|F(b_x)-F(a_x)|\leqslant\varepsilon(b_x-a_x).$$

所有上述形式的开区间构成 E 的一个 Vitali 覆盖. 因此由引理 6.2.2, 对任意 $\delta>0$, 存在有限个互不相交的开区间 $I_i(1\leqslant i\leqslant N)$ 使得

$$\sum_{i=1}^{N}m(I_i)\geqslant m(E)-\delta=(b-a)-\delta,\tag{6.6}$$

但 $|F(b_i)-F(a_i)|\leqslant\varepsilon(b_i-a_i)$. 因为所有 I_i 互不相交且全部包含在 $[a,b]$ 中, 因此将这些不等式相加可得

$$\sum_{i=1}^{N}|F(b_i)-F(a_i)|\leqslant\varepsilon(b-a).$$

设

$$[a,b]\setminus\Big(\bigcup_{k=1}^{N}(a_i,b_i)\Big)=\bigcup_{k=1}^{M}[\alpha_k,\beta_k]$$

为有限个闭区间的并, 由式 (6.6), 它的长度之和小于等于 δ. 因此由 F 的绝对连续性可知 (只需将 δ 取得和 ε 适当相关),

$$\sum_{k=1}^{N}|F(\beta_k)-F(\alpha_k)|<\varepsilon.$$

从而

$$|F(b)-F(a)| \leqslant \sum_{i=1}^{N}|F(b_i)-F(a_i)|+\sum_{k=1}^{M}|F(\beta_i)-F(\alpha_i)| \leqslant \varepsilon(b-a)+\varepsilon.$$

由 ε 的任意性可知 $F(b)-F(a)=0$. □

下述定理是本节主要结论, 它给出了第二个问题的答案, 即建立了微分与积分的互逆性.

定理 6.2.4 若 F 为 $[a,b]$ 上的绝对连续函数, 则 F' 几乎处处存在且可积. 此外, 对所有 $a \leqslant x \leqslant b$,

$$F(x)-F(a)=\int_a^x F'(y)\mathrm{d}y.$$

令 $x=b$, 可得 $F(b)-F(a)=\int_a^b F'(y)\mathrm{d}y$.

反之, 如果 f 是 $[a,b]$ 上可积函数, 则存在绝对连续函数 F 使得 $F'(x)=f(x)$ 几乎处处成立. 实际上, 令 $F(x)=\int_a^x f(y)\mathrm{d}y$ 即可.

证明 因为实值绝对连续函数是两个连续递增函数的差, 由推论 6.2.2 可知 F' 为 $[a,b]$ 上的可积函数. 令 $G(x)=\int_a^x F'(y)\mathrm{d}y$. 则 G 为绝对连续函数, 从而 $G(x)-F(x)$ 也是绝对连续函数. 由 Lebesgue 微分定理 6.1.2 可知 $G'(x)=F'(x)$ 几乎处处成立, 故差 $F-G$ 的导数几乎处处为 0, 于是由定理 6.2.3 可知 $F-G$ 为常数, 从而令 $x-a$ 即得所要证结论.

反面的结论由 $\int_a^x f(y)\mathrm{d}y$ 的绝对连续性和微分定理 $F'(x)=f(x)$ 几乎处处成立可知. □

6.2.3 跳跃函数的导数

现在考虑不连续的单调函数的导数. 从而去掉定理 6.2.2 证明中函数的连续性限制.

和 6.1 节相同, 假定 F 是递增的有界函数. 从而下述两个极限都存在:

$$F(x^-)=\lim_{y\to x^-}F(y), F(x^+)=\lim_{y\to x^+}F(y).$$

显然 $F(x^-)\leqslant F(x)\leqslant F(x^+)$. 若 $F(x^-)=F(x^+)$, 则 F 在 x 点连续. 当 $F(x^-)\neq F(x^+)$ 时称 F 在 x 点跳跃性不连续. 幸运的是, 因为不连续点最多可数个, 因此这种不连续点在可控范围内.

引理 6.2.4 一个定义于闭区间 $[a,b]$ 上的有界递增函数 F 最多只有可数多个不连续点.

证明 这一引理是第 1 章中的习题 22, 现在给出他的证明. 若 F 在 x 点不连续, 取有理数 r_x 使得 $F(x^-)<r_x<F(x^+)$. 显然, 如果 F 在两个不同点 x,z 处不连续, 且 $x<z$, 则 $F(x^+)\leqslant F(z^-)$, 从而 $r_x<r_z$. 这说明一个有理数最多对应一个不连续点, 从而 F 最多只有可数多个不连续点.

令 $\{x_n\}_{n=1}^{\infty}$ 为 F 的所有不连续点, α_n 为 F 在 x_n 处的跳跃度, 即 $\alpha_n=F(x_n^+)-F(x_n^-)$. 则

$$F(x_n^+)=F(x_n^-)+\alpha_n.$$

且存在 $\theta_n(0\leqslant\theta_n\leqslant 1)$, 使得

$$F(x_n)=F(x_n^-)+\theta_n\alpha_n.$$

令

$$j_n(x)=\begin{cases}0, & x<x_n;\\ \theta_n, & x=x_n;\\ 1, & x>x_n.\end{cases}$$

定义由 F 确定的跳跃函数J_F 如下:

$$J_F(x)=\sum_{n=1}^{\infty}\alpha_n j_n(x).$$

为简单起见, J_F 简记为 J. 易知当 F 有界时,

$$\sum_{n=1}^{\infty}\alpha_n\leqslant F(b)-F(a)<+\infty.$$

因此 J 定义中的级数是一致绝对收敛的级数. □

引理 6.2.5 设 F 为 $[a,b]$ 上的递增有界函数, J 为 F 导出的跳跃函数, $\{x_n\}$ 为 F 的不连续点集. 则

(i) $J(x)$ 只在 $\{x_n\}$ 不连续, 在 x_n 点 J 和 F 的跳跃度相同.

(ii) 差 $F(x)-J(x)$ 是递增的连续函数.

证明 (i) 如果对每个 n, $x\neq x_n$, 则每个 J_n 在 x 点都连续, 因为 F 对应的跳跃度级数 $\sum\limits_{n=1}^{\infty}\alpha_n$ 一致收敛, 故极限函数 J 在 x 点连续. 如果对某个 N,

$x = x_N$, 则

$$J(x) = \sum_{n=1}^{N} \alpha_n j_n(x) + \sum_{n=N+1}^{\infty} \alpha_n j_n(x).$$

因为级数 $\sum_{n=1}^{\infty} \alpha_n$ 收敛而每个 J_n 在 x 点都连续, 因此上式右面的级数在 x 点连续. 上式中的有限和在 x_N 点的跳跃度为 α_N.

(ii) 由 (i) 可知 $F - J$ 为连续函数. 如果 $y > x$, 由 F 为递增函数可知

$$J(y) - J(x) = (F(x^+) - F(x)) + \sum_{x<x_n<y} \alpha_n + (F(y) - F(y^-)) \leqslant F(y) - F(x),$$

故

$$F(x) - J(x) \leqslant F(y) - J(y).$$

□

因为 $F(x) = [F(x) - J(x)] + J(x)$, 只要证明 J 几乎处处可导即可完成定理 6.2.2 的证明.

定理 6.2.5 设 J 为上述跳跃函数, 则 $J'(x)$ 几乎处处存在且几乎处处为 0.

证明 对任意 $\varepsilon > 0$, 容易证明满足下述条件 (6.7) 的点 x 构成集合 E 为可测集 (留作习题, 请读者自己验证).

$$\limsup_{h\to 0} \frac{J(x+h) - J(x)}{h} > \varepsilon. \tag{6.7}$$

令 $\delta = m(E)$. 只需证明 $\delta = 0$.

注意到 J 定义中涉及的级数 $\sum \alpha_n$ 为收敛级数, 因此, 对任意 $\eta > 0$, 存在 N 使得 $\sum_{n>N} \alpha_n < \eta$. 令

$$J_0(x) = \sum_{n>N} \alpha_n j_n(x).$$

由 N 的选取可知

$$J_0(b) - J_0(a) < \eta. \tag{6.8}$$

因为 $J - J_0$ 是有限个 $\alpha_n j_n(x)$ 之和, 因此当用 J_0 代替 J 由 (6.7) 所得到的集合和 E 最多相差有限集 $\{x_1, x_2, \cdots, x_N\}$从而存在紧子集 K 使得 $m(K) \geqslant \dfrac{\delta}{2}$,

且对 $x \in K$,

$$\limsup_{h\to 0} \frac{J_0(x+h)-J_0(x)}{h} > \varepsilon.$$

于是对任意 $x \in K$, 存在包含 x 的区间 $(a_x, b_x) \subset (a, b)$ 使得

$$J_0(b_x) - J_0(a_x) > \varepsilon(b_x - a_x).$$

由 K 紧致性, 存在有限个这样的区间构成 K 的开覆盖. 由引理 6.1.1, 存在两两不交的区间 $I_1, I_2, \cdots, I_n$ 使得 $\sum\limits_{j=1}^{m} m(I_j) \geqslant m(K)/3$. 而区间 $I_j = (a_j, b_j)$ 满足条件

$$J_0(b_j) - J_0(a_j) > \varepsilon(b_j - a_j).$$

从而

$$J_0(b) - J_0(a) \geqslant \sum_{j=1}^{N}(J_0(b_j) - J_0(a_j)) > \varepsilon \sum_{j=1}^{N}(b_j - a_j) \geqslant \frac{\varepsilon}{3} m(K) \geqslant \frac{\varepsilon}{6}\delta.$$

因此由式 (6.8) 知, $\dfrac{\varepsilon\delta}{6} < \eta$, 由 η 的任意性可知 $\delta = 0$. □

习题 6

1. 设 0 为集 $E \subset \mathbf{R}$ 的一个 Lebesgue 点. 证明对每个下述单独的条件, 有一个无限点列 $x_n \in E$, $x_n \neq 0$, 且 $x_n \to 0 (n \to +\infty)$.

(1) 该序列同时满足条件 $-x_n \in E$, 对每个 n 成立.

(2) 该序列同时满足条件 $2x_n \in E$, 对所有 n 成立.

试推广上述结论.

2. 证明: 如果 f 为 $\mathbf{R}$ 上可积函数, 且积分不为 0, 则

$$f^*(x) \geqslant \frac{c}{|x|},$$

对某 $c > 0$ 和所有满足条件 $|x| \geqslant 1$ 的 x 成立. 因而 f^* 在 $\mathbf{R}$ 上不可积. 这说明当 $\int |f| = 1$ 时对所有 $\alpha > 0$ 的弱形估计:

$$m(\{x | f^*(x) > \alpha\}) \leqslant \frac{c}{\alpha}$$

为下述意义下最佳: 如果 f 的支集包含于 $[-1, 1]$ 而 $\int |f| = 1$, 则

$$m(\{x | f^*(x) > \alpha\}) \geqslant \frac{c'}{\alpha}$$

对某 $c'>0$ 和所有充分小的 α 成立.

[提示: 对第一部分, 利用 $\int_I |f|>0$ 对某个区间成立.]

3. 利用推论 6.1.2 证明, 如果包含在 $[0,1]$ 中的可测子集 E 满足条件 $m(E\bigcap I)\geqslant \alpha m(I)$ 对某 $\alpha>0$ 和所有包含于 $[0,1]$ 中区间 I 成立, 则 $m(E)=1$.

4. 设 $A\subset \mathbf{R}$, $m(A)>0$. 是否存在一列元素 $\{s_n\}_{n=1}^{\infty}$ 使得 $\bigcup\limits_{n=1}^{\infty}(A+s_n)$ 在 $\mathbf{R}$ 中的补集的测度为零?

[提示: 对任意 $\varepsilon>0$, 找一长度为 l_ε 的区间 I_ε 使得 $m(A\bigcap I_\varepsilon)\geqslant(1-\varepsilon)m(I_\varepsilon)$. 考虑 $\bigcup\limits_{k=-\infty}^{+\infty}(A+t_k)$, 其中 $t_k=kl_\varepsilon$.]

5. 设 F 为 $\mathbf{R}$ 中闭集, $\delta(x)$ 表示 x 到 F 的距离.

显然 $\delta(x+y)\leqslant|y|$ 当 $x\in F$ 时成立. 证明

$$\delta(x+y)=o(|y|)$$

几乎处处在 F 上成立. 也就是 $\delta(x+y)/|y|\to 0$, a. e., $x\in F$.

[提示: 设 x 为 F 的 Lebesgue 密度点.]

6. 构造一个 $\mathbf{R}$ 上的递增函数使得它的不连续点集恰为 $\mathbf{Q}$.

7. 考虑函数 $F(x)=x^2\sin(1/x^2), x\neq 0$, $F(0)=0$. 证明 $F'(x)$ 几乎处处存在, 但是 F' 在 $[-1,1]$ 上不可积.

8. 直接证明 Cantor-Lebesgue 函数不是绝对连续的.

9. 在讨论函数的可微性时用到了下列函数的可测性.

(1) 设 F 为 $[a,b]$ 上的连续函数, 证明

$$D^+(F)(x)=\limsup_{h\to 0^+}\frac{F(x+h)-F(x)}{h}$$

可测.

(2) 假设 $J(x)=\sum\limits_{n=1}^{\infty}\alpha_n j_n$ 为跳跃函数, 证明

$$\limsup_{h\to 0}\frac{J(x+h)-J(x)}{h}$$

可测.

[提示: (1) 因为 F 连续, 因此在取极限 lim sup 时只需考虑可数个 h. (2) 给定 $k>m$, 令 $F_{k,m}^N=\sup\limits_{1/k\leqslant|h|\leqslant 1/m}\left|\dfrac{J_N(x+h)-J_N(x)}{h}\right|$, 其中 $J_N(x)=\sum\limits_{n=1}^{N}\alpha_n j_n(x)$. 注意每个 $F_{k,m}^N$ 都可测. 令 $N\to+\infty, k\to+\infty$, 再令 $m\to+\infty$.]

10. 设 F 为有界变差的连续函数, 证明 $F=F_1-F_2$, 其中 F_1 和 F_2 均单调连续.

11. 证明若 F 为 $[a,b]$ 上有界变差函数, 则

(1) $\int_a^b |F'(x)|\mathrm{d}x \leqslant T_F(a,b)$.

(2) $\int_a^b |F'(x)|\mathrm{d}x = T_F(a,b)$ 当且仅当 F 绝对连续.

12. 证明: 若 $f:\mathbf{R}\to\mathbf{R}$ 绝对连续, 则

(1) f 把零测度集映为零测度集.

(2) f 把可测集映为可测集.

13. 证明两个 $[a,b]$ 上的绝对连续函数的乘积也是绝对连续函数.

14. 设 F 为 $[a,b]$ 上的递增函数. 证明有分解式

$$F=F_A+F_C+F_J,$$

其中所有的函数 F_A, F_C, F_J 均为递增函数且

(1) F_A 绝对连续.

(2) F_C 连续, 但是 $F_C'(x)=0$ a. e..

(3) F_J 为跳跃函数.

15. 设 $f:\mathbf{R}\to\mathbf{R}$. 证明 f 满足 Lipschitz 条件

$$|f(x)-f(y)|\leqslant M|x-y|,$$

对某个 $M\in\mathbf{R}$ 和所有 $x,y\in\mathbf{R}$ 成立当且仅当 f 满足下述两个条件:

(1) f 绝对连续;

(2) $|f'(x)|\leqslant M$ a. e..

16. 证明: 当函数 f 的任意一个导数有界时, f 满足 Lipschitz 条件.

17. 设 F 为 $\mathbf{R}$ 上的有界函数, 如果 F 在每个有限区间上是有界变差的, 且 $\sup\limits_{a,b} T_F(a,b)<+\infty$, 则称 F 为 $\mathbf{R}$ 上的有界变差函数. 证明 $\mathbf{R}$ 上的有界变差函数 F 具有下列性质:

(1) $\int_{\mathbf{R}} |F(x+h)-F(x)|\mathrm{d}x \leqslant A|h|$, 对某个常数 A 和所有 $h\in\mathbf{R}$ 成立.

(2) $\left|\int_{\mathbf{R}} F(x)\varphi'(x)\mathrm{d}x\right| \leqslant A$, 其中 φ 为任意满足条件 $\sup\limits_{x\in\mathbf{R}}|\varphi(x)|\leqslant 1$ 的可导且支集有界的函数.

18. 证明 Vitali 覆盖引理的以下形式: 如果 $\mathcal{I}$ 是集合 $E\subset\mathbf{R}$ 的由开区间构成的 Vitali 覆盖, 且 $0<m^*(E)<+\infty$. 则对任意 $\eta>0$, 存在两两不交的开区间 $\{I_j\}_{j=1}^\infty$, 使得

$$m^*\Big(E\setminus\bigcup_{j=1}^\infty I_j\Big)=0, \sum_{j=1}^\infty |I_j|<(1+\eta)m^*(E).$$

19. 设 $I_1, I_2, \cdots, I_N$ 是有限个开区间构成集族, 则存在两个有限子族 $I'_1, I'_2, \cdots, I'_K$ 和 $I''_1, I''_2, \cdots, I''_L$, 使得每个子族中成员两两不交, 且

$$\bigcup_{j=1}^{N} I_j = \Big(\bigcup_{k=1}^{K} I'_k\Big) \bigcup \Big(\bigcup_{l=1}^{L} I''_l\Big).$$

[提示: 选取 I'_1 使得它的左端点在所有区间中最小; 删除所有包含在 I'_1 中的区间. 如果剩余区间都和 I'_1 不相交, 重复上述过程, 可得 I'_2. 否则选取一个区间和 I'_1 相交, 但是其右端点最大, 记这一选取的区间为 I''_1. 重复上述过程.]

20. 设 F 在 $[c,d]$ 上绝对连续, g 在 $[a,b]$ 上绝对连续且 $c \leqslant g \leqslant d$, 则

(1) $F \circ g$ 在 $[a,b]$ 上绝对连续.

(2) $m(g(E)) = 0$, 其中 $E = \{x | g'(x) = 0\}$.

21. (变量替换公式 I) 设 g 为 $[a,b]$ 上单调递增的绝对连续函数, 令 $g(a) = c, g(b) = d$.

(1) 证明对任意开集 $U \subset [c,d]$,

$$m(U) = \int_{g^{-1}(U)} g'(x)\mathrm{d}x.$$

(2) 令 $H = \{x | g'(x) \neq 0\}$. 若 E 是 $[c,d]$ 的子集, 满足 $m(E) = 0$, 则 $m(g^{-1}(E) \bigcap H) = 0$.

(3) 设 $E \subset [c,d]$ 可测, 则 $F = g^{-1}(E) \bigcap H$ 可测, 且

$$m(E) = \int_F g' = \int_{[a,b]} \chi_E(g(x))g'(x)\mathrm{d}x.$$

(4) 设 f 是在 $[c,d]$ 上非负可测的函数, 则 $(f \circ g)g'$ 在 $[a,b]$ 上可测, 且

$$\int_{[c,d]} f(y)\mathrm{d}y = \int_{[a,b]} (f(g(x))g'(x)\mathrm{d}x.$$

22. (变量替换公式 II) 设 g 为 $[a,b]$ 上单调递增的绝对连续函数, $g(a) = c, g(b) = d$, f 为 $[c,d]$ 上可积函数. 令

$$F(y) = \int_{[c,y]} f(t)\mathrm{d}t,$$

$H(x) = F(g(x))$.

(1) 证明 H 是绝对连续函数. 且只要 H' 和 g' 存在而且 $g'(x) \neq 0$, 则 $F'(g(x))$ 也存在. 因此

$$H'(x) = F'(g(x))g'(x)$$

在 $[a,b] \setminus E$ 上几乎处处成立, 其中 $E = \{x | g'(x) = 0\}$.

(2) 令

$$f_0(y) = \begin{cases} f(y), & y \notin g(E); \\ 0, & y \in g(E). \end{cases}$$

则 $f_0 = f$ a.e.. 因此

$$H'(x) = f_0(g(x))g'(x) \text{a.e..}$$

(3) 证明

$$\int_{[c,d]} F(y)\mathrm{d}y = \int_{[a,b]} F(g(x))g'(x)\mathrm{d}x.$$

(4) 若 g 仅有界, f 在包含 F 的值域的一个区间上可积, 但 g 不单调, (3) 是否仍然成立?

附录A 选择公理的等价形式

选择公理对实变函数来说是一个非常重要的公理, 这点和分析完全不同. 事实上, Solovay 在 1970 年证明了存在一个 ZF 公理系统中的模型, 在这个模型中实数集中的每个子集都是 Lebesgue 可测集 [18]. 换句话说, 如果不承认选择公理, 根本就证明不了实数集上不存在不可测集! 这一性质决定了基于 Lebesgue 测度的所有概念和结论, 比如 Lebesgue 积分其定义本身就是非构造性的. 因此, 毫不夸张地说, 掌握选择公理是学好实变函数论的前提. 实际上, 2.3 节在刻画 Borel 集类时用到了良序集 Ω, 而 Ω 的存在性是基于良序化定理的. 2.3 节中已经提到选择公理和良序化定理等价, 为了本书完备起见, 下面给出选择公理和良序化定理等结论的等价性证明.

选择公理有很多种不同的等价形式, 有兴趣的读者可以参看集合论的相关文献, 比如文献 [7]. 在数学不同学科中使用最多的选择公理等价形式是 Zorn 引理. 因此本节给出选择公理、良序化定理和 Zorn 引理三个结论的等价性证明. 学习这三个结论的等价性证明非常有助于从整体上掌握实变函数论的思想.

设 $(X,\leqslant)$ 是一个偏序集, $a\in X$. 如果对任意 $x\in X$, $x\neq a$, $a\leqslant x$ 都不成立, 则称 a 为 X 中**极大元**. 换句话说, 如果 X 中没有比 a 更大的元素, 则称 a 为 X 中极大元.

设 $C\subset X$, 如果 C 中任意两个元素都可以比较大小, 则称 C 为 X 中一个**链**, 如果 X 中没有真包含 C 的链, 则称 C 为 (X 中)**极大链**.

类似于全序集的情形, 在偏序集中也可以定义子集的上 (下) 界, 上 (下) 确界等. 比如, 设 $A\subset X$, $a\in X$, 如果对任意 $x\in A$, $x\leqslant a$, 则称 a 为 A 的一个**上界**; A 的所有上确界中的最小元素 (如果存在的话) 称为 A 的**上确界**.

两个偏序集 $(X,\leqslant)$ 和 $(Y,\prec)$ 称为**同构**的, 如果存在双射 $f: X\to Y$ 使得对任意 $x,y\in X$, $x\leqslant y$ 当且仅当 $f(x)\prec f(y)$.

易知同构保持元素的大小关系和集合的上界等性质. 比如, 在 X 中 a 为 A 上 (确) 界当且仅当在 Y 中 $f(a)$ 为 $f(A)$ 的上 (确) 界.

例 1 设 $X=[0,1]$, 大小关系为实数通常意义下的大小关系. 则 X 中只有 1 是极大元; 每个子集都是链; 因为 X 本身是一个链, 因此只有 X 是极大链.

例 2 设 $X=\mathbf{R}^2$, $(x_1,x_2)\leqslant(y_1,y_2)$ 当且仅当 $x_1\leqslant y_1$ 且 $x_2\leqslant y_2$. 易证 $\leqslant$ 是 $\mathbf{R}^2$ 上一个偏序, 称为 $\mathbf{R}^2$ 上的**点式序**. 直观上看, 平面上一个点 $\boldsymbol{y}$ 比另外一个点 $\boldsymbol{x}$ 大是指 $\boldsymbol{y}$ 在 $\boldsymbol{x}$ 的右上方, 当然, 正右方和正上方的点也比较大. 容易看出, X 中没有最大元. $[0,1]\times\{0\}$ 是一个链但不是极大链, 因为 $\mathbf{R}\times\{0\}$ 是包含它的极大链.

例 3 设 X 为一个集合, X 的幂集 $\mathscr{P}(X)$ 按照集合的包含关系构成一个偏序集 $(\mathscr{P}(X),\subset)$.

(1) X 是 $\mathscr{P}(X)$ 中唯一的极大元.

(2) 当 $X=\{1,2,3,4\}$ 时 $\{\varnothing,\{1\},\{1,2\},\{1,2,3\},X\}$ 是极大链, 它的任意真子集都是链但不是极大链.

$\{1,2\}$ 是 $\mathscr{A}=\{\{1\},\{2\}\}$ 的上确界. $B\subset X$ 为 $\mathscr{A}$ 上界当且仅当 $1,2\in B$.

(3) $\mathscr{P}(X)$ 的任意子集按照集合包含关系构成一个偏序集.

Zorn 引理 设 $(X,\leqslant)$ 为一个偏序集, 如果 X 中每个线性序集都有上界, 则 X 中有极大元.

易知两个同构的偏序集若其中之一满足 Zorn 引理的条件, 则另外一个也必然满足 Zorn 引理的条件.

引理 1 选择公理等价于以下结论:

对任意非空集合X, 存在映射$f:\mathscr{P}(X)\to X$ 使得当 $A\in\mathscr{P}(X)\setminus\{\varnothing\}$时,

$$f(A)\in A.$$

证明 必要性: 构造集族

$$\mathscr{Y}=\{Y_A\}_{\{A\subset X,A\neq\varnothing\}}$$

其中对任意 A, $Y_A=\{(x,A)|x\in A\}$. 则 $\mathscr{Y}$ 是两两不交非空集族, 且 $j(A)=Y_A$ 建立了 $\mathscr{P}(X)\setminus\{\varnothing\}$ 和 $\mathscr{Y}$ 之间的双射. 设 h 为 $\mathscr{Y}$ 的一个选择函数. 再令 $g:\mathscr{Y}\to X$ 为投影映射: $g(x,A)=x$, 令 $f=g\circ h\circ j$, $f(\varnothing)\in X$ 任意, 则 f 为所求选择函数.

充分性: 设 $\{A_\alpha\}_{\alpha\in\Gamma}$ 是非空的两两不交集族. 令 $X=\bigcup\limits_{\alpha\in\Gamma}A_\alpha$, f 为题设选择函数, 则将 f 限制到 Γ 上所得函数即为所求集族 $\{A_\alpha\}_{\alpha\in\Gamma}$ 的选择函数. □

定理 1 以下结论等价.

(1) 选择公理.

(2) Zorn 引理.

(3) 良序化定理.

证明 (1)⇒ (2) 证明比较长, 为了看起来清晰, 将证明过程分解为 8 个步骤.

第 1 步. 将抽象的偏序集 $(X,\leqslant)$ 用适当的集族按照集合的包含关系构成的偏序集代替.

对任意 $x\in X$, 令 $s(x)=\{y\in X|y\leqslant x\}$, $\mathscr{S}=s(X)$. 则 $s:X\to\mathscr{P}(X)$ 为单射, 从而 s 可看作 $(X,\leqslant)$ 和 $(\mathscr{S},\subset)$ 之间的双射, 这一双射显然还是同构. 为完成定理的证明, 只需对 $\mathscr{S}$ 来证明定理即可.

第 2 步. 令 $\mathscr{X}$ 为 X 中所有链构成的集合, 由题设条件知 $\mathscr{X}$ 中每个成员都包含于某个 $s(x)$ 中. 显然, $\mathscr{X}$ 是一个关于集合的包含关系构成的非空偏序集. 如果 $\mathscr{C}\subset\mathscr{X}$ 为一个链, 则 $\mathscr{C}$ 中所有成员的并 $C=\bigcup\limits_{A\in\mathscr{C}}A\in\mathscr{X}$ 也是一个链, 因此再次由题设条件知 $C\in\mathscr{X}$.

因为 $\mathscr{X}$ 中每个成员都包含于 $\mathscr{S}$ 中某个成员当中, 因此 $\mathscr{X}$ 中的极大元必然对应于 $\mathscr{S}$ 的极大元. 即, 如果 $C\in\mathscr{X}$ 为极大元 (极大链), $C\subset s(x)$, 则 $s(x)$ 是 $\mathscr{S}$ 中极大元.

和 X 中的链条件相比, $\mathscr{X}$ 中成员显得要具体一些: 每个链 $\mathscr{C}$ 在 $\mathscr{S}$ 中有上界等价于 $\mathscr{C}$ 中集合的并也在 $\mathscr{X}$ 中, 这一并显然是 $\mathscr{C}$ 的一个上界. $\mathscr{X}$ 的另一个优点是它对子集运算封闭. 即, 如果 $C\in\mathscr{X}$, 则对任意 $A\subset C$, $A\in\mathscr{X}$. 因此我们可以把 $\mathscr{X}$ 中的元素逐步扩张, 每次添加一个元素.

第 3 步. 现在我们忘记偏序集 X, 考虑一个非空集合 X 的子集构成的集族 $\mathscr{X}$: $\mathscr{X}$ 满足如下两个条件:

(i) $\mathscr{X}$ 中每个集合的子集也在 $\mathscr{X}$ 中;

(ii) $\mathscr{X}$ 中每个链的并也在 $\mathscr{X}$ 中.

显然, 条件 (i) 保证了 $\varnothing\in\mathscr{X}$, 因此只需要证明 $\mathscr{X}$ 中有极大元即可.

第 4 步. 设 f 是 X 的一个选择函数. 即, 对任意 $A\in\mathscr{P}(X)\setminus\{\varnothing\}$, $f(A)\in A$. 对任意 $A\in\mathscr{X}$, 令

$$\hat{A}=\{x\in X|A\bigcup\{x\}\in\mathscr{X}\}.$$

定义 $g: \mathscr{X} \to \mathscr{X}$ 如下:

$$g(A)=\begin{cases} A\bigcup\{f(\hat{A}\setminus A)\}, & \hat{A}\setminus A\neq\varnothing;\\ A, & \hat{A}\setminus A=\varnothing.\end{cases}$$

由定义易知, $\hat{A}\setminus A=\varnothing$ 当且仅当 A 是 ($\mathscr{X}$ 中) 的极大元, 因此只需证明存在 A 使得 $g(A)=A$ 即可. 注意 $A\subset g(A)$ 且 $g(A)$ 最多比 A 多包含一个元素.

第 5 步. $\mathscr{X}$ 的一个子族 $\mathscr{T}$ 称为一个**塔**, 若 $\mathscr{T}$ 满足以下 3 个条件:

(i) $\varnothing\in\mathscr{T}$.

(ii) 若 $A\in\mathscr{T}$, 则 $g(A)\in\mathscr{T}$.

(iii) 若 $\mathscr{C}$ 为 $\mathscr{T}$ 中链, 则 $\bigcup\limits_{A\in\mathscr{C}}\in\mathscr{T}$.

显然, 至少存在一个塔, 比如 $\mathscr{X}$ 本身就是一个塔. 易知任意多个塔的交也是塔, 因此所有塔的交 $\mathscr{T}_0$ 是最小的塔. 以下来证明 $\mathscr{T}_0$ 是一个链.

第 6 步. 设 $C\in\mathscr{T}_0$, 如果 C 与 $\mathscr{T}_0$ 中所有元素都可以比较大小. 即, 如果 $A\in\mathscr{T}_0$, 则一定有 $A\subset C$ 或者 $C\subset A$, 则称 C 是 $\mathscr{T}_0$ 中的可比较集 (元素).

为证 $\mathscr{T}_0$ 为一个链, 只需证 $\mathscr{T}_0$ 中所有元素都是可比较集. 显然, 空集是可比较集, 因此可比较集构成的集族非空. 下面我们固定一个任意的可比较集 C 进行论证.

如果 $A\in\mathscr{T}_0$, $A\subset C$ 但是 $A\neq C$, 因为 C 是可比较集, 因此 $g(A)$ 与 C 可比较. 由于 $g(A)$ 最多比 A 多包含一个元素, 故 $g(A)\subset C$.

第 7 步. 令

$$\mathscr{U}=\{A|A\in\mathscr{T}_0, A\subset C\text{或}g(C)\subset A\}.$$

则对任意 $A\in\mathscr{U}$, 若 $A\subset C$, 则 $A\subset C\subset g(C)$. 否则就有 $g(C)\subset A$, 这说明 $g(C)$ 和 $\mathscr{U}$ 中所有集合 A 都可比较大小, 即 $g(C)$ 也是可比较集 (相对于 $\mathscr{U}$ 中元素).

以下来证明 $\mathscr{U}$ 是一个塔.

首先, 因为 $\varnothing\subset C$, 因此 $\varnothing\in\mathscr{U}$. 其次, 如果 $A\in\mathscr{U}$, 则当 $A\subset C$ 且 $A\neq C$ 时, 第 6 步已证 $g(A)\subset C$, 从而 $g(A)\in\mathscr{U}$. 当 $A=C$ 时, $g(A)=g(C)$, 于是 $g(C)\subset g(A)$ 成立, 即 $g(A)\in\mathscr{U}$. 当 $C\subset A$ 且 $A\neq C$ 时 $g(C)\subset A$, 因此 $g(C)\subset g(A)$, 从而也有 $g(A)\in\mathscr{U}$. 这就证明了 $\mathscr{U}$ 满足条件 (ii). 最后, 由 $\mathscr{U}$ 的定义可知 $\mathscr{U}$ 对链的并运算封闭.

综上所述, $\mathscr{U}$ 是一个塔, 再由 $\mathscr{T}_0$ 的最小性知 $\mathscr{U}=\mathscr{T}_0$.

到目前为止, 我们事实上已经证明了对每个可比较元 C, $g(C)$ 也是可比较元素, 这是因为对任意可比较元素 A, 由于 $\mathscr{U}=\mathscr{T}_0$, 从而 $A\in\mathscr{U}$, 故 $A\subset C$(因而 $A\subset g(C)$), 或者 $g(C)\subset A$. 无论哪种情况, 都可推出 $g(C)$ 和 A 可比较.

第 8 步. 显然, $\varnothing$ 是可比较集. 第 7 步已证 g 把可比较集映为可比较集. 如果 $\mathscr{C}$ 是可比较集构成的链, 易知 $\bigcup\mathscr{C}$ 也是可比较集. 这就证明了可比较集全体构成一个塔, 于是 $\mathscr{T}_0$ 中所有元素都是可比较集. 从而 $\mathscr{T}_0$ 是一个链.

因为 $\mathscr{T}_0$ 是一个链, 故 $\mathscr{T}_0$ 中所有元素 (集合) 的并 A 本身也在 $\mathscr{T}_0$ 中, 但是 $A \in \mathscr{T}_0$ 推出 $g(A) \in \mathscr{T}_0$, 从而 $g(A) = A$.

(2)⇒ (3) 设 X 为任一集合. 考虑 X 的可良序化子集全体构成的集合, 即

$$\mathscr{W} = \{A | A \subset X, (A, \leqslant)\text{为良序集}\}.$$

在 $\mathscr{W}$ 上定义序关系如下: $(A, \leqslant_1) \leqslant (B, \leqslant_2)$ 当且仅当 $A \subset B$ 且 $\leqslant_2$ 是 $\leqslant_1$ 的延续, 即对任意 $x \in A, y \in B \setminus A$, $x \leqslant_2 y$. 显然, $\mathscr{W}$ 是一个偏序集. 且

(i) $\mathscr{W} \neq \varnothing$, 这是因为 $\varnothing \in \mathscr{W}$.

(ii) 若 $\mathscr{C}$ 是 $\mathscr{W}$ 中链, 易证 $A = \bigcup\mathscr{C} = \bigcup\limits_{A \in \mathscr{C}} \in \mathscr{W}$, A 上的序关系由集族 $\mathscr{C}$ 中集合上的序唯一确定如下: 对任意 $x, y \in A$, 设 $x \in A_1, y \in A_2$, 因为 $\mathscr{C}$ 是一个链, 因此 A_1 和 A_2 有包含关系, 不妨设 $A_1 \subset A_2$, 由 A_2 为良序集即知在 A_2 中 $x \leqslant y$ 或者 $y \leqslant x$ 成立.

以上证明了 $\mathscr{W}$ 满足 Zorn 引理的条件, 从而 $\mathscr{W}$ 有极大元, 设 $(M, \leqslant)$ 为 $\mathscr{W}$ 中极大元. 如果 $M \neq X$, 设 $x \in X \setminus M$, 令 $M^* = M \bigcup \{x\}$, M^* 上良序关系为 M 上良序关系的唯一延续, 即对任意 $y \in M$, $y \leqslant x$, 这和 M 是极大元矛盾.

(3)⇒(1) 设 X 为非空集合. 由良序化定理, 设 $\leqslant$ 为 X 上一个良序, 定义 $f : \mathscr{P}(X) \to X$ 如下:

对任意 $A \in \mathscr{P}(X) \setminus \{\varnothing\}$, $f(A)$ 为 A 的最小元, $f(\varnothing) \in X$ 任意, 则 f 是 X 的一个选择函数. □

习题

1. 不用良序化定理直接利用 Zorn 引理证明选择公理.

2. 证明一个全序集是良序集当且仅当每个元素的前元全体都构成良序集. 上述结论对一般的偏序集是否成立?

3. 证明 Dilworth 定理: 每个偏序都可以扩张为全序. 即, 设 $(X, \leqslant)$ 为偏序集, 则有 X 上线性序 $\prec$, 使得对任意 $x, y \in X$, 若 $x \leqslant y$, 则 $x \prec y$.

附 录 B

一般测度与积分理论简介

B.1 一般测度空间

设 (X, Σ, μ) 是一个测度空间, 完全类似于 Lebesgue 测度空间的情形, 可以建立基于 (X, Σ, μ) 的一般积分理论. 下面给出一般测度空间的积分理论的主要思想而略去证明细节. 关于一般测度论的详细论述请读者参看文献 [15, 22].

以下是一般测度空间的一些基本性质.

命题 1 (测度的单调性) 若 $A, B \in \Sigma$, 且 $A \subset B$, 则 $\mu(A) \leqslant \mu(B)$.

命题 2 若 $E_n \in \Sigma$, $\mu(E_1) < +\infty$, 且 $E_{n+1} \subset E_n$, 则

$$\mu\Big(\bigcap_{n=1}^{\infty} E_n\Big) = \lim_{n \to +\infty} \mu(E_n).$$

命题 3 (次可加性) 若 $E_n \in \Sigma$, 则

$$\mu\Big(\bigcup_{n=1}^{\infty} E_n\Big) \leqslant \sum_{n=1}^{\infty} \mu(E_n).$$

若 $\mu(X) < +\infty$, 则 μ 称为**有限测度**. 若存在 $X_n \subset X, n = 1, 2, \cdots$, 使得 $X = \bigcup\limits_{n=1}^{\infty} X_n, \mu(X_n) < +\infty$, 则称 μ 为 X 上的σ **有限测度**. 显然, 有限测度也是 σ 有限测度.

例如, 因为概率测度满足条件 $\mu(X) = 1$, 因此概率测度是有限测度.

因为 $\mathbf{R}^n = \bigcup\limits_{k=1}^{\infty} B(0, k), m(B(0, k)) < +\infty$, 因此 $\mathbf{R}^n$ 上的 Lebesgue 测度是 σ 有限测度.

例 4 设 X 为非空集合, $\Sigma=\mathscr{P}(X)$. X 上的计数测度定义为

$$\mu(A)=\overline{\overline{A}}.$$

则 (X,Σ,μ) 为测度空间. 易知 μ 是有限测度当且仅当 X 为有限集; μ 是 σ 有限测度当且仅当 X 为至多可数集.

一般测度论中测度的 σ 有限性是一个非常重要的性质. 几乎所有的关于 Lebesgue 测度与积分的结论对 σ 有限测度空间都成立. 有兴趣的读者可以检查一下, 关于 Lebesgue 测度与积分的哪些结论的证明当中用到了 Lebesgue 测度的 σ 有限性? 为了将关于 Lebesgue 测度与积分的主要结论推广到一般测度空间情形, 在建立一般测度论时通常总是假定所讨论的测度空间是 σ 有限的.

以下假定 (X,Σ,μ) 是 σ 有限测度空间.

除了 σ 有限性, 测度的完备性是研究一般测度空间的另一常用概念 (参看 3.3 节).

完全类似于 Lebesgue 测度空间是 Borel 测度空间的完备化这一结论, 一般测度空间中有下述结论:

命题 4 若 (X,Σ,μ) 为测度空间, 令

$$\Sigma^{*}=\{A\bigcup B|A\in\Sigma,\exists C\in\Sigma,\mu(C)=0,B\subset C\}.$$

对任意 $D\in\Sigma^{*}$, 若 $D=A\bigcup B, A\in\Sigma, B\subset C, \mu(C)=0$, 令

$$\mu^{*}(D)=\mu(A),$$

则 (X,Σ^{*},μ^{*}) 为 (X,Σ,μ) 的完备化.

关于一般测度空间上的可测函数, 简单来说, 一般测度空间上可测函数的性质和实变量的 Lebesgue 可测函数的性质基本相同. 事实上, 4.1.2 节中就是针对一般测度空间展开函数的可测性讨论的.

基于完备化的思想, 也可以在任意测度空间中定义几乎处处的概念. 即, 若 $P(x)$ 是一个关于 $x\in X$ 的性质, 如果使得 $P(x)$ 不成立的点集构成的集合 $A=\{x\in X|P(x)\text{不成立}\}$ 在完备化空间中的测度为零, 或者等价的, 存在 $B\in\Sigma$ 使得 $A\subset B, \mu(B)=0$, 则称 $P(x)$ 在 X 上几乎处处成立.

类似于定义 4.1.4, 可定义一般测度空间上可测函数序列的几乎处处收敛概念. 命题 4.1.2 和推论 4.1.4 对任意的完备测度空间也成立. Egoroff 定理在一般测度空间也成立. 也可在一般测度空间中定义一致收敛, 依测度收敛等概念.

B.2 积分

类似于第 5 章中建立 Lebesgue 积分的过程, 在一般测度空间中也可以建立一般积分理论.

设 E 是可测集, φ 是非负的简单函数, 定义

$$\int_E \varphi \mathrm{d}\mu = \sum_{i=1}^{n} c_i \mu(E_i \bigcap E),$$

其中

$$\varphi(x) = \sum_{i=1}^{n} c_i \chi_{E_i}(x).$$

类似于 Lebesgue 积分的情形, 易知一般测度空间情形简单函数的积分也和简单函数的表示无关. 基于简单函数的积分很自然地可引入非负可测函数的积分概念.

定义 1 设 f 为测度空间 (X, Σ, μ) 上的非负广义实值函数, $\int f \mathrm{d}\mu$ 定义为当 φ 取遍所有满足条件 $0 \leqslant \varphi \leqslant f$ 的简单函数时积分 $\int \varphi \mathrm{d}\mu$ 的上确界.

基于一般测度的非负可测函数的积分有很多类似于 Lebesgue 积分的性质, 比如关于非负可测函数的积分的线性性质等. Fatou 引理、单调收敛定理和逐项积分公式等结论都成立.

对于非负可测函数 f, 若

$$\int f \mathrm{d}\mu < +\infty.$$

则称 f 可积.

完全类似于 Lebesgue 积分, 对于任意函数 f, 如果 f^+ 和 f^- 都可积, 则称 f 可积. 当 f 可积时其积分定义为

$$\int f = \int f^+ - \int f^-.$$

下面列出积分的一些基本性质.

命题 5 设 f 和 g 是可测集 E 上可积函数, $c_1, c_2 \in \mathbf{R}$, 则

(i) $\int_E (c_1 f + c_2 g) = c_1 \int_E f + c_2 \int_E g$;

(ii) 若 $|h| \leqslant |f|$ 且 h 可测, 则 h 可积;

(iii) 若 $f \geqslant g$ a. e. 于 E, 则 $\int_E f \geqslant \int_E g$.

定理 2 (控制收敛定理) 设 g 为可测集 E 上可积函数, $\{f_n\}$ 是可测函数序列. 在 E 上几乎处处有 $|f_n(x)| \leqslant g(x), f_n(x) \to f(x)$. 则

$$\int_E f = \lim_{n\to+\infty}\int_E f_n.$$

设 (X_1, Σ_1, μ_1) 和 (X_2, Σ_2, μ_2) 为两个测度空间, 令 $X = X_1 \times X_2$. 一般来说, $\Sigma_1 \times \Sigma_2$ 不是 X 上一个 σ 代数. 因此, 令

$$\Sigma = \sigma(\Sigma_1 \times \Sigma_2).$$

即 Σ 为包含 $\Sigma_1 \times \Sigma_2$ 的 X 上最小 σ 代数.

对 $A = A_1 \times A_2 \in \Sigma_1 \times \Sigma_2$, 令

$$\mu(A) = \mu_1(A_1)\cdot\mu_2(A_2).$$

利用测度扩张的方法, 可将 μ 扩张为 Σ 上一个测度, 仍用 μ 表示这一扩张得到的测度. 称 (X, Σ, μ) 为 (X_1, Σ_1, μ_1) 和 (X_2, Σ_2, μ_2) 的乘积测度空间.

一般来说, 即便 (X_1, Σ_1, μ_1) 和 (X_2, Σ_2, μ_2) 都是完备的测度空间, 他们的乘积空间也不一定是完备的, 这给讨论问题会带来很多不便. 可用乘积空间的完备化 (X, Σ^*, μ^*) 来代替乘积空间 (X, Σ, μ), 这点和 5.5 节中由一维欧氏空间的测度利用乘积测度得到高维空间测度方法完全相同.

和欧氏空间的情形类似, 对于一般的测度空间的乘积, 也可以建立关于乘积测度空间的 Tonelli 定理和 Fubini 定理.

定理 3 (Fubini 定理) 设 (X_1, Σ_1, μ_1) 和 (X_2, Σ_2, μ_2) 为两个完备测度空间, f 为乘积 X 上的可积函数. 则

(i) 对于几乎所有的 x, $f_x(y) = f(x, y)$ 定义的函数 f_x 是 X_2 上的可积函数.

(i)′ 对于几乎所有的 y, $f^y(x) = f(x, y)$ 定义的函数 f^y 是 X_1 上的可积函数.

(ii) $\int_{X_2} f(x, y)\mathrm{d}\mu_2$ 是 X_1 上的可积函数.

(ii)′ $\int_{X_1} f(x, y)\mathrm{d}\mu_1$ 是 X_2 上的可积函数.

(iii) $\int_{X_1}\left[\int_{X_2} f\mathrm{d}\mu_2\right]\mathrm{d}\mu_1 = \int_{X_1\times X_2} f\mathrm{d}\mu = \int_{X_2}\left[\int_{X_1} f\mathrm{d}\mu_1\right]\mathrm{d}\mu_2$.

定理 4 (Tonelli 定理) 设 (X_1, Σ_1, μ_1) 和 (X_2, Σ_2, μ_2) 为两个 σ 有限的完备测度空间, f 为乘积 X 上的非负可测函数. 则

(i) 对于几乎所有的 x, $f_x(y) = f(x, y)$ 定义的函数 f_x 是 X_2 上的可测函数.

(i)′ 对于几乎所有的 y, $f^y(x)=f(x,y)$ 定义的函数 f^y 是 X_1 上的可测函数.

(ii) $\int_{X_2} f(x,y)\mathrm{d}\mu_2$ 是 X_1 上的可测函数.

(ii)′ $\int_{X_1} f(x,y)\mathrm{d}\mu_1$ 是 X_2 上的可测函数.

(iii) $\int_{X_1}\left[\int_{X_2} f\mathrm{d}\mu_2\right]\mathrm{d}\mu_1=\int_{X_1\times X_2} f\mathrm{d}\mu=\int_{X_2}\left[\int_{X_1} f\mathrm{d}\mu_1\right]\mathrm{d}\mu_2$.

B.3 符号测度和 Randon-Nikodym 定理

设 μ_1,μ_2 为可测空间 (X,Σ) 上两个测度. 对任意 $c_1,c_2\in\mathbf{R}_+$, 易知公式

$$\mu_3(E)=c_1\mu_1(E)+c_2\mu_2(E)$$

定义了 (X,Σ) 上一个测度. 但是, 若令

$$\nu(E)=\mu_1(E)-\mu_2(E).$$

一般来说 ν 不一定是一个 (X,Σ) 上的测度, 甚至 $\nu(E)$ 无意义, 即会出现 $(+\infty)-(+\infty)$ 的情况. 即便 $\nu(E)$ 有意义, 其取值也可能为负值.

基于以上原因, 引入以下符号测度定义.

定义 2 映射 $\nu:\Sigma\to\mathbf{R}^*$ 称为 (X,Σ) 上一个**符号测度**, 若 ν 满足以下条件:

(i) ν 最多取值 $-\infty$ 和 $+\infty$ 之一;

(ii) $\nu(\varnothing)=0$;

(iii) 当 E_n 为两两不交的可测集时,

$$\nu\Big(\bigcup_{n=1}^{\infty}E_n\Big)=\sum_{n=1}^{\infty}\nu(E_n).$$

在一个符号测度空间中, 若对任意 $E\subset A$, $\nu(E)\geqslant 0$, 则称 A 为正集; 类似的可定义负集; 既是正集又是负集的集合称为零集.

注意, 对符号测度而言, 零集的测度一定是 0, 但是测度为零的集合不一定是零集. 当然, 当 ν 为一般的非负测度时, 零测度集一定是零集. 同理, 正测度集未必是正集, 负测度集也未必是负集.

定理 5 (Hahn 分解定理) 若 ν 是 (X,Σ) 上符号测度, 则有正集 A 和负集 B 使得

$$X=A\bigcup B, A\bigcap B=\varnothing. \tag{B.1}$$

定理 2 的结论称为符号测度 ν 的 Hahn 分解. 需要说明的是, 这一分解未必唯一. 基于分解式 (B.1), 对任意 $E \in \Sigma$, 可定义

$$\nu^+(E) = \mu(E \bigcap A), \nu^-(E) = \nu(E \bigcap B).$$

则 ν^+, ν^- 都是 (X, Σ) 上测度, 满足条件 $\nu^+(B) = \nu^-(A) = 0$.

一般的, 如果 μ_1, μ_2 是可测空间 (X, Σ) 上两个测度, 若存在 $A, B \subset X$ 使得 $X = A \bigcup B, A \bigcap B = \varnothing, \mu_1(A) = \mu_2(B) = 0$, 则称 μ_1 和 μ_2**相互奇异**, 记为 $\mu_1 \perp \mu_2$.

命题 6 (Jordan 分解定理)　设 ν 为可测空间 (X, Σ) 上的符号测度, 则存在 (X, Σ) 上两个相互奇异的测度 ν^+ 和 ν^- 使得 $\nu = \nu^+ - \nu^-$. 此外, 这种相互奇异的分解是唯一的.

该命题中的分解称为符号测度的 Jordan 分解, ν^+ 和 ν^- 分别称为 ν 的正部和负部.

令

$$|\nu|(E) = \nu^+(E) + \nu^-(E).$$

测度 $|\nu|$ 称为 ν 的绝对值.

设 ν, μ 为 (X, Σ) 上两个测度, 如果对任意 $A \in \Sigma$, 若 $\mu(A) = 0$ 蕴含 $\nu(A) = 0$, 则称 ν 关于 μ 绝对连续, 记为 $\nu \ll \mu$.

在符号测度的情形, 若 $|\nu| \ll |\mu|$, 则称 ν 关于 μ 绝对连续, 同样记为 $\nu \ll \mu$.

同理, 当 $|\nu| \perp |\mu|$ 时, 称 ν 和 μ 正交, 记为 $\nu \perp \mu$.

例 5　设 f 为 (X, Σ) 上非负可测函数, μ 为 (X, Σ) 上测度, 对任意 $E \in \Sigma$, 可由积分

$$\nu(E) = \int_E f \mathrm{d}\mu$$

定义 (X, Σ) 上一个测度. 由积分的基本性质可知, $\nu \ll \mu$.

由于涉及两个以上测度时"几乎处处"概念意义不明确, 因此一个性质关于一个测度 μ 几乎处处成立简记为 a. e. $[\mu]$.

定理 6 (Radon-Nikodym 定理)　设 (X, Σ, μ) 为 σ 有限测度空间, ν 为定义在 Σ 上关于 μ 绝对连续的测度, 则存在一个非负的可测函数 f 使得对每个 $E \in \Sigma$,

$$\nu(E) = \int_E f \mathrm{d}\mu.$$

函数 f 在以下意义下唯一: 若 g 也是满足上式的可测函数, 则 $g = f$ a. e. $[\mu]$.

Randon-Nikodym 定理中的可测函数非常像 Lebesgue 微分定理中的导函数, 因此函数 f 也称为 ν 关于 μ 的 Randon-Nikodym 导数.

关于有界变差函数的分解可以推广到一般测度的情形, 即有下述结论:

定理 7 (Lebesgue 分解定理) 设 (X, Σ, μ) 为 σ 有限的测度空间, ν 是定义在 Σ 上的 σ 有限测度. 则存在 X 上唯一一对测度 ν_1, ν_2, 使得 $\nu = \nu_1 + \nu_2$, 且 $\nu_1 \perp \mu, \nu_2 \ll \mu$.

参 考 文 献

[1] Aliprantis C D, Burkinshaw O. Principles of real analysis[M]. 北京: 世界图书出版公司, 2009.

[2] 程其襄, 张奠宙, 魏国强, 等. 实变函数与泛函分析基础 [M]. 3 版. 北京: 高等教育出版社, 2010.

[3] 程士宏. 测度论与概率论基础 [M]. 北京: 北京大学出版社, 2004.

[4] Dudley R M. 实分析和概率论 [M]. 赵选民, 孙浩, 译. 北京: 机械工业出版社, 2008.

[5] Folland G B. Real analysis, modern techniques and their applications[M]. 2nd ed. 北京: 世界图书出版公司, 2009.

[6] 郭懋正. 实变函数与泛函分析 [M]. 北京: 北京大学出版社, 2005.

[7] Halmos P R. Naive set theory[M]. 北京: 世界图书出版公司, 2008.

[8] 韩雪涛. 数学悖论与三次数学危机 [M]. 长沙: 湖南科学技术出版社, 2006.

[9] 匡继昌. 实分析与泛函分析 [M]. 北京: 高等教育出版社, 2002.

[10] Jones F. Lebesgue integration on Euclidean spaces[M]. 北京: 世界图书出版公司, 2010.

[11] 刘培德. 实变函数教程 [M]. 2 版. 北京: 科学出版社, 2012.

[12] Mcdonald J N, Weiss N A. A course in real analysis[M]. 北京: 世界图书出版公司, 2005.

[13] Munkres J R. Topology. 2nd ed. 北京: 机械工业出版社, 2004.

[14] 那汤松. 实变函数论 [M]. 5 版. 徐瑞云, 译. 北京: 高等教育出版社, 2010.

[15] Royden H L. 实分析 [M]. 叶培新, 译. 北京: 机械工业出版社, 2006.

[16] Royden H L, Fitzpatrick P M. Real analysis[M]. 北京: 机械工业出版社, 2010.

[17] Rudin W. 数学分析原理 [M]. 赵慈庚, 蒋铎, 译. 北京: 机械工业出版社, 2004.

[18] Solovay R M. A model of set theory in which every set of reals is Lebesgue measurable[J]. Ann. Math., 1970, 92: 1-56.

[19] Stein E M, Shakarchi R. Real analysis, measure theory, integration, & Hilbert spaces[M]. 北京: 世界图书出版公司, 2007.

[20] 王成堂, 温作基, 张瑞. 实变函数论 [M]. 西安: 西北大学出版社, 2001.

[21] 徐森林, 薛春华. 实变函数论 [M]. 北京: 清华大学出版社, 2009.

[22] 夏道行, 吴卓人, 严绍宗, 等. 实变函数论与泛函分析 (上册, 第二版修订本)[M]. 北京: 高等教育出版社, 2010.

[23] 张锦文. 公理集合论引论 [M]. 北京: 科学出版社, 1991.

[24] 郑维行, 王声望. 实变函数论与泛函分析概要 [M]. 4 版. 北京: 高等教育出版社, 2010.

[25] 周民强, 实变函数论 [M]. 2 版. 北京: 北京大学出版社, 2008.

[26] 周性伟, 孙文昌. 实变函数 [M]. 3 版. 北京: 科学出版社, 2014.

索　　引